EISENBAHN-ATLAS.

Uebersichtliche

DARSTELLUNG UND BESCHREIBUNG

sämmtlicher Eisenbahnen

Deutschlands u. Oesterreich-Ungarns,

vom finanziellen Standpunkte aus

nach amtlichen Quellen

bearbeitet

von

GOTTFRIED HERZFELD.

HANNOVER.
Schmorl und v. Seefeld.
1880.

C. L. Schrader, Buch- und Steindruckerei, Hannover.

Vorwort.

Es ist eine bekannte Thatsache, dass ein grosser Theil derjenigen Banquiers und Capitalisten, die tagtäglich mit dem Ankauf und Verkauf von Eisenbahn-Actien und Prioritäten sich befassen, über die in Betracht kommenden Verhältnisse der betreffenden Eisenbahnen sehr dürftig informirt ist, und dass aus dieser Unkenntniss oder Halbkenntniss gar häufig die grössesten Ueberraschungen und Enttäuschungen erwachsen. Wenn nun auch die bekannten Hülfsbücher über die einschlägigen Verhältnisse eine möglichst genaue Auskunft geben, so bin ich doch auf Grund langjähriger praktischer Erfahrungen, deren Richtigkeit u. A. auch durch die aus dem Publicum häufig an mich gerichtete sehr bezeichnende Frage: „wo liegt denn eigentlich die Bahn?“ bestätigt ist, zu der Ueberzeugung gelangt, dass eine vollkommene Orientirung nur unter Zuhülfenahme einer guten Eisenbahnkarte zu erreichen ist. Alle bis dahin erschienenen Eisenbahnkarten leiden jedoch in dieser Beziehung an mangelnder Uebersichtlichkeit; sowohl dem Laien als auch dem sonst gut unterrichteten Banquier fällt es im Allgemeinen recht schwer, aus diesen durch die grosse Menge der Bahnnetze leicht verwirrenden Karten sich rasch und sicher ein klares Bild der gesuchten Eisenbahn zu verschaffen.

Diese Thatsache, die ein jeder sich dafür Interessirende als richtig anerkennen wird, legte mir den Gedanken nahe, ein diesen Anforderungen entsprechendes zeitgemässes Hülfsbuch zu schaffen, welches dazu geeignet sei, in praktischer und unpartheiischer Weise über den Zweck, die allgemeinen Anlage-, Terrain- und Verkehrsverhältnisse der einzelnen Eisenbahnen und der in Frage kommenden Anschlussbahnen, sowie ferner über das Anlagecapital, die Zins- und Verloosungstermine, die Dividenden und die Course während der letzten zehn Jahre genügende Auskunft zu ertheilen, vor Allem aber ***durch Darstellung eines ausführlichen, verständlichen und übersichtlichen Situationsplanes ein klares und anschauliches Bild zu gewähren.*** Zur Erfüllung aller dieser Erfordernisse erschien mir die Form eines Atlas als die passendste und zweckentsprechendste, und habe ich mich nach reiflicher Erwägung und Berathung mit erprobten Fachleuten und unter lebhafter Zustimmung hervorragender Fachzeitschriften für die Herausgabe eines solchen Werkes und zwar vorläufig betreffs der **sämmtlichen Eisenbahnen Deutschlands und Oesterreich-Ungarns** entschieden.

Ich habe mir hierbei die überaus grosse Schwierigkeit und Verantwortlichkeit einer derartigen Aufgabe nicht verhehlt, die mir jedoch durch das Entgegenkommen eines grossen Theils der betreffenden Bahnverwaltungen nicht unwesentlich erleichtert wurde.

Was die Anordnung bezw. den Inhalt des Atlas anbetrifft, so sind, um denselben neben dem Zweck als Hülfsbuch für Banquiers und Besitzer von Eisenbahnwerthen auch für den Gebrauch von Eisenbahnfachleuten und solchen, die sich für das Wesen der Eisenbahnen interessiren, dienstbar zu machen, neben **sämmtlichen Privatbahnen** auch die **gesammten Staatsbahnen** der behandelten Länder aufgenommen, und zwar von beiden Gattungen nicht nur die bereits im Betriebe befindlichen, sondern auch die in Ausführung begriffenen, sowie die projectirten Linien, von welchen gewiss manche für die Capitalistenkreise demnächst von Interesse werden möchten, sodass der Inhalt des Werkes, wie ich glaube, in jeder Weise dem gewählten Titel entsprechen und auf Vollständigkeit und Zuverlässigkeit Anspruch machen dürfte.

Die technische Ausführung der Karten anlangend, so sind dieselben unter Beihülfe bewährter Eisenbahnfachmänner nach amtlichen Quellen gezeichnet und auf auto-lithographischem Wege hergestellt. Das dem Werke vorangeschickte umfangreiche Inhaltsverzeichniss sowie die beigegebene Uebersichtskarte wird die Orientirung in dem Atlas noch mehr erleichtern.

Den geehrten Eisenbahnverwaltungen statte ich für die bereitwillige Beantwortung der gestellten Fragen meinen ergebensten Dank ab und bitte sie, auch ferner durch Mittheilung vorkommender Veränderungen mich bei Fortsetzung des Werkes thatkräftig unterstützen zu wollen.

Ich hoffe, dass das vorliegende Werk seinem Zweck entsprechen und einem oft empfundenen Bedürfnisse abhelfen wird, und bitte schliesslich um eine nachsichtige Beurtheilung dieser Arbeit, bei welcher Aufmerksamkeit und Fleiss nicht gespart worden sind.

Hannover, im October 1880.

Gottfried Herzfeld
in Firma Gottfried & Felix Herzfeld
Bankgeschäft.

Deutschland.

Altona-Kieler und Schleswig-Holsteinische Eisenbahn.

Die Altona-Kieler Eisenbahn, deren Direction in Altona domicilirt ist, hat eine Gesammtlänge von 518 km, von denen auf die Altona-Kieler Eisenbahn 288 km und auf die Schleswigschen Bahnen 230 km entfallen. Die erste Theilstrecke Altona-Kiel wurde bereits im Jahre 1844 eröffnet. Die Bahn beginnt mit ihrer Hauptlinie in Altona und läuft von dort in nordöstlicher Richtung über Neumünster (Knotenpunkt mehrerer Bahnen) nach Kiel, woselbst von südöstlicher Richtung her die Bahn von Ascheberg einmündet. Von Neumünster führt eine weitere Strecke über Ascheberg und Eutin nach Neustadt in Holstein (Hafen). Eine zweite Hauptlinie führt von Oldesloe (Station der Lübeck-Hamburger Eisenbahn) über Segeberg und Neumünster nach Rendsburg, woselbst unmittelbar in gleicher Richtung die Schleswigschen Bahnen die Fortsetzung bilden. Letztere führen, nachdem die Eider überschritten, über Schleswig bis zur Dänischen Grenze (Station Wamdrup, woselbst Anschluss der Dänischen Bahnen) und nehmen in sich auf die Zweigbahnen von Jübeck über Husum (Verkehr nach den Nordseeinseln Sylt und Föhr) nach Tönning, Nordschleswigsche Weiche nach Flensburg, Tingleff-Tondern, Rothenkrug-Apenrade und Woyens-Hadersleben. Endlich ist noch die Hamburg-Blankeneser Bahn als ein Theil des Unternehmens zu erwähnen. Die vorbezeichneten Bahnen dienen sowohl dem Personen- als auch dem Güterverkehre, doch ist letzterer, welcher auch die nicht unbedeutenden Viehtransporte aus den Landdistricten Schleswig-Holsteins und Jütlands umfasst, vorwiegend. Die oben erwähnten kleineren Zweigbahnen dienen mehr dem Localverkehre, während im Uebrigen auch Durchgangsverkehr stattfindet. Bei Zuführung des letzteren kommt hauptsächlich der Kieler Hafen (Verkehr mit Kopenhagen, Schweden, Russland), sowie die Bahn von Fredericia her in Betracht. Im Uebrigen finden noch Anschlüsse fremder Verwaltungen in Tönning, Neumünster (Westholsteinische Eisenbahn), Elmshorn (Holsteinische Marschbahn) und Eutin (Eutin-Lübecker Bahn) statt. Haupttransportartikel sind: Steinkohlen, Torf, Petroleum, Dünger, Eisen, Stahl, Getreide etc.

Anlagecapital.	Nominal-werth in Mark.	Grösse der Stücke Mark.	Zinsen pCt.	Zahlungs-termin.	Verloosung.	Dividenden in den Jahren 1870 bis 1879:	Course am Ende der Jahre 1870 bis 1879:
1) Altona-Kiel:							
a. Stamm-Actien	18,450,000	450		1. Mai.		7, 7, 7 1/3, 5, 6, 7 2/3, 8, 8, 6 2/3, 8 %.	113, 125 3/4, 120, 120 3/8, 114 1/2, 112, 123, 130 1/2, 127 1/2, 138 1/2 %.
b. Prioritäts-Obligationen							
I. Emission von 1864	9,000,000	versch.	4	1/1 1/7	im Juli auf 2. Januar.		—, —, —, —, 94 3/4, 94 1/2, 94, 94 1/4, 94 3/4, 98 %.
II. „ „ 1867/8	10,500,000	1500 300	4 1/2	1/1 1/7	do.		—, —, 103, 103, 102 1/2, 103, 100 1/4, 100, 101, 102 1/4 %.
III. „ „ 1872	4,500,000	1500 300	4 1/2	1/1 1/7	do.		—, —, 99, —, —, 100, 99 1/2, 100, 100 3/4, 102 1/8 %.
IV. „ „ 1876	3,000,000	2000 750 500	4 1/2	1/1 1/7	do.	gleiche Priorität.	1876 bis 1879: 99 1/2, 99 7/8, 100 3/4, 102 %.
IV. Em. 2. Serie v. 1877	3,000,000	1000	4 1/2	1/1 1/7	do.		ebenso.
2) Schleswig. Bahnen:							
a. Stamm-Actien	15,000,000	600	5	2. Januar.		Die Actien geniessen eine feste Rente von 5 %.	—, —, —, —, 103, 102 1/2, 103 1/2, —, 104, 107 %.
b. Prioritäts-Obligationen	15,000,000	versch.	4 1/2	1/1 1/7	im Januar auf 1. Juli.	Die Zinsen sind von der Altona-Kieler Eisenbahn-Gesellschaft garantirt.	86, 98 1/4, 97 1/4, 98 1/2, 99, 98, 99 2/10, 99 1/10, 100 2/10, 101 6/10 %.

Mecklenburgische Friedrich-Franz-Eisenbahn.

Die Mecklenburgische Friedrich-Franz-Eisenbahn mit dem Sitze der Direction in Schwerin umfasst in einer Gesammtlänge von 349 km die Bahnstrecken der ehemaligen Grossherzoglichen Friedrich-Franz-Bahn sowie der Mecklenburgischen Eisenbahn, welche Complexe im Jahre 1873 in das Eigenthum der unter der jetzigen Firma bestehenden Gesellschaft übergegangen sind. Die Eröffnung der ersten Theilstrecke fand im Jahre 1847 statt.

Die Bahn beginnt in ihrer Hauptrichtung von Westen nach Osten in Lübeck und läuft nach Ueberschreitung der Trave über Kleinen, woselbst eine Abzweigung in nördlicher Richtung nach Wismar (Hafenanlagen) und eine dergleichen in südlicher Richtung nach Hagenow (Anschluss nach Berlin und Hamburg) stattfindet, am grossen Schweriner See vorbei nach Bützow, auf welcher Station sich die Bahn nach Rostock (bedeutendste Stadt Mecklenburgs mit ansehnlichem Seehandel) abzweigt. Von Bützow aus, vor welcher Stadt noch die Warnow überschritten wird, führt die Bahn weiter in östlicher Richtung über Malchin, woselbst Zweigbahn nach Waren und Neubrandenburg (hier Kreuzung mit der Berliner Nordbahn) nach Strassburg, woselbst dieselbe an die Berlin-Stettiner Bahn anschliesst. An der obengenannten Zweigbahn von Kleinen nach Hagenow liegt die Landeshauptstadt Schwerin.

Die Bahn vermittelt auf dem kürzesten Wege den Verkehr zwischen den Handelsplätzen Lübeck (durch letzteres auch mit Hamburg) und Stettin; dieselbe dient gleichmässig dem Personen- und Güterverkehre und findet sowohl Local- als auch durchgehender Verkehr statt. Die Seeplätze Wismar und Rostock vermitteln den Verkehr mit Dänemark, Schweden und Russland. Folgende Artikel gelangen im Güterverkehre hauptsächlich zum Transport: Getreide, Hülsenfrüchte, Oelsaaten, Baumaterialien und Kohlen.

Anlagecapital.	Nominal-werth in Mark.	Grösse der Stücke Mark.	Zinsen pCt.	Zahlungs-termin.	Verloosung.	Dividenden in den Jahren 1873 bis 1879:	Course am Ende der Jahre 1873 bis 1879:
Stamm-Actien	13,500,000	500		1. Juni.		5, 6 1/2, 7, 7, 7, 7, 7 %.	—, —, 107 1/2, 106 1/4, 106 1/2, 108 9/10, 131 6/10 %.

Altona-Kieler u. Schleswig-Holsteinsche Eisenbahn.

Mecklenburgische Friedrich-Franz Eisenbahn.

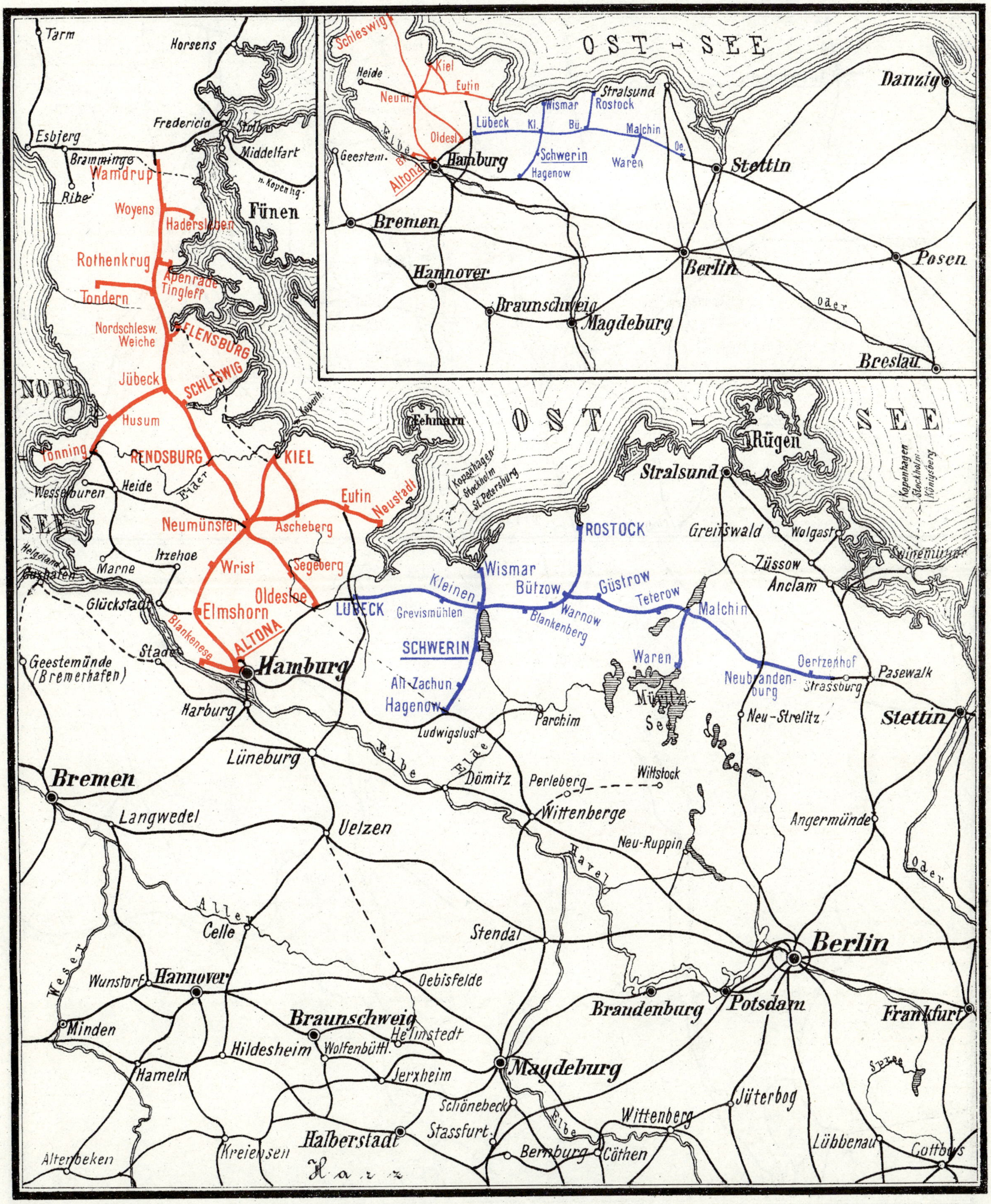

1:2000000

Aachen-Mastrichter Eisenbahn.

Aachener Jndustrie-Eisenbahn.

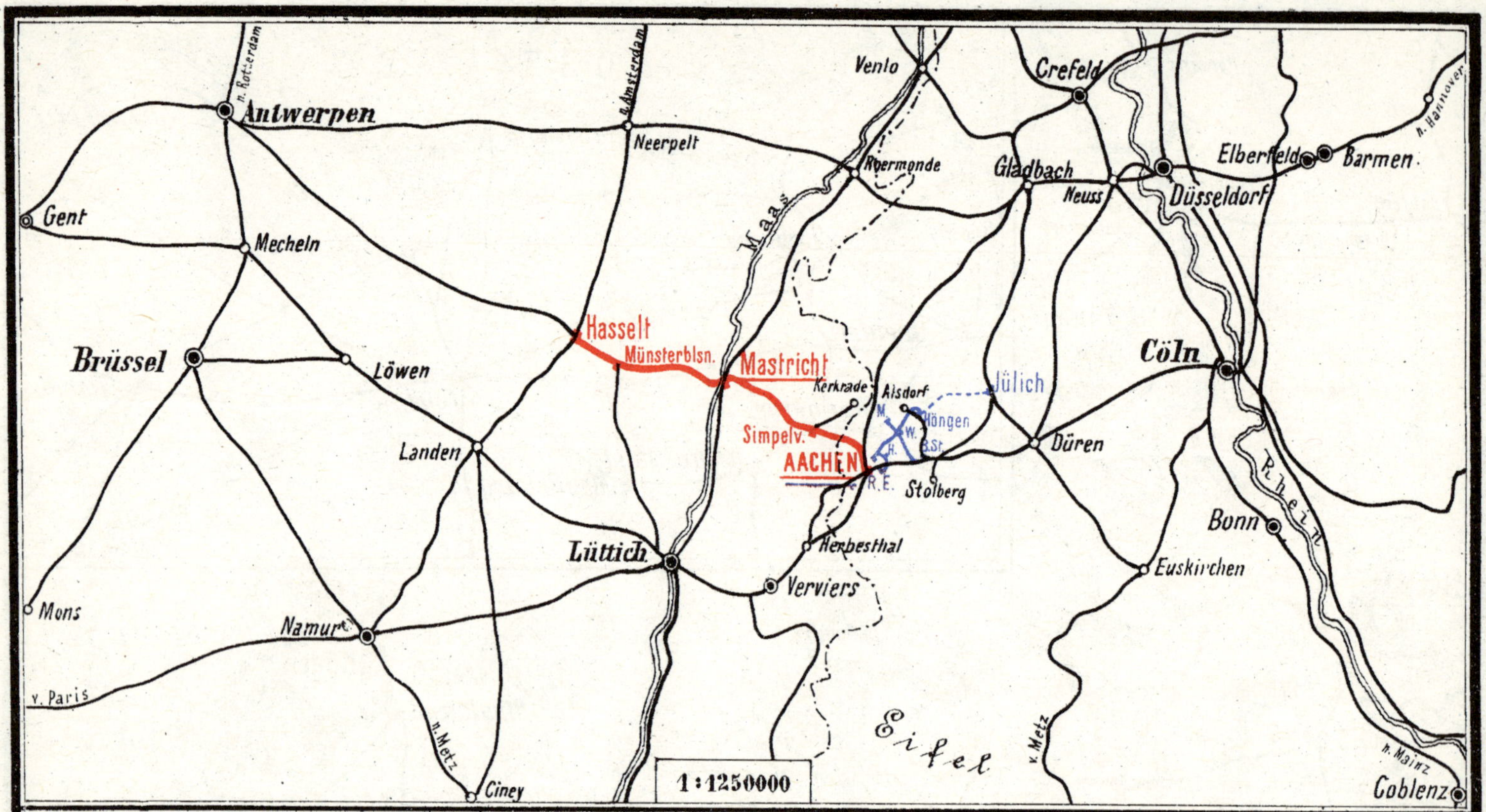

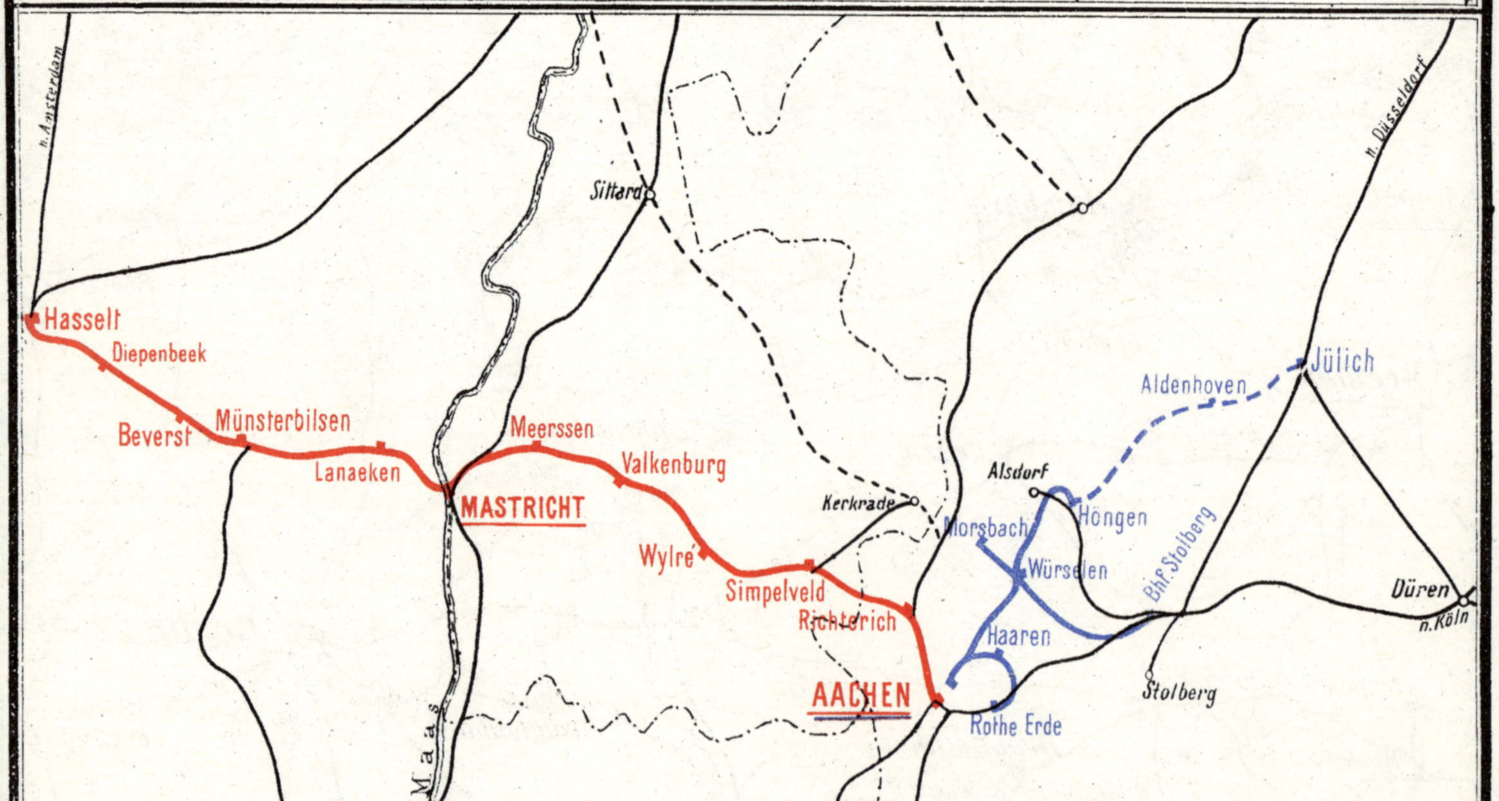

1 : 400000

Aachen-Mastrichter Eisenbahn.

Die Aachen-Mastrichter Eisenbahn mit dem Sitze der Verwaltung in Aachen und Mastricht umfasst die Strecke von Aachen über Mastricht nach Hasselt mit einer Gesammtlänge von 65,93 km.

Der Betrieb derselben ist seit dem Jahre 1867 der Eisenbahn-Gesellschaft Grand Central Belge in Brüssel gegen eine jährliche Zahlung von 650,000 francs bis zum Jahre 1943 verpachtet.

Zwischen der belgischen Regierung und der Aachen-Mastrichter Bahn schweben augenblicklich Ankaufsverhandlungen.

Die Bahn beginnt in Aachen, läuft mit der Bergisch-Märkischen Bahn gemeinschaftlich bis Richterich, wendet sich sodann in westlicher Richtung und führt nach Ueberschreitung der holländischen Grenze über Simpelfeld und Wylré nach Mastricht, woselbst Kreuzung mit der Bahn von Venlo nach Lüttich stattfindet. Hinter Mastricht wird die Maas sowie die belgische Grenze überschritten, und zieht die Bahn über Lanaeken und Münsterbilsen (Abzweigung in südlicher Richtung nach Lüttich) nach Hasselt zum Anschluss an die Bahn nach Antwerpen bezw. nach Amsterdam.

Anlagecapital.	Nominal-werth in Mark.	Grösse der Stücke Mark.	Zinsen pCt.	Zahlungs-termin.	Verloosung.	Dividenden in den Jahren 1870 bis 1879:	Course am Ende der Jahre 1870 bis 1879:
a. Stamm-Actien	8,250,000	600		1. Juli		$^3/_5$, $^3/_5$, 1, $1^1/_4$, 1, 1, 1, $^1/_2$, $^1/_2$, $^3/_4$ %.	32, 44, 42, $31^5/_8$, 29, $19^6/_{10}$, $16^7/_{10}$, $14^3/_4$, $13^1/_4$, 24 %.
b. Prioritäts-Obligationen							
I. Emission v. 1853	5,400,000	versch.	$4^1/_2$	$^1/_1$ $^1/_7$	im Juli auf 2. Januar.		74, 92, $88^1/_2$, 90, $91^1/_4$, $91^1/_2$, $89^9/_{10}$, 91, 92, 100 %.
II. Emission v. 1856	3,000,000	do.	5	$^1/_1$ $^1/_7$	do.		$82^1/_2$, 98, $98^1/_2$, $97^7/_8$, 99, 99, 95 $98^4/_{10}$, 99, $101^1/_4$ %.
III. Emission v. 1867	2,700,000	do.	5	$^1/_1$ $^1/_7$	im Jan. u. Juli a. 6 Monate.		82, 98, $98^1/_2$, $97^1/_4$, 99, 97, 95, $96^1/_2$, $97^3/_4$, $101^3/_4$ %.

Aachener Industrie-Eisenbahn.

Die Aachener Industrie-Eisenbahn, deren Verwaltungssitz in Aachen ist, betreibt die Linien von Aachen über Würselen nach Höngen, von Morsbach über Würselen und Stolberg nach Eschweiler Aue, von Bahnhof Haaren nach Rothe Erde und von der Haltestelle Grevenberg nach der Grube Teut. Dieselbe wurde im Jahre 1875 eröffnet und hat eine Länge von 30,83 km. In der Generalversammlung vom 18. October 1879 ist eine Verlängerung derselben von Höngen über Aldenhoven nach Jülich beschlossen. In den von der fraglichen Bahn durchschnittenen Districten herrscht eine rege Industrie mehrfacher Art: Kohlenbergbau, Eisenhüttenwerke, chemische Fabriken etc., und vermittelt die Bahn im Verein mit den benachbarten Strecken der Bergisch-Märkischen bezw. der Rheinischen Eisenbahn namentlich den Kohlenversandt der berührten Gegend.

Die Bahn dient hauptsächlich dem Güterverkehre, doch finden auf den Strecken Höngen-Aachen und Morsbach-Eschweiler Aue auch Personentransporte statt.

Anlagecapital.	Nominal-werth in Mark.	Grösse der Stücke Mark.	Zinsen pCt.	Zahlungs-termin.	Verloosung.	Dividenden in den Jahren:	Course am Ende der Jahre:
a. Stamm-Actien	1,800,000	600		1. Juli		seit 1876 0 %.	
b. Stammprioritäts-Actien	1,800,000	600		1. Juli		von 1876 bis 1879 5 %.	
c. Prioritäts-Obligationen							
I. Emission v. 1876	900,000	500	5	$^1/_1$ $^1/_7$	1. October auf 2. Januar.	gleiche Priorität.	
II. Emission v. 1876	300,000	500	5	$^1/_1$ $^1/_7$	do.		

Auf die Stamm-Prioritäts-Actien ist Seitens mehrerer Interessenten eine jährliche Dividende von 5 % für Friedenszeiten garantirt.

In der Generalversammlung vom 26. Juni 1880 ist die Emission einer Prioritäts-Anleihe von 3,600,000 Mark beschlossen.

Bergisch-Märkische Eisenbahn.

Die Verwaltung des Unternehmens der Bergisch-Märkischen Eisenbahn-Gesellschaft wird gemäss Vereinbarung mit den Gesellschaftsorganen von der Königlichen Eisenbahn-Direction zu Elberfeld geführt. Die Strecken des Unternehmens in einer Gesammtlänge von 1377 km sind im Laufe der Zeit durch Fusionirung mehrerer Verwaltungen bezw. durch die Erwerbung einzelner Bahnen sowie durch die rege Bauthätigkeit der Gesellschaft zu einem umfangreichen und weitverzweigten Netze herangewachsen und reichen in ihrer weitesten Entfernung von Aachen bis zum Anschluss der Thüringischen Eisenbahn bei Gerstungen bezw. nach der braunschweigischen Stadt Holzminden. Hervorzuheben sind u. A. die Strecken von Aachen über Elberfeld, Barmen, Hagen, Dortmund nach Soest; von Haan nach Deutz; die Ruhrthalbahn von Düsseldorf über Kettwig, Dahlhausen, Herdecke, Schwerte, Arnsberg, Meschede nach Warburg; die Strecke von Dortmund über Steele, Essen nach Duisburg bezw. Ruhrort; die Ruhr-Sieg-Bahn von Hagen nach Siegen und die ehemalige Hessische Nordbahn von Warburg über Cassel nach Gerstungen.

Die Bahn durchschneidet zum grössten Theile eine der industriellsten (circa 350 Anschlüsse gewerblicher Etablissements) sowie an Erzeugnissen des Bergbaues reichsten Districte Deutschlands mit äusserst starker Bevölkerung und vermittelt durch ihre zahlreichen Anschlüsse an fremde Bahnen sowie durch die mit ihr in Verbindung stehenden Rheinhäfen (Ruhrort, Duisbuıg etc.) den Verkehr nach allen Richtungen der Windrose. Sie berührt, meistens in romantischer Gegend verlaufend, ausser den bereits benannten Plätzen die durch ihre Industrie weltberühmten Orte Crefeld, M. Gladbach, Elberfeld, Barmen, Essen, Bochum, Witten, Hagen, Siegen etc., und durchstreift die Gebiete des Rheins, der Ruhr, Wupper, Sieg und der Fulda bezw. der Weser. Sie hat äusserst lebhaften Personen- und Güterverkehr, wobei die Erträgnisse des letzteren bedeutend überwiegend sind. Es herrscht Local- und Durchgangs-Verkehr, und gelangen hauptsächlich zum Transport: Kohlen (das Gold des Ruhrbeckens), Coaks, Erze, Roheisen, Erzeugnisse der Eisen- und Stahl-Industrie, Steine, Bau- und Nutzholz etc.

Anlagecapital.	Nominalwerth in Mark.	Grösse der Stücke Mark.	Zinsen pCt.	Zahlungstermin.	Verloosung.	Dividenden in den Jahren 1868 bis 1879:	Course am Ende der Jahre 1868 bis 1879:
a. Stamm-Actien	210,000,000	300		i. II. Quart.		8, 8 1/2, 8, 7 1/2, 6, 3, 3, 4, 3 3/4, 3 1/3, 4, 4 1/4 %.	134 1/2, 134 1/2, 118, 141 7/8, 134, 105, 84, 78 9/10, 78 1/4, 69, 75 3/4, 93 1/2 %.
b. Prioritäts-Obligationen							Course am Ende der Jahre:
Bergisch-Märk. I. Ser.	3,300,000	300	4 1/2	1/1 1/7	im Juli auf 2. Januar.		1868 bis 1879: 93 1/2, 92 1/2, 90 1/2, 100, 99 1/4, 101, 99 3/4, 99 3/4, 100, 100, 100 1/2, 101 9/10 %.
do. II. „	6,900,000	300	4 1/2	do.	do.		do. 91 7/8, 90 3/4, 89, 99 1/4, 99 1/4, 100 3/4, 99 1/2, 99, 100, 99 1/2, 100 1/2, 101 9/10 %.
do. III. „ Lit. A u. B mit 3 1/4 % garantirt.	54,000,000	versch.	3 1/2	do.	do.		do. 77, 75 3/4, 72 3/4, 84, 82 1/4, 83 5/8, 84 1/4, 84 6/10, 84 4/10, 84 6/10, 84 9/10, 90 %.
Bergisch-Märk. III. S. L. C. bedingt garantirt.	19,142,400	300	3 1/2	do.	do. bislang unverloost.		1871 bis 1879: 81, 80, 79 1/8, 77 7/8, 75 1/2, 77, 77, 79 3/4, 84 8/10 %.
Bergisch-Märk. IV. Ser.	6,000,000	versch.	4 1/2	do.	do.		do. 100, 99, 100, 99 1/2, 97 3/4, 97 3/4, 99 1/2, 100, 102 %.
do. V. „	24,000,000	do.	4 1/2	do.	do.		do. 99 1/4, 99, 99 5/8, 99, 97 1/2, 97 3/4, 99 2/10, 100, 102 %.
do. VI. „	49,854,000	do.	4 1/2	do.	Tilgung erfolgt d. Ankauf.		do. 99 1/8, 99, 99 5/8, 99, 97, 97 3/4, 99 2/10, 100 1/10, 102 1/2 %.
do. VII. „ convert.	60,000,000	do.	4 1/2	do.	im Juli auf 2. Januar.		1872 bis 1879: 102 3/4, 102 7/8, 101 1/2, 101 3/4, 102, 102 3/4, 103 8/10, 101 1/10 %.
do. VIII. Ser.	90,000,000	do.	4 1/2	do.	do.		1877 bis 1879: 97 3/4, 99 2/10, 101 1/2 %.
do. IX. „	36,000,000	do.	5	do.	1. Verloosung 1885.		1876 bis 1679: 102 1/4, 103, 104 3/10, 105 %.
Aachen-Düsseldorfer I.	4,800,000	600	4	do.	im Juli auf 2 Januar.		1870 bis 1879: 81, 91 1/2, 89 1/2, 90, 91 1/2, 90, 91, 92, 93, 96 1/2 %.
do. II.	4,500,000	600	4	do.	do.		do. 79 1/2, 91 1/2, 89 1/2, 90, 92 1/2, 90, 90, 92, 92 1/4, 96 1/2 %.
do. III.	2,550,000	300	4 1/2	do.	do.		do. 87, 99 1/4, 98, 98, 97 1/2, 95, 96 1/2, 99, 98 8/10, 101 %.
Düsseldorf-Elberfeld. I.	3,000,000	300	4	do.	do.		do. 80, 91 1/2, 87 1/2, 90 1/4, 92, 90 1/2, 90, 92, 93, 96 1/2 %.
do. II.	1,200,000	300	4 1/2	do.	do.		do. 87, 99, 98, 98, 99, 96, 96 1/2, 98, 98 8/10, 100 7/10 %.
Dortmund-Soester I.	4,050,000	300	4	do.	do.		do. 80 1/4, 91 3/4, 93, 91, 91 3/4, 90, 90, 92, 92 1/4, 96 1/2 %.
do. II.	3,810,000	300	4 1/2	do.	do.		do. 87, 99 1/4, 98, 98 5/8, 98 1/2, 95 3/4, 97, 98 1/2, 100, 101 1/2 %.
Nordbahn-Prioritäten convert.	24,000,000	versch.	4 1/2	do.	1. Verl. im Juli 1880.		Die früher 5% Anleihe ist gekündigt per 2/1. 1881.
do. I.	6,000,000	do.	4	1/4 1/10	im April auf 1. October.		
do. II.	2,980,500	do.	3 1/2	1/1 1/7	im Juli auf 2 Januar.		Die Anleihe befindet sich mit dem Restbetrage von 2, 812, 500 M. im Besitze der Preuss. Regierung.
Ruhrort-Crefelder I.	1,836,000	600	4 1/2	do.	do.		1870 bis 1879: 87, 99, 97, 98, 97 1/2, 96, 96 1/2, 98, 99, 101 1/2 %.
do. II.	1,650,000	600	4	do.	do.		do. 79, 91 1/2, 87, 89 1/2, 91, 89, 91, 92, 92, 96 1/2 %.
do. III.	2,550,000	300	4 1/2	do.	do.		do. 87, 99, 97, 98, 97 1/2, 97, 96 1/2, 98, 99, 101 1/2 %.
Gesammtsumme der Priorit.	412,122,900						
X. Serie	15,000,000		4 1/2	Die Generalversammlung von 1880 genehmigte eine weitere Prioritätsanleihe, noch nicht emittirt.			

Brölthaler Eisenbahn.

Die Brölthaler Eisenbahn mit dem Gesellschaftssitze in Cöln und demjenigen der Direction in Hennef ist eine schmalspurige Bahn. Dieselbe schliesst sich in Hennef an die Deutz-Giessener Bahn an und führt über Bröl, Schönenberg, woselbst eine kurze Zweigbahn nach Saurenbacherthal sich abtrennt, und Ruppichteroth nach Waldbröl. Dieselbe ist 33,4 km lang und dient vorzugsweise dem Güterverkehre, vermittelt aber auch dem beschränkten Bedürfnisse entsprechend Personenverkehr.

Anlagecapital.	Nominalwerth in Mark.	Grösse der Stücke Mark.	Zinsen pCt.	Zahlungstermin.	Verloosung.	Dividenden in den Jahren:	Course am Ende der Jahre:
a. Stamm-Actien	(510,000)			1. Juli.		bis 1879: 0 %.	
Davon nur ausgegeben	390,000	300					

Bergisch-Märkische Eisenbahn.

Brölthal Eisenbahn.

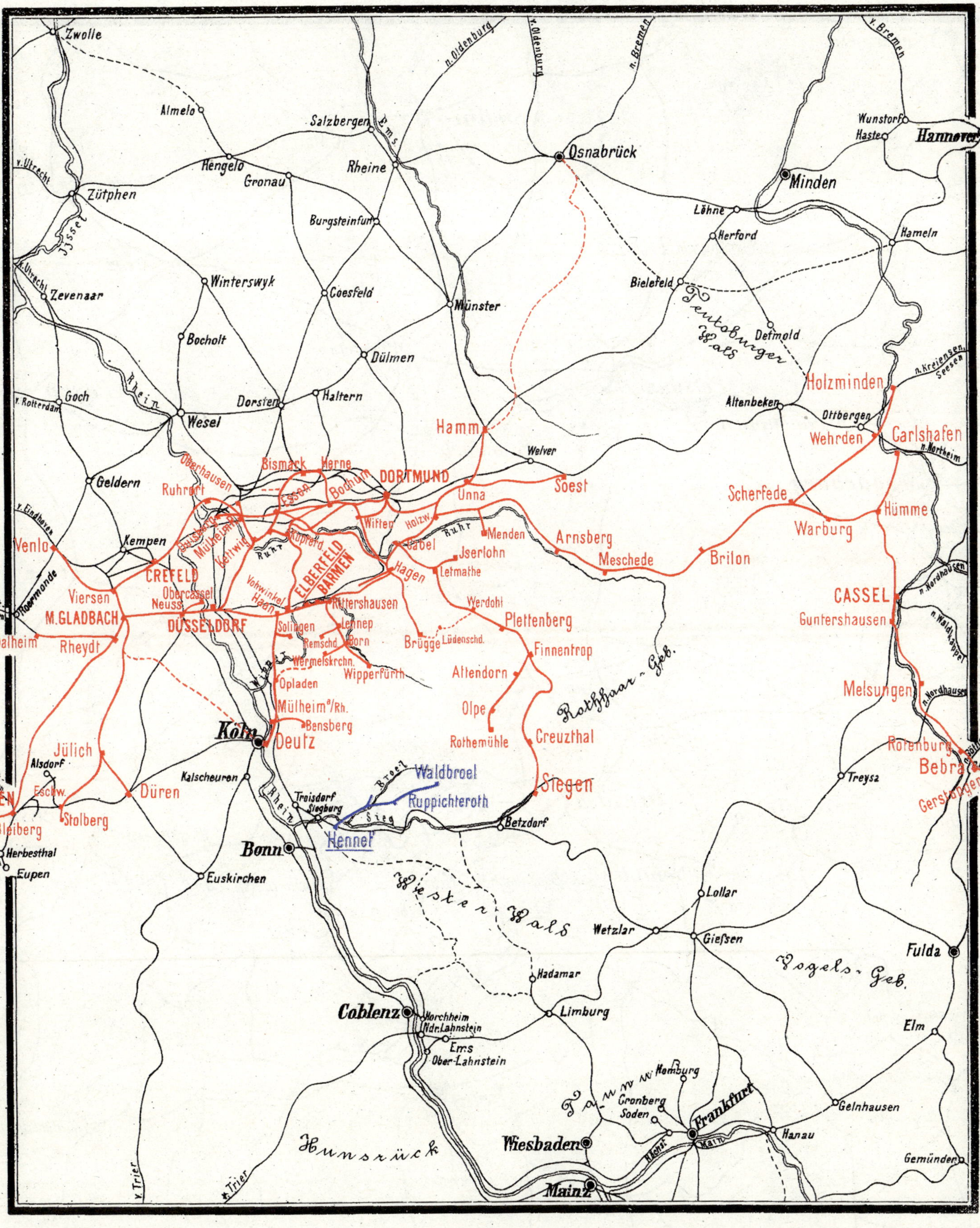

1:1250000

Berlin-Anhaltische Eisenbahn.

Berlin-Görlitzer Eisenbahn.

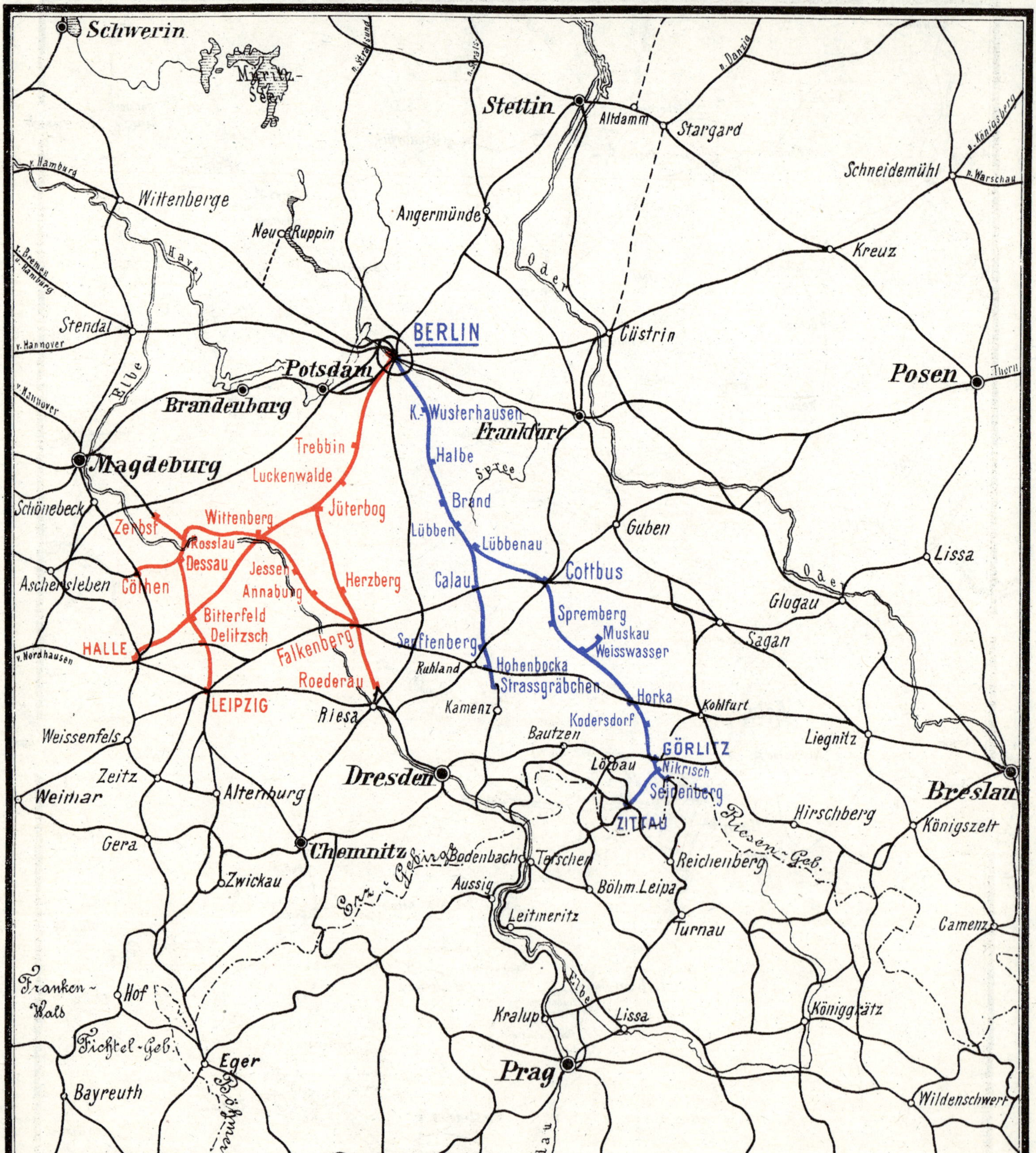

1:2000000

Berlin-Anhaltische Eisenbahn.

Die Berlin-Anhaltische Eisenbahn, (Gesammtlänge 431 km) mit dem Sitze der Direction in Berlin, deren erste Theilstrecke im Jahre 1841 eröffnet wurde, beginnt in Berlin, und führt zunächst in einer für die Routen nach Süden und Westen gemeinsamen Strecke nach Jüterbog.

Von letzterer Station zweigt sich in südlicher Richtung die Bahn nach Röderau ab, woselbst dieselbe an das sächsische Staatsbahnnetz anschliesst und auf diese Weise den Verkehr zwischen Berlin und Dresden vermittelt. Die Abzweigung nach Westen führt zunächst nach Wittenberg und von da nach Ueberschreitung der Elbe durch eine an Braunkohlen und mächtigen Thonlagern (Greppiner Werke) reiche Gegend nach Bitterfeld, welche Station den Trennungspunkt für die Richtungen nach Halle resp. Leipzig bildet.

Erstere Richtung vermittelt in Folge Anschlusses der Thüringischen Eisenbahn den Verkehr nach Thüringen und über Bebra-Frankfurt nach Süd-Deutschland. Letztere verbindet Berlin und die Welthandelsstadt Leipzig auf dem kürzesten Wege. Von Wittenberg führt die alte Hauptlinie in das fruchtbare und industrielle Herzogthum Anhalt, und zwar nach Roslau, und sodann unter Ueberschreitung der Elbe und Mulde nach Dessau und Köthen, in welch letzterem Orte sie Anschluss an die Magdeburg-Leipziger Bahn findet.

Ferner ist noch zu erwähnen die Strecke Dessau-Bitterfeld als Verbindungsglied der Route Zerbst (Magdeburg)-Leipzig, und endlich die Bahn von Wittenberg nach Falkenberg, welche bei Jessen die schwarze Elster überschreitet und in Falkenberg an die Linie Jüterbog-Röderau anschliesst. Die Berlin-Anhaltische Bahn verbindet für die Consumtion und den Welthandel bedeuteude Plätze (Berlin, Magdeburg, Halle, Leipzig und Dresden) und vermittelt auf allen Strecken den Transport von Personen und Gütern, und zwar im localen sowohl als auch im durchgehenden Verkehr.

Anlagecapital.	Nominal-werth in Mark.	Grösse der Stücke Mark.	Zinsen pCt.	Zahlungs-termin.	Verloosung.	Dividenden in den Jahren 1870 bis 1879:	Course am Ende der Jahre 1870 bis 1879:
a. Stamm-Actien	51,750,000	600		Abschlags-divid. 2 % 1/7. Restdividende 31/3.		16, 18½, 17, 16, 8½, 8, 6, 5¾, 5, 5 %.	197, 265, 227¾, 159½, 137½, 111, 107¼, 82¾, 87 4/10, 102¾ %.
b. Prioritäts-Obligationen							
Prioritäts-Actien v. 1840/42	4,500,000	1500 300	4	1/1 1/7	Der noch im Umlauf befindliche Rest der Anleihe im Betrage von 823,800 M ist pr. 1. September 1880 gekündigt.		
I. Em. v. 1856 } gl. Priorität.	3,000,000	1500 300	4½	1/1 1/7	15/3 auf 1. Juli.		90½, 99¼, 98½, 100⅜, 100, 99¾, 99, 99½, 100¼, 101¼ %.
II. Em. v. 1856 } gl. Priorität.	13,500,000	1500 300	4½	1/1 1/7	do		90½, 99¼, 98½, 100⅜, 100, 99¾, 99, 99½, 100¼, 101¼ %.
Lit. B. v. 1865	4,500,000	1500 300	4½	1/1 1/7	do.		90½, 99¼, 98½, 100⅜, 100, 99¾, 99, 99½, 100¼, 101¼ %.
Lit. C. v. 1875	30,000,000	500 1000 5000	4½	1/1 1/7	do.		1875 bis 1879: 96, 97½, 97¾, 99 3/10, 100¾ %.

Berlin-Görlitzer Eisenbahn.

Die Berlin-Görlitzer Eisenbahn (Gesammtlänge 327,35 km) mit dem Sitze der Verwaltung in Berlin wurde im Jahre 1867 dem Betriebe übergeben.

Die Hauptbahn der Gesellschaft verbindet die wichtigste Stadt Niederschlesiens (Görlitz) mit der Reichshauptstadt und bildet den kürzesten Transportweg zwischen den Norddeutschen Häfen Hamburg, Stettin etc. und einem Theile Schlesiens sowie von Sachsen, Böhmen und Oesterreich. Dieselbe führt von Berlin in südöstlicher Richtung durch die Mark, berührt Königs-Wusterhausen und läuft hinter Station Brand am Saume des romantischen Spreewaldes nach Lübbenau, woselbst die Bahn nach Kamenz abzweigt. In ihrem weiteren Verlaufe berührt sie die durch ihre Wollwaaren-Industrie berühmten Städte Cottbus und Spremberg und erreicht sodann Görlitz, die gewerbreiche und zweitgrösste Stadt Schlesiens. Eine Verlängerung der Stammbahn nach der sächsischen Stadt Zittau folgt dem Laufe der Neisse, wobei sie einen Theil des an landschaftlicher Schönheit reichen Lausitzer Gebirges durchschneidet.

Die erwähnte Verlängerung der Stammbahn auch nach Seidenberg vermittelt hauptsächlich den Durchgangsverkehr nach Sachsen, Böhmen etc. Von Station Weisswasser führt eine Zweigbahn nach dem lieblich gelegenen Bade Muskau, woselbst ausserdem Hüttenwerke und Kohlengruben sich befinden. An der Zweigbahn Lübbenau-Kamenz (siehe oben) liegen gleichfalls mehrfach Hüttenwerke, sowie Glassand- und Braunkohlengruben, wodurch ein ziemlich lebhafter Localverkehr hervorgerufen wird, im Wesentlichen dient jedoch auch diese Bahn zur Vermittelung des Durchgangsverkehrs für österreichisches Getreide und böhmische Braunkohlen.

Der Personen-Verkehr der Berlin-Görlitzer Bahn wird von ihrem Güterverkehr bedeutend überwogen, und hat an letzterem wiederum der Durchgangsverkehr den grössten Antheil.

Anlagecapital.	Nominal-werth in Mark.	Grösse der Stücke Mark.	Zinsen pCt.	Zahlungs-termin.	Verloosung.	Dividenden in den Jahren 1870 bis 1879:	Course am Ende der Jahre 1870 bis 1879:
a. Stamm-Actien	16,500,000	300		30. April.		1, 0, 3½, 3, von da an 0 %.	57, 81⅞, 114, 98, 69¾, 29¼, 19, 9, 10 9/10, 16¾ %.
b. Stammprioritäts-Actien	16,500,000	600		do.		5, 5, 5, 5, 4, 5, 0, 0, 1, 3⅓ %.	87⅞, 104⅜, 108, 103, 99⅜, 65, 53¾, 21½, 29, 63¾ %.
c. Prioritäts-Obligationen							
Convertirt v. 1868	3,750,000	300	4½	1/1 1/7	im April auf 1. Juli.	Die früher 5 % Anleihe ist pr. 1. Juli 1880 gekündigt.	
Lit. B. v. 1871	21,843,000	versch.	4½	do.	do.	1872 bis 1879: 97, 99½, 97¾, 90, 88, 80¾, 89½, 98 %.	
Lit. C. v. 1874	9,000,000	do.	4½	1/4 1/10	im April auf 1. October.	1874 bis 1879: 97¾, 93, 84¾, 73 4/10, 84½, 97 2/10 %.	

Die Stammprioritätsactien geniessen 5 % Dividende vor den Stammactien, werden diese 5 % nicht oder nicht voll bezahlt, so müssen sie aus den Reinerträgnissen der folgenden Jahre nachbezahlt werden.

Bei der Auflösung der Gesellschaft haben die Stammprioritätsactien ein Vorzugsrecht vor den Stammactien.

Berlin-Potsdam-Magdeburger Eisenbahn.

Die vorbezeichnete Bahn (Gesammtlänge 259,56 km) ist nach gesetzmässiger Genehmigung des zwischen der Königlich Preussischen Staatsregierung und den bezüglichen Gesellschaftsorganen abgeschlossenen Vertrages (Gesetz vom 14. Februar 1880) in die Verwaltung des Staates übergegangen und wird der Betrieb von der Königlichen Eisenbahn-Direction zu Magdeburg geleitet.

Dieselbe hat ihren Anfangspunkt in Berlin (Sitz der Gesellschaft), führt über Zehlendorf, Potsdam, Brandenburg, Burg und Biederitz zunächst nach Magdeburg, sodann weiter über Eilsleben nach Schönigen bezw. nach Helmstedt, woselbst Anschluss an die Routen nach Cöln, Aachen, Frankfurt a. M., Braunschweig und Hannover. In Biederitz schliesst sich eine Bahn in der Richtung nach Zerbst an, welche vermittelst ihrer weiteren Fortsetzung die Route Magdeburg-Leipzig bildet.

Bei der vorgenannten Station Zehlendorf zweigt die sogenannte Wanseebahn ab, welche vor Potsdam in die Hauptbahn wieder einmündet.

Als gewerbreiche Städte sind Berlin, Brandenburg, Burg und Magdeburg zu nennen. Die von der Bahn durchschnittene Gegend ist im Allgemeinen fruchtbar, in dem Umkreise von Magdeburg auch sehr volkreich. Berührt resp. überschritten werden die Havel bei Potsdam und die Elbe bei Magdebnrg. Die Bahn dient dem durchgehenden Güter- und Personenverkehr, auch findet namentlich auf der Strecke Berlin-Potsdam und auf der Wanseebahn ein ausgedehnter Local-Personenverkehr statt.

Die Zuführung des Verkehrs von fremden Bahnen geschieht in Berlin hauptsächlich durch die von Osten kommenden Bahnlinien und an den übrigen Endpunkten von den vorher genannten Bahnrouten.

Anlagecapital.	Nominal-werth in Mark.	Grösse der Stücke Mark.	Zinsen pCt.	Zahlungs-termin.	Verloosung.	Dividenden in den Jahren 1870 bis 1879:	Course am Ende der Jahre 1870 bis 1879:
a. Stamm-Actien	60,000,000	300	4	1/1 1/7		20, 14, 8, 4, $1\frac{2}{3}$, 3, $3\frac{1}{2}$, $3\frac{1}{2}$, $3\frac{1}{2}$, 4 %.	224, 210, 159, 114, 87, $69\frac{4}{10}$, $77\frac{3}{4}$, $74\frac{1}{4}$, $79\frac{1}{4}$, $95\frac{8}{10}$ %.
b. Prioritäts-Obligationen							
von 1845 Lit. A und B	7,101,600	600	4	do.	im Decbr. auf 1. Juli.		83, $92\frac{1}{4}$, $91\frac{1}{2}$, $92\frac{1}{2}$, 90, $91\frac{1}{2}$, $93\frac{3}{4}$, $93\frac{1}{2}$, $97\frac{1}{2}$ %.
„ 1862 „ C	21,000,000	300	4	do.	do.		83, 92, $89\frac{1}{2}$, $91\frac{1}{2}$, $92\frac{1}{4}$, $89\frac{3}{10}$, 91, $92\frac{4}{10}$, $93\frac{1}{2}$, $97\frac{1}{2}$ %.
„ 1872 „ D	30,000,000	versch.	$4\frac{1}{2}$	do.	im I. Quartal auf 1. Juli.	1874 bis 1879: 99, $95\frac{3}{4}$, $96\frac{2}{10}$, $97\frac{9}{10}$, $99\frac{3}{10}$, $100\frac{9}{10}$ %.	
„ 1873 „ E	6,000,000	600	$4\frac{1}{2}$	do.	do.	do. 99, 95, $95\frac{1}{2}$, $96\frac{1}{2}$, $99\frac{1}{4}$, 101 %.	
„ 1874 „ F	16,500,000	versch.	$4\frac{1}{2}$	do.	do. v. 1882 an.	1875 bis 1879: 93, $94\frac{1}{4}$, $95\frac{3}{4}$, $99\frac{1}{10}$, 101 %.	
Gesammtsumme d. Priorität.	80,601,600						

In Folge des Gesetzes vom 14. Februar 1880 garantirt der Preussische Staat den Inhabern von Stammactien eine feste jährliche Rente von 4 %, zahlt bei der Abstempelung eine einmalige Prämie von 1 % und ist verpflichtet, denselben gegen eine Stammactie 300 Mark 4 % Preussische Consols bis zum 2. Januar 1881 zum Umtausch anzubieten. Der Kaufpreis — abgesehen von der Uebernahme sämmtlicher Prioritätsschulden — beträgt 40,000,000 Mark.

Berlin-Hamburger Eisenbahn.

Die Berlin-Hamburger Eisenbahn, (Gesammtlänge 441,66 km) deren Direction theils in Berlin theils in Hamburg domicilirt ist, wurde abgesehen von den später erbauten Strecken Büchen-Lauenburg und Wittenberge-Buchholz im Jahre 1846 in ihrer ganzen Ausdehnung dem Betriebe übergeben.

Dieselbe beginnt in Berlin und führt über Spandau, Paulinenaue und Neustadt a. d. Dosse nach Wittenberge a. d. Elbe, woselbst die Linie Stendal-Wittenberge anschliesst, und die Zweigbahn nach Buchholz sich abtrennt. Hinter Warnow wird die mecklenburgische Grenze überschritten und sodann über Ludwigslust Hagenow erreicht, von wo die Mecklenburgische Friedrich-Franz-Bahn nach Schwerin und Rostock abzweigt.

Die Bahn führt weiter durch waldreiches Gebiet über Büchen (Abzweigung nach Lauenburg und Lübeck) und dem Hamburgischen Städtchen Bergedorf am Rande der Vierlande nach Hamburg. Die Zweigbahn von Wittenberge nach Buchholz überschreitet bei Dömitz die Elbe, berührt das Städtchen Dannenberg und die prächtigen Forsten der Göhrde, alsdann Lüneburg und schliesst in Buchholz an die Strecke Venlo-Hamburg der Cöln-Mindener Bahn an. Eine fernere Abzweigung führt von Büchen nach Lauenburg bis zu der mit Hannoverschen Staatsbahn und der Lübeck-Büchener Eisenbahn daselbst gemeinschaftlich erbauten festen Brücke über die Elbe, wo dieselbe von der Hannoverschen Staatsbahn aufgenommen und in der Richtung nach Lüneburg weiter geführt wird. Die Verwaltung der behandelten Bahn führt ferner den Betrieb auf dem Hamburgischen Theile der Hamburg-Altonaer Verbindungsbahn; desgleichen ist die dem Hamburger Staate gehörige Strecke von Bergedorf bis Hamburg (Hamburg-Bergedorfer Eisenbahn siehe Seite 40 a) nur gepachtet.

Die Berlin-Hamburger Eisenbahn verbindet Hamburg, woselbst ein Austausch der Erzeugnisse aller Welttheile stattfindet, mit der Reichshauptstadt und vermittelt durch die in letzterem Orte einmündenden Bahnen den Verkehr in südlicher Richtung bis nach Oesterreich-Ungarn. Beide Verkehre, sowohl der Personen- als auch der Güterverkehr sind äusserst lebhaft, die Einnahmen aus dem Güterverkehr überwiegen bedeutend, der grösste Verkehr bewegt sich zwischen den Orten Hamburg und Berlin. Die Büchen-Lauenburger Zweigbahn vermittelt den Verkehr der Ostseehäfen in der Richtung nach Hannover und weiter südlich.

Hauptsächliche Transportgegenstände: Stroh, Heu und Vieh, Kalk, Cement, Mühlenfabrikate, Nutzholz und Kohlen.

Anlagecapital.	Nominal-werth in Mark.	Grösse der Stücke Mark.	Zinsen pCt.	Zahlungs-termin.	Verloosung.	Dividenden in den Jahren 1870 bis 1879:	Course am Ende der Jahre 1870 bis 1879:
a. Stamm-Actien	15,000,000	600		1. Juni.		10, $10\frac{3}{8}$, 12, 10, $12\frac{1}{2}$, 10, 11, $11\frac{1}{2}$, $10\frac{1}{2}$, $12\frac{1}{2}$ %.	$152\frac{1}{4}$, $170\frac{1}{4}$, 237, 199, 205, $176\frac{1}{2}$, 175, 175, 190, 191 %.
b. Prioritäts-Obligationen							
I. Emission v. 1846	15,000,000	versch.	4	1/1 1/7	im April auf 1. Juli.		$82\frac{3}{4}$, $91\frac{1}{2}$, $90\frac{1}{2}$, $92\frac{3}{4}$, 94, 94, $93\frac{1}{2}$, $93\frac{3}{4}$, $95\frac{1}{10}$, $97\frac{8}{10}$ %.
II. Emission v. 1848	3,000,000	600	4	1/1 1/7	do.		$82\frac{1}{4}$ dann ebenso.
III. Emission v. 1870	36,000,000	versch.	$4\frac{1}{2}$	1/1 1/7	do.	Convertirt.	

Die nicht convertirten Stücke der früher 5 % Anleihe III. Emission von 1870 sind auf den 1. October 1880 gekündigt.

Berlin-Potsdam-Magdeburger Eisenbahn.

Berlin-Hamburger Eisenbahn.

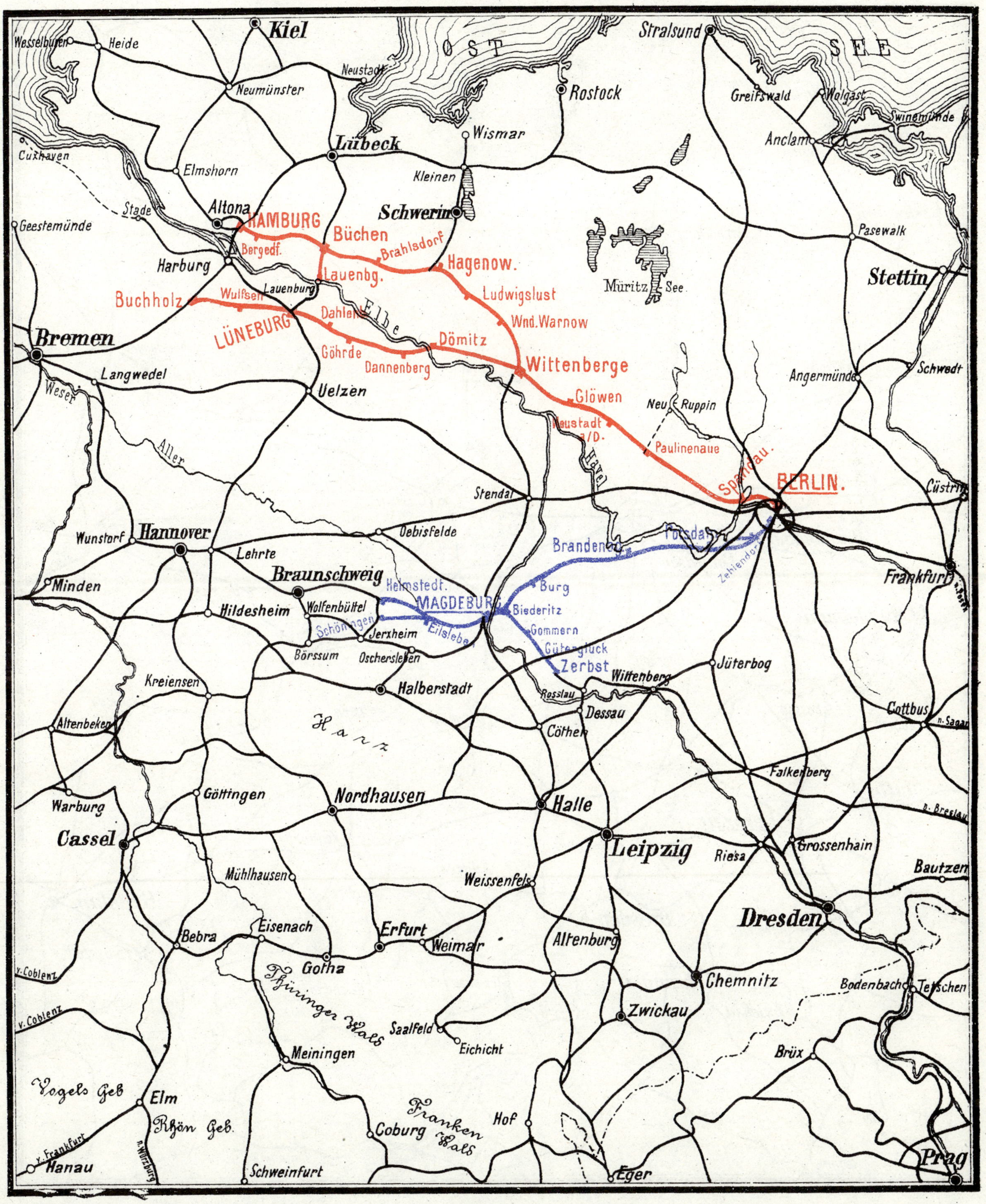

1: 2000000.

Berlin-Stettiner Eisenbahn.

Angermünde-Schwedt Eisenbahn.

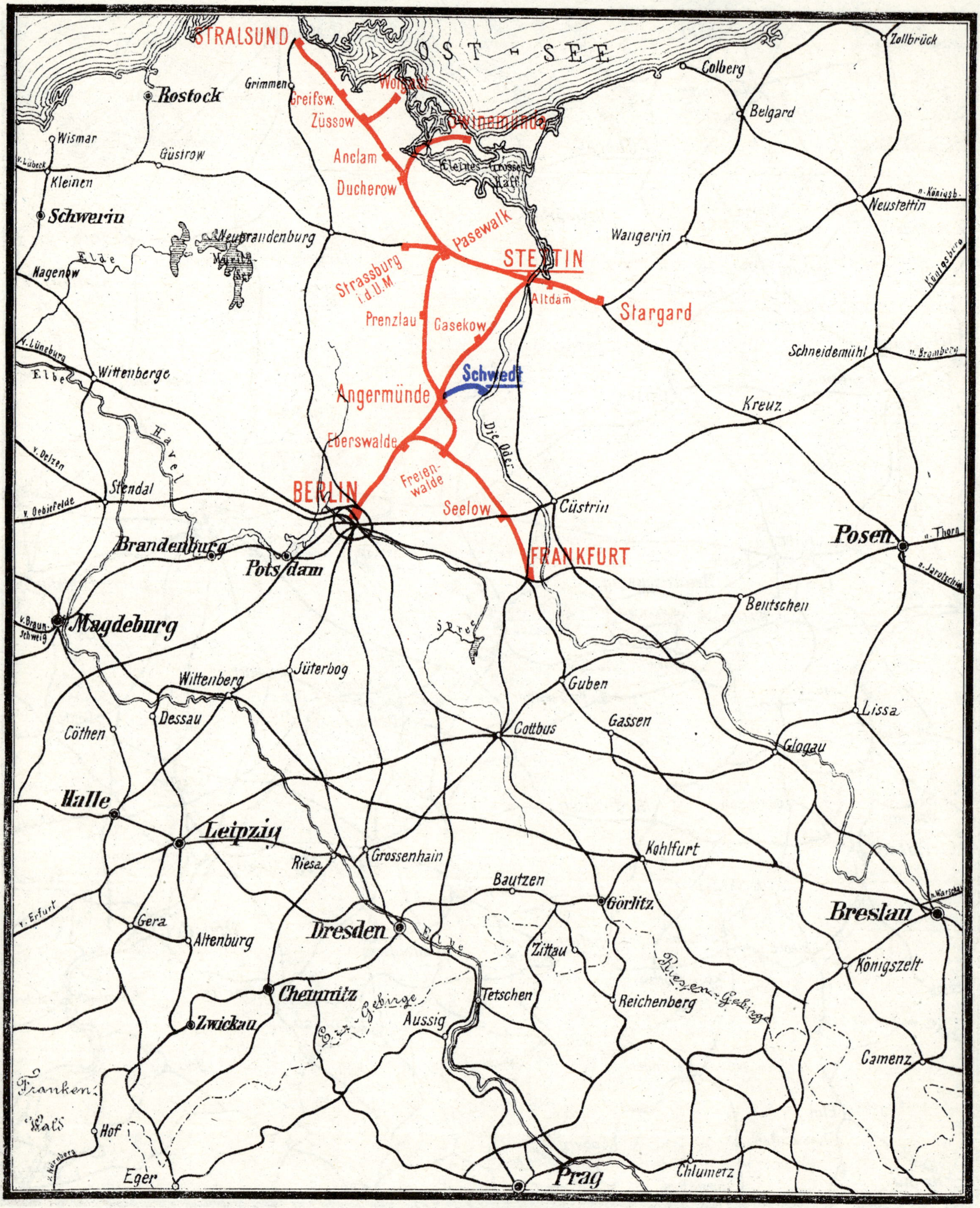

1 : 2000000

Berlin-Stettiner Eisenbahn.

Die Verwaltung der Berlin-Stettiner Eisenbahn erfolgt in Gemässheit des zwischen der Königlich Preussischen Staatsregierung und den bezüglichen Gesellschaftsorganen abgeschlossenen Vertrages (genehmigt durch Gesetz vom 20. December 1879) auf Rechnung des Preussischen Staates und ist mit der speciellen Betriebsleitung die Königliche Direction der Berlin-Stettiner Eisenbahn zu Stettin beauftragt.

Das Unternehmen umfasst in einer Gesammtlänge von 959 km die Strecken von Berlin über Eberswalde, Angermünde, Stettin (Ueberschreitung des Oderstromes), Altdamm nach Stargard i. P. mit den Zweigbahnen Eberswalde-Freienwalde, Angermünde-Frankfurt a. O., Pasewalk-Mecklenburgische Grenze und Ducherow-Swinemünde; ferner die Vorpommersche Eisenbahn von Angermünde über Prenzlau, Pasewalk, Greifswald nach Stralsund (Verbindung nach der reizenden Insel Rügen) mit den Zweigbahnen Pasewalk-Stettin, Züssow-Wolgast und die nach den Ostseehäfen führenden ausschliesslich dem Güterverkehre dienenden Hafenbahnen bei Wolgast, Greifswald und Stralsund. Die zum Unternehmen ferner noch gehörigen Strecken der Hinterpommerschen Bahn (Stargard-Köslin-Stolp-Danzig und Belgard-Colberg) sind bereits seit dem Jahre 1878 in den Betrieb des Preussischen Staates übergegangen und werden von der Königlichen Eisenbahn-Direction zu Bromberg verwaltet.

Die Strecken der Bahn, im Flachlande verlaufend, führen weniger durch industrielle als durch ackerbautreibende, stellenweise sehr fruchtbare Districte; dieselben vermitteln den Verkehr zwischen den Ostseehäfen Stralsund, Greifswald, Wolgast, Swinemünde und Stettin mit der Reichshauptstadt und den weiter südlich gelegenen Länderstrichen. Eine Hauptquelle der Einnahme bildet der Handelsplatz Stettin, welcher lebhaften überseeischen Verkehr mit Dänemark, Schweden, Norwegen, Russland und anderen Ländern vermittelt.

Die Bahn unterhält einen sehr bedeutenden Personen- und Güterverkehr, letzterer ist ausgenommen auf den Strecken der Vorpommer'schen Bahn erheblicher. Bei dem Personentransporte ist der Binnenverkehr überwiegend, während beim Güterverkehre der directe Verkehr vorherrschend ist.

Anlagecapital.	Nominalwerth in Mark.	Grösse der Stücke Mark.	Zinsen pCt.	Zahlungstermin.	Verloosung.	Dividenden in den Jahren 1870 bis 1879:	Course am Ende der Jahre 1870 bis 1879:
a. Stamm-Actien	62,145,000	300 600	$4\frac{3}{4}$	$^1/_1$ $^1/_7$		$9\frac{1}{6}$, $11\frac{5}{12}$, $12\frac{3}{4}$, $10\frac{3}{4}$, $9\frac{11}{12}$, 9, $8\frac{9}{10}$, $7\frac{1}{10}$, 3,65, $4\frac{3}{4}$ %.	131, $157\frac{1}{2}$, 186, 126, $145\frac{7}{8}$, 126, $118\frac{1}{4}$, 105, $92\frac{3}{4}$, $113\frac{1}{4}$ %.
b. Prioritäts-Obligationen							
I. Emission v. 1848	2,400,000	600	$4\frac{1}{2}$	$^1/_1$ $^1/_7$	Die Anleihe ist gekündigt pr. 1. Juli 1880.		
II. Emission v. 1856	22,500,000	versch.	4	$^1/_4$ $^1/_{10}$	auf $^1/_4$ oder $^1/_{10}$.		78, 91, $90\frac{1}{4}$, $90\frac{1}{2}$, $91\frac{3}{4}$, 92, $92\frac{4}{10}$, 93, $93\frac{1}{10}$, $97\frac{1}{10}$ %.
III. Emission v. 1858	12,000,000	do.	4	$^1/_4$ $^1/_{10}$	do.		78, $91\frac{1}{2}$, dann ebenso wie II.
IV. Emission v. 1861	36,000,000	do.	$4\frac{1}{2}$	$^1/_1$ $^1/_7$	Die Anleihe ist gekündigt pr. 1. Juli 1880.		
V. Emission v. 1865	2,700,000	600	$4\frac{1}{2}$	$^1/_4$ $^1/_{10}$	Die Anleihe ist gekündigt pr. 1. April 1880.		
VI. Emission v. 1867	30,000,000	versch.	4	$^1/_4$ $^1/_{10}$	auf $^1/_4$ oder $^1/_{10}$.		78, $91\frac{1}{2}$, $90\frac{1}{4}$, $90\frac{3}{4}$, $91\frac{3}{4}$, $91\frac{2}{10}$, $92\frac{1}{2}$, $92\frac{3}{4}$, 93, $97\frac{1}{10}$ %.
VII. Emission v. 1873	19,500,000	do.	$4\frac{1}{2}$	$^1/_4$ $^1/_{10}$	Die Anleihe ist gekündigt pr. 1. April 1880.		
Gesammtsumme d. Priorität.	125,100,000						

In Folge des Gesetzes vom 20. December 1879 garantirt der Preussische Staat den Inhabern von Stammactien eine feste jährliche Rente von $4\frac{3}{4}$ % und ist verpflichtet, den Inhabern von 1200 Mark Stammactien 1200 Mark 4 % und 200 Mark $4\frac{1}{2}$ % Preussische Consols anzubieten, auch sind die Prioritäts-Schulden vom Staate als Selbstschuldner zu übernehmen.

Angermünde-Schwedter Eisenbahn.

Die Angermünde-Schwedter Eisenbahn, der Actien-Gesellschaft gleichen Namens gehörig, wird von der Königlichen Eisenbahn-Direction der Berlin-Stettiner Bahn zu Stettin verwaltet. Dieselbe führt von Angermünde über Pinnow nach Schwedt a. d. Oder. Die Bahn, welche secundär betrieben wird, hat eine Länge von 24 km. Dieselbe dient dem Personen- und dem Güterverkehre der Umgegend, welche beide durch Vermittelung des Bahnhofs Angermünde auf die Strecken der Berlin-Stettiner Bahn übergehen und von ihnen kommen, wogegen der Verkehr zwischen den eigenen Stationen der Bahn nur sehr gering ist. Im Allgemeinen ist der Personenverkehr vorherrschend.

Anlagecapital.	Nominalwerth in Mark.	Grösse der Stücke Mark.	Zinsen pCt.	Zahlungstermin.	Verloosung.	Dividenden in den Jahren:	Course am Ende der Jahre:
a. Stamm-Actien	855,000	300		1. Juli.		ausser den Bauzinsen bislang 0 %.	
b. Stammprioritäts-Actien	855,000	600		do.		bis 1873 6 % Bauzinsen, alsdann 1874 bis 1879: 3, 3, 3, $2\frac{1}{4}$, $1\frac{9}{10}$, $1\frac{3}{4}$ %.	1879: $40\frac{1}{10}$ %.
c. Prioritäts-Obligationen	78,000	3000	5	$^1/_7$	im Mai auf 1. Juli.		Die Obligationen sind namenlautend.

Die Stammprioritätsactien haben ein Anrecht auf eine Dividende von 6 % vor den Stammactien, die eventuell aus dem Erträgnisse der folgenden Jahre nachgezahlt werden muss.

Braunschweigische Eisenbahn.

Die vorbenannte Eisenbahn, deren Direction in Braunschweig domicilirt ist, durchzieht in einer Gesammtlänge von 345 km, theilweise auch Gebiete fremder Staaten berührend, das Herzogthum Braunschweig in seiner ganzen Ausdehnung, und wurde die erste Theilstrecke derselben Braunschweig-Wolfenbüttel bereits im Jahre 1838 eröffnet. Die längste Strecke derselben von Schöningen nach Holzminden, welche ein Glied der Route Berlin-Kreiensen-Cöln bildet, beginnt in Schöningen im Anschluss an die Berlin-Potsdam-Magdeburger Bahn und führt über Jerxheim, woselbst Linien nach Wolfenbüttel und Oschersleben abzweigen, nach Börssum, dem Knotenpunkte der Braunschweig-Harzburger Bahn. Im weiteren Verlaufe werden berührt Salzgitter, Ringelheim, (Kreuzung mit der Löhne-Vienenburger Bahn) Seesen, zugleich Trennungspunkt für die Bahn nach Badenhausen (Herzberg) und Kreiensen. Hinter letzterem Orte werden die Bahn von Hannover nach Cassel sowie der Leinefluss überschritten und zieht sich sodann die Trace in starken Steigungen und Krümmungen in den Bergen des Solling über Vorwohle und Stadtoldendorf nach Holzminden an der Weser, woselbst der Anschluss an die Bahnen nach Altenbeken bezw. Scherfede erfolgt.

Von Station Neuekrug der vorbeschriebenen Route trennt sich eine kleine Zweigbahn nach Langelsheim ab.

Eine fernere Route führt von der Preussischen Grenze bei Peine in östlicher Richtung nach Braunschweig, der Residenz des Herzogthums gleichen Namens, und sodann über Königslutter nach Helmstädt, ehemals als Universitätsstadt berühmt. Bei letzterem Orte, woselbst auch eine Verbindungsbahn nach Schöningen sich abtrennt, findet Anschluss an die Route Eilsleben-Magdeburg statt.

Die Braunschweig-Harzburger Bahn beginnt in Braunschweig und führt über Wolfenbüttel und Vienenburg nach der Endstation Harzburg, einem der schönsten und vielbesuchtesten Punkte des Harzes. Eine von Vienenburg nach Goslar abzweigende Linie, deren Betrieb von der Braunschweigischen Eisenbahn geleitet wird, ist Eigenthum des Preussischen Staates.

Endlich ist noch zu erwähnen die abseits von den vorbehandelten Strecken liegende Secundärbahn Salzderhelden-Einbeck.

Die Bahn hat Personen- und Güterverkehr, deren Erträgnisse sich annähernd wie 1 : 3 verhalten. Es findet sowohl localer als auch directer und durchgehender Verkehr statt.

Anlagecapital.	Nominal-werth in Mark.	Grösse der Stücke Mark.	Zinsen pCt.	Zahlungs-termin.	Verloosung.	Dividenden in den Jahren 1870 bis 1879:	Course am Ende der Jahre 1874 bis 1879:
a. Stamm-Actien	36,000,000	600		1. Juni.		$6^2/_3$, $7^1/_2$, 3, 0, 0, 2, $2^1/_2$, $2^1/_6$, $1^7/_{10}$, $2^3/_{10}$ %.	
b. Prioritäts-Obligationen v. 1874.	9,600,000	3000 1500 300	$4^1/_2$	$^1/_1$ $^1/_7$	am 2. Januar auf 1. April.		$98^1/_4$, 97, $92^9/_{10}$, $92^3/_4$, $95^6/_{10}$, 101%.

Halberstadt-Blankenburger Eisenbahn.

Die vorbezeichnete Bahn (18,8 km lang), deren Verwaltungsrath in Braunschweig domicilirt ist, hat secundären Betrieb. Dieselbe schliesst in Halberstadt an die Magdeburg-Halberstädter Eisenbahn an und verbindet somit die Stadt Blankenburg a. H. mit dem grossen Netze der letzteren Bahn. An wichtigeren Orten berührt die Bahn nur den Flecken Langenstein, von wo aus eine Anschlussbahn nach Derenburg concessionirt ist, und übersetzt in der Nähe dieses Ortes den Goldbach. Die Bahn dient sowohl dem Personen- als dem Güterverkehre und ist namentlich ersterer im Sommer nicht unerheblich, da viele Reisende gerade Blankenburg seiner reizenden Lage wegen als Ausgangspunkt für Harztouren wählen. Der Güterverkehr wird hauptsächlich durch die Hüttenwerke der Harzer Werke zu Rübeland und Zorge veranlasst.

Anlagecapital.	Nominal-werth in Mark.	Grösse der Stücke Mark.	Zinsen pCt.	Zahlungs-termin.	Verloosung.	Dividenden in den Jahren:	Course am Ende der Jahre:
a. Stamm-Actien	1,200,000	600		1. Juli.		bis Mitte 1873 5 % Bauzinsen, dann 0 %.	
b. Stammprioritäts-Actien	1,200,000	600		do.		bis Mitte 1873 5 % Bauzinsen, dann für 1878 $1^1/_2$ %, 1879 1 % auf d. Dividendenschein Nr. 4 p. 1873.	
c. Prioritäts-Obligationen							
Emission v. 1874	300,000	300	5	$^1/_1$ $^1/_7$	im Januar auf 1. April.		
do. v. 1879	165,000				Zum Bau der Bahn von Langenstein nach Derenburg, noch nicht emittirt.		

Die Inhaber von Stammprioritäts-Actien haben ein prioritätisches Anrecht auf eine Dividende von 5 % vor den Stammactien; eventuell findet Nachzahlung aus den Erträgnissen der folgenden Jahre statt. Bei Auflösung der Gesellschaft haben die Stammprioritäts-Actien ebenfalls ein Vorzugsrecht vor den Stammactien.

Braunschweigische Eisenbahn.
Halberstadt-Blankenburger Eisenbahn.

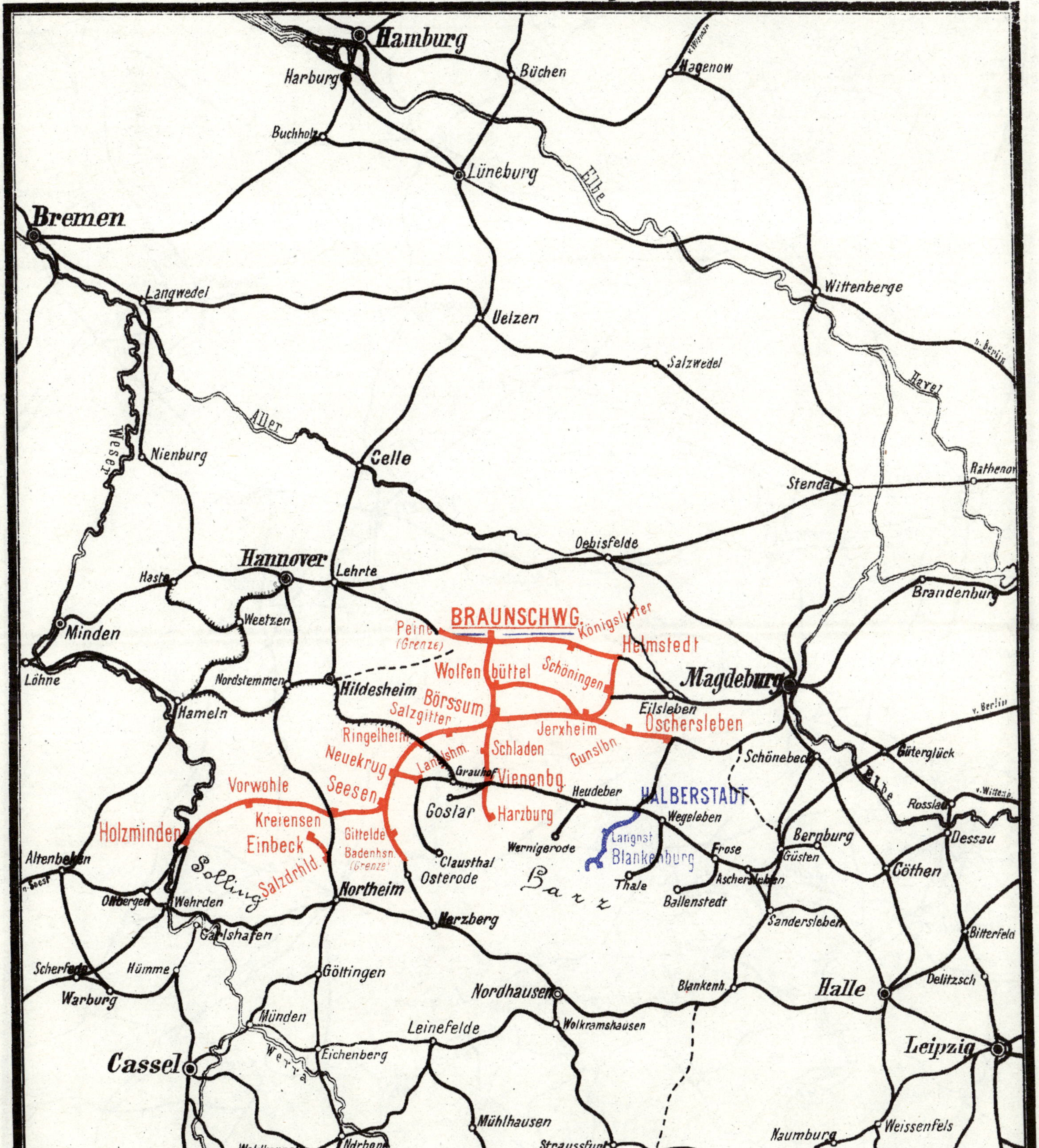

1:1250000.

Breslau-Schweidnitz-Freiburger Eisenbahn.

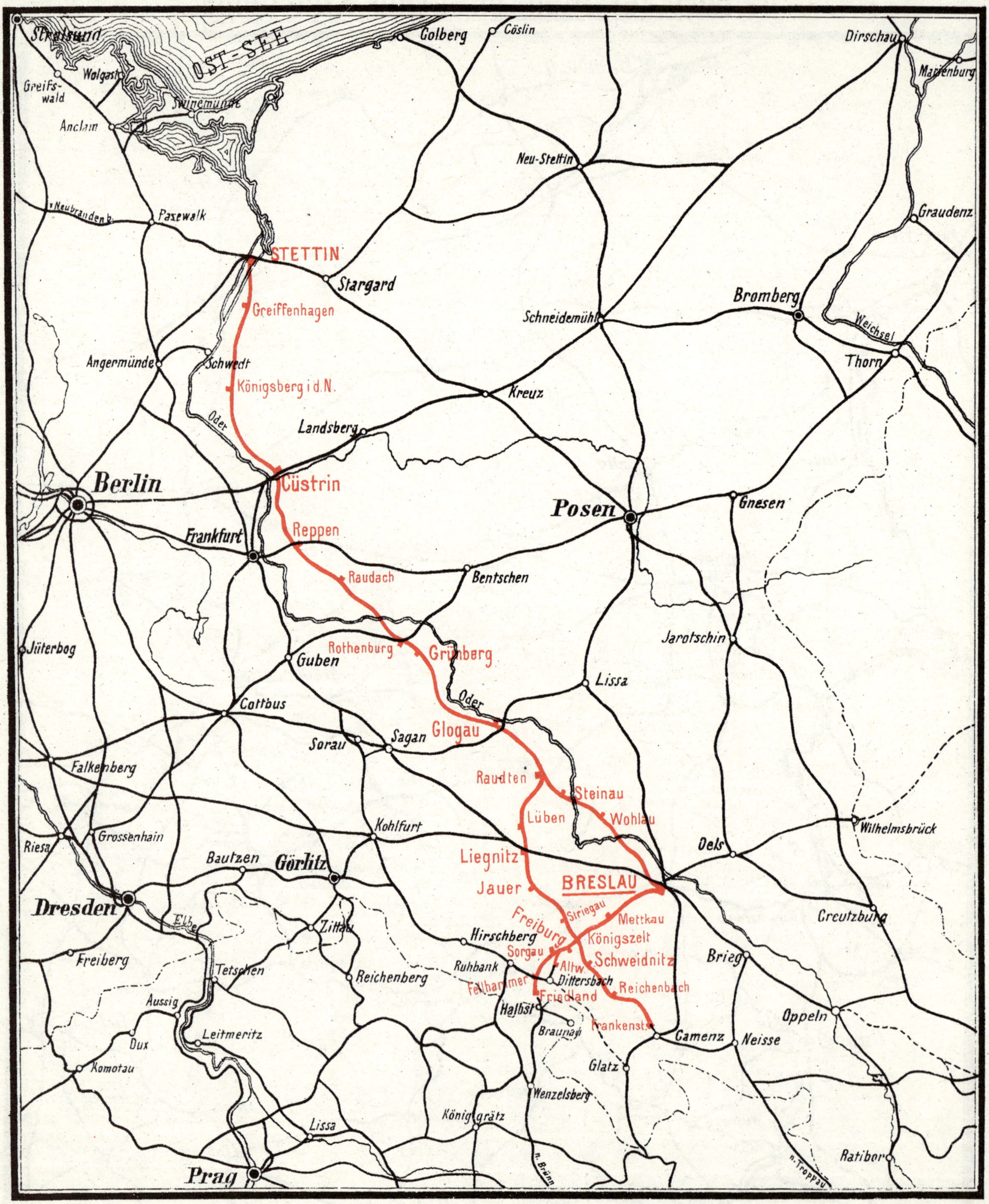

1:2000000

Breslau-Schweidnitz-Freiburger Eisenbahn.

Das Breslau-Schweidnitz-Freiburger Eisenbahn-Unternehmen (Gesammtlänge 600,12 km) umfasst die drei Hauptlinien von Breslau nach Stettin, von Raudten nach Frankenstein und von Breslau nach Halbstadt mit der Zweigbahn von Sorgau nach Altwasser und Hermsdorf, von denen als älteste Strecke diejenige von Breslau über Königszelt nach Freiburg (Route Breslau-Halbstadt) bereits im Jahre 1843 zur Eröffnung gelangte.

Die Linie Breslau-Stettin beginnt in Breslau, woselbst sich auch der Sitz der Verwaltung befindet, und zieht sich, meistens dem Laufe der Oder folgend und dieselbe mehrmals überschreitend, über Raudten nach Glogau (Stadt und Festung an der Oder). In ihrem ferneren Verlaufe berührt sie Grüneberg in Schlesien, die Festung Cüstrin, die Stadt Königsberg in der Neumark und endet sodann in Stettin. Die in Raudten beginnende zweite Hanptlinie führt über Liegnitz, überschreitet die Katzbach, berührt die Orte Jauer, Königszelt, Schweidnitz und endet in Frankenstein im Anschluss an die Oberschlesische Eisenbahn. Die dritte Linie führt von Breslau durch industrielle und höchst romantische Gegenden über Königszelt nach Freiburg, sodann folgt das vielbesuchte Bad Salzbrunn, das Städchen Fellhammer und endlich nach Ueberschreitung der österreichischen Grenze die Endstation Halbstadt. Die der Gesellschaft concessionirte Linie Stettin-Swinemünde ist bislang nicht zur Ausführung gelangt. In der Generalversammlung von 1880 ist der Bau einer Eisenbahn minderer Ordnung von Mochbern über Klettendorf nach Köberwitz beschlossen worden.

Die Breslau-Schweidnitz-Freiburger Eisenbahn verbiudet die beiden Städte Breslau und Stettin auf dem kürzesten Wege und erschliesst die wichtigeren Gegenden des niederschlesischen Kohlenreviers; sie berührt ferner die grösseren Orte Niederschlesiens und erhält in ihrem Verlaufe vielfache Anschlüsse fremder Bahnen, welche derselben weiteren Verkehr zuführen bezw. von ihr übernehmen. Die Bahn befördert Personen und Güter, letzterer Verkehr ist bedeutender als der erstere, bei dem Personenverkehr ist der Binnenverkehr überwiegend.

Anlagecapital.	Nominalwerth in Mark.	Grösse der Stücke Mark.	Zinsen pCt.	Zahlungstermin.	Verloosung.	Dividenden in den Jahren 1870 bis 1879:	Course am Ende der Jahre 1870 bis 1879:
a. Stamm-Actien	38,250,000	600		im April.		$7\frac{1}{2}$, $9\frac{1}{2}$, $7\frac{1}{2}$, 8, $7\frac{1}{2}$, $5\frac{2}{3}$, 5, $2\frac{1}{2}$, $3\frac{1}{4}$, $4\frac{3}{4}$ %.	$108\frac{1}{2}$, $133\frac{1}{2}$, 130, $106\frac{3}{4}$, $100\frac{1}{2}$, $83\frac{1}{2}$, $69\frac{9}{10}$, $57\frac{3}{4}$, 62, $92\frac{3}{4}$ %.
b. Prioritäts-Obligationen							
I. Prioritäts-Actien von 1844	1,200,000	600	4	1/1 1/7	im April auf 1. Juli.		$88\frac{5}{8}$, $85\frac{1}{2}$, $82\frac{1}{2}$, $80\frac{1}{4}$, $80\frac{3}{4}$, 85, $87\frac{3}{4}$, 89, 92, $96\frac{3}{4}$ %.
II. Emission Lit. A v. 1851	2,100,000	300	4	1/1 1/7	do.		ebenso.
III. „ „ B v. 1853	2,400,000	300	4	1/1 1/7	do.		ebenso.
IV. „ „ C v. 1854	1,800,000	300	4	1/1 1/7	do.		ebenso.
V. „ „ D v. 1858	2,100,000	1500 300	$4\frac{1}{2}$	1/1 1/7	do.		87, $99\frac{1}{4}$, —, $98\frac{3}{4}$, $98\frac{3}{4}$, $95\frac{1}{2}$, 96, 95, $97\frac{3}{4}$, $101\frac{1}{2}$ %.
VI. „ „ E v. 1861	2,400,000	1500 300	$4\frac{1}{2}$	1/1 1/7	do.		ebenso.
VII. „ „ F v. 1866	4,200,000	1500 300	$4\frac{1}{2}$	1/1 1/7	do.		ebenso.
VIII. „ „ G v. 1868	9,300,000	3000 1500 300	$4\frac{1}{2}$	1/1 1/7	do.	1870 bis 1879: 87, $99\frac{1}{4}$, 98, $98\frac{3}{4}$, $98\frac{3}{4}$, $95\frac{1}{2}$, 94, $94\frac{1}{2}$, $95\frac{3}{4}$, $101\frac{3}{4}$ %.	
IX. „ „ H v. 1872	12,750,000	3000 600 300	$4\frac{1}{2}$	1/4 1/10	im Juli auf 1. October.	1872 bis 1879: $97\frac{7}{8}$, $98\frac{3}{4}$, $98\frac{3}{4}$, 92, $90\frac{1}{10}$, $91\frac{4}{10}$, 95, 101 %.	gleiche Priorität.
X. „ „ I v. 1873	5,400,000	3000 600 300	$4\frac{1}{2}$	1/4 1/10	do.	1875 bis 1879: 90, $89\frac{1}{2}$, $91\frac{4}{10}$, $94\frac{1}{2}$, 101 %.	gleiche Priorität.
XI. „ „ K v. 1874	16,350,000	3000 600 300	$4\frac{1}{2}$	1/1 1/7	im April auf 1. Juli von 1881 an.	do. $90\frac{6}{10}$, $89\frac{1}{2}$, $91\frac{4}{10}$, $94\frac{1}{2}$, 101 %.	gleiche Priorität.
XII. „ von 1876	18,000,000	1000 500 300	5	1/4 1/10	von 1885 an.	1876 bis 1879: $97\frac{1}{4}$, $100\frac{3}{10}$, $101\frac{6}{10}$, $104\frac{1}{2}$ %.	
XIII. „ von 1879	6,000,000	3000 1500 600	5	1/4 1/10	von 1886 an.		
Gesammtsumme der Priorit.	84,000,000						

Münster-Enscheder Eisenbahn.

Karte Seite 9.

Die Münster-Enscheder Eisenbahn beginnt im Bahnhof Münster, woselbst auch der Sitz der Gesellschaft, und führt über Gronau bis zur Niederländischen Grenze in der Richtung auf Enschede.

Sie durchschneidet nur ebenes Terrain mit unbedeutenden Flüssen und sind an wichtigen Orten zu erwähnen: Borghorst, Burgsteinfurt, Ochtrup und Gronau.

Die Bahn hat eine Länge von 58,6 km und wird der Betrieb auf der Strecke von Münster bis Gronau von der Königlichen Eisenbahn-Direction zu Hannover, im Speciellen von dem unter dieser Behörde ressortirenden Betriebs-Amte zu Münster geleitet, während die Strecke Gronau bis zur Landesgrenze an die General-Direction der Gesellschaft für den Betrieb der Niederländischen Staatsbahnen in Utrecht verpachtet ist. Anschlüsse finden ausser in Münster statt in Burgsteinfurt (Rheinische Bahn), und in Gronau (Dortmund-Gronau-Enscheder Bahn).

Die Bahn bildet von Hamm und Münster die kürzeste Verbindung nach Holland und hat durch die erfolgte Eröffnung der niederländischen Linie Almelo-Zwolle an Wichtigkeit nicht unerheblich gewonnen. Sie dient dem Personen- und Güter-, sowie dem localen und durchgehendem Verkehre.

Anlagecapital.	Nominalwerth in Mark.	Grösse der Stücke Mark.	Zinsen pCt.	Zahlungstermin.	Verloosung.	Dividenden in den Jahren:	Course am Ende der Jahre 1872 bis 1879:
a. Stamm-Actien	2,250,000	300				ausser den Bauzinsen 0 %.	
b. Stammprioritäts-Actien	4,050,000	600				do.	73, 44, 30, 20, 15, —, —, 10 %.
c. Prioritäts-Obligationen	2,100,000	500	$4\frac{1}{2}$	1/1 1/7	im Juli auf 2. Januar.		1876 bis 1879: $101\frac{1}{2}$, 101, 100, $102\frac{1}{2}$ %.

Die Inhaber von Stammprioritäts-Actien haben ein Anrecht auf 5 % Dividende vor den Stamm-Actien; eventuell findet aus dem Reinertrage der folgenden Jahre eine Nachzahlung statt.

Die Verzinsung der Prioritäts-Obligationen ist vom Preussischen Staate garantirt.

Köln-Mindener Eisenbahn.

Die Köln-Mindener Eisenbahn, deren Verwaltung und Betrieb in die Hände des Preussischen Staates übergegangen ist (Gesetz vom 20. December 1879), wird auf Rechnung des letzteren durch die Königliche Direction der Köln-Mindener Eisenbahn zu Köln (auch Sitz der Gesellschaft) betrieben.

Das Unternehmen beschränkte sich ursprünglich auf die Stammbahnstrecke von Deutz über Minden bis an die Grenze der Provinz Hannover (eröffnet im Jahre 1847) und hatte den Zweck, den Verkehr zwischen Berlin und Köln, und weiter nach Osten bezw. Westen zu vermitteln.

Hinzugetreten sind im Laufe der Zeit, abgesehen von kleineren Zweig- und Verbindungsbahnen, noch die Hauptlinien von Oberhausen nach Arnheim, von Deutz nach Giessen und endlich von Venlo nach Hamburg, so dass der zeitige Bestand des Unternehmens einen ansehnlichen Complex (1098 km) repräsentirt.

Die Strecken der Bahn, meistens im Flachlande verlaufend, berühren höchst industriereiche und starkbevölkerte Theile der Rheinprovinz und der Provinz Westfalen; sie durchschneiden das durch seinen Bergbau und seine Eisenindustrie ausgezeichnete Gebiet der Ruhr, ziehen durch die bedeutende Anzahl der daselbst statthabenden Anschlüsse gewerblicher Etablissements jeder Art einen bedeutenden Theil des Verkehrs jener Gegenden an sich, und befördern die übernommenen Transportmassen nach allen Richtungen der Windrose weiter.

Durch die Venlo-Hamburger Bahn ist ferner eine nicht unwichtige Verbindung zwischen Köln und den Nordseehäfen Bremen (Bremerhafen) bezw. Hamburg hergestellt.

Die Köln-Mindener Eisenbahn durchschneidet die Gebiete des Rheins, der Weser, Elbe, Ruhr und Ems und berührt an wichtigeren Städten Köln, Düsseldorf, Essen, Dortmund, Bielefeld, Bremen, Hamburg, Emmerich, Siegen u. s. w.

Ausgenommen einige kleinere Strecken, auf denen nur Güterverkehr stattfindet, werden Personen und Güter sowohl im localen als auch im durchgehenden Verkehre transportirt; die Einnahme des Güterverkehrs repräsentirt etwa 70 % der Gesammteinnahme.

Anlagecapital.	Nominalwerth in Mark.	Grösse der Stücke Mark.	Zinsen pCt.	Zahlungstermin.	Verloosung.	Dividenden in den Jahren 1870 bis 1879:	Course am Ende der Jahre 1870 bis 1879:
a. Stamm-Actien	117,000,000	600	6	1/1 1/7		$10\frac{1}{2}$, $11\frac{1}{5}$, $9\frac{7}{20}$, $8\frac{1}{12}$, $6\frac{9}{20}$, $4\frac{3}{5}$, $5\frac{1}{4}$, $5\frac{1}{20}$, $6\frac{3}{10}$, 6 %.	134, $178\frac{1}{4}$, $172\frac{1}{2}$, $146\frac{1}{2}$, $124\frac{3}{4}$, $96\frac{1}{4}$, $100\frac{1}{2}$, $84\frac{1}{10}$, $102\frac{6}{10}$, $145\frac{7}{10}$ %.
b. Prioritäts-Obligationen							
I. Emission von 1847	11,023,500	1500 600 300	$4\frac{1}{2}$	1/1 1/7	Ende Juli auf 1. Januar.		100, 100, 98, 101, 100, 100, $99\frac{1}{2}$, $100\frac{1}{4}$, $100\frac{6}{10}$, 101 %.
II. „ „ 1849	10,500,000	1500 600 300	5	1/1 1/7	Die Anleihe ist pr. 1. Juli. 1880 gekündigt.		
II. „ „ 1853	6,000,000	1500 600 300	4	1/1 1/7	Ende Juli auf 1. Januar.		82, —, $89\frac{3}{4}$, 91, 94, $91\frac{1}{2}$, $91\frac{1}{2}$, $92\frac{1}{10}$, $93\frac{1}{2}$, $97\frac{1}{2}$ %.
III. „ „ 1853	9,000,000	1500 600 300	4	1/4 1/10	Ende Octob. auf 1. April.		80, $91\frac{1}{2}$, $89\frac{3}{4}$, 91, $92\frac{1}{2}$, $88\frac{1}{4}$, 90, $92\frac{1}{4}$, 93, $97\frac{1}{10}$ %.
III. „ „ 1858	18,300,000	1500 600 300	$4\frac{1}{2}$	1/4 1/10	do.		$89\frac{1}{2}$, $99\frac{1}{2}$, 98, $99\frac{5}{8}$, 99, 98, 99, $99\frac{3}{10}$, $100\frac{1}{4}$, 101 %.
IV. „ „ 1855	60,000,000	3000 1500 300	4	1/4 1/10	do.		$79\frac{5}{8}$, $91\frac{1}{2}$, $88\frac{1}{2}$, $91\frac{1}{8}$, $92\frac{1}{2}$, $91\frac{1}{2}$, $91\frac{1}{4}$, $93\frac{4}{10}$, 94, $97\frac{7}{10}$ %.
IV. „ „ 1861	19,500,000	3000 1500 300	4	1/4 1/10	do.		ebenso.
IV. „ „ 1872	21,000,000	3000 1500 300	4	1/4 1/10	do.		ebenso.
V. „ „ 1862	13,500,000	3000 1500 300	4	1/1 1/7	Ende Juli auf 1. Januar.		80, $91\frac{1}{2}$, 88, 91, $92\frac{1}{2}$, $88\frac{1}{2}$, $89\frac{3}{4}$, $91\frac{3}{4}$, 93, $97\frac{1}{10}$ %.
VI. „ „ 1869	90,000,000	3000 1500 300	$4\frac{1}{2}$	1/4 1/10	Ende Octob. auf 1. April.		1875 bis 1879: 95, $97\frac{1}{2}$, $97\frac{3}{4}$, $99\frac{6}{10}$, 101 %.
VI. „ „ 1874	45,000,000	3000 1500 300	$4\frac{1}{2}$	1/4 1/10	do.		ebenso.
VII. „ „ 1873	46,500,000	3000 1500 300	$4\frac{1}{2}$	1/1 1/7	Ende Juli auf 1. Januar.		1877 bis 1879: $97\frac{3}{4}$, $99\frac{1}{4}$, 101 %.
VIII. „ „ 1879	19,450,000	3000 1500 500	$4\frac{1}{2}$	1/1 1/7	von 1884 an.		
Gesammtsumme der Oblig.	369,773,500						

In Folge des Gesetzes vom 20. December 1879 garantirt der Preussische Staat den Inhabern von Stamm-Actien eine feste jährliche Rente von 6 %, zahlt bei der Abstempelung eine einmalige Prämie von 1 % und ist verpflichtet, denselben gegen eine Stamm-Actie 900 ℳ 4 % Preussische Consols bis zum 1. October 1881 zum Umtausch anzubieten. Der Kaufpreis im Fall der Liquidation — abgesehen von der Uebernahme sämmtlicher Prioritäts-Anleihen — beträgt 136,500,000 ℳ Von den Prioritäts-Obligationen VI. Emission von 1869 im Betrage von 90,000,000 ℳ ist die Summe von 60,000,000 ℳ deponirt als Basis für die $3\frac{1}{2}$ % Köln-Mindener Prämien-Antheilscheine in gleichem Betrage.

Münster-Enscheder Eisenbahn

siehe Seite 8.

Köln-Mindener Eisenbahn.

Münster-Enscheder Eisenbahn.

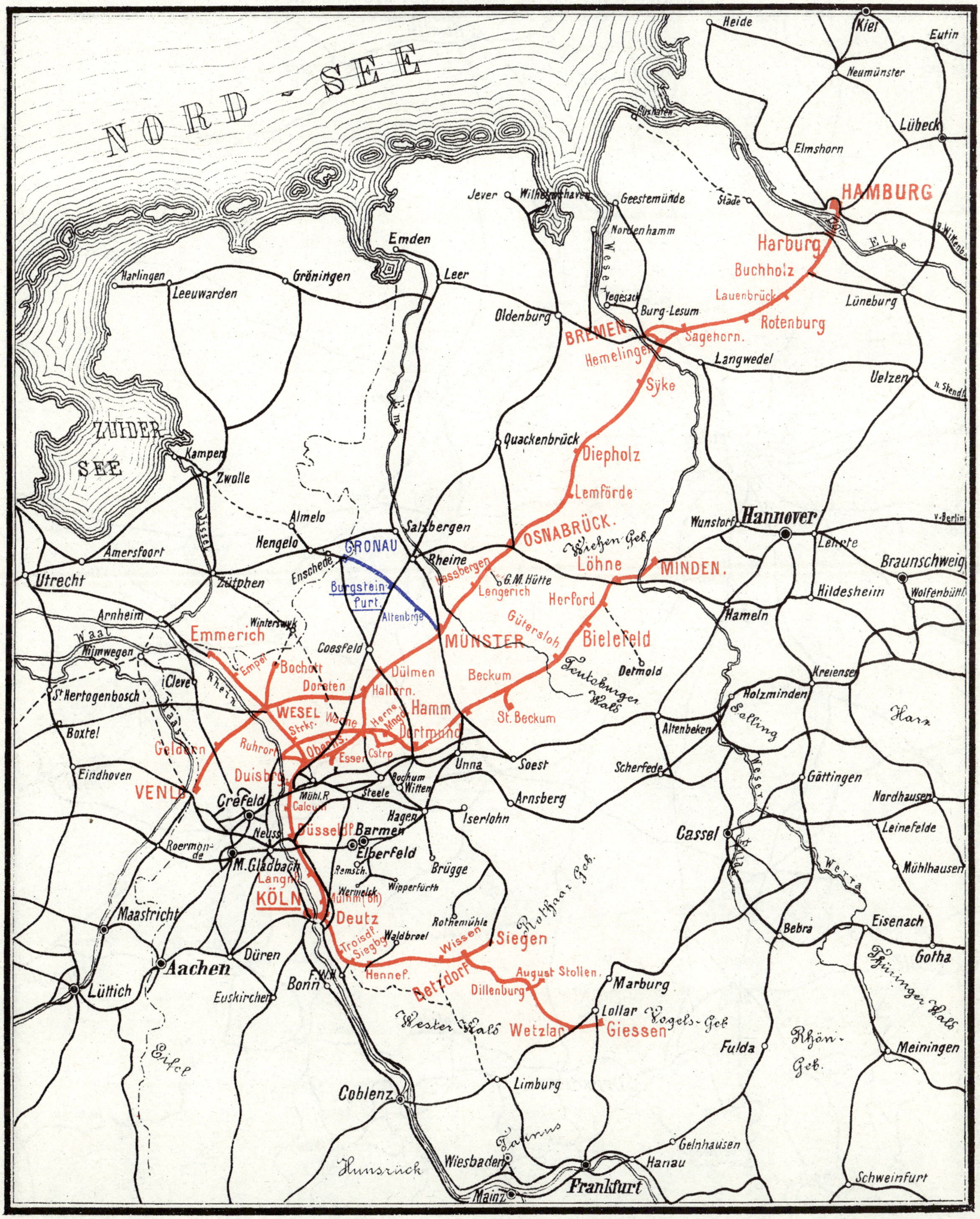

1:2000000

Cottbus-Grossenhainer Eisenbahn.

Oberlausitzer Eisenbahn.

Paulinenaue-Neu-Ruppiner Eisenbahn.

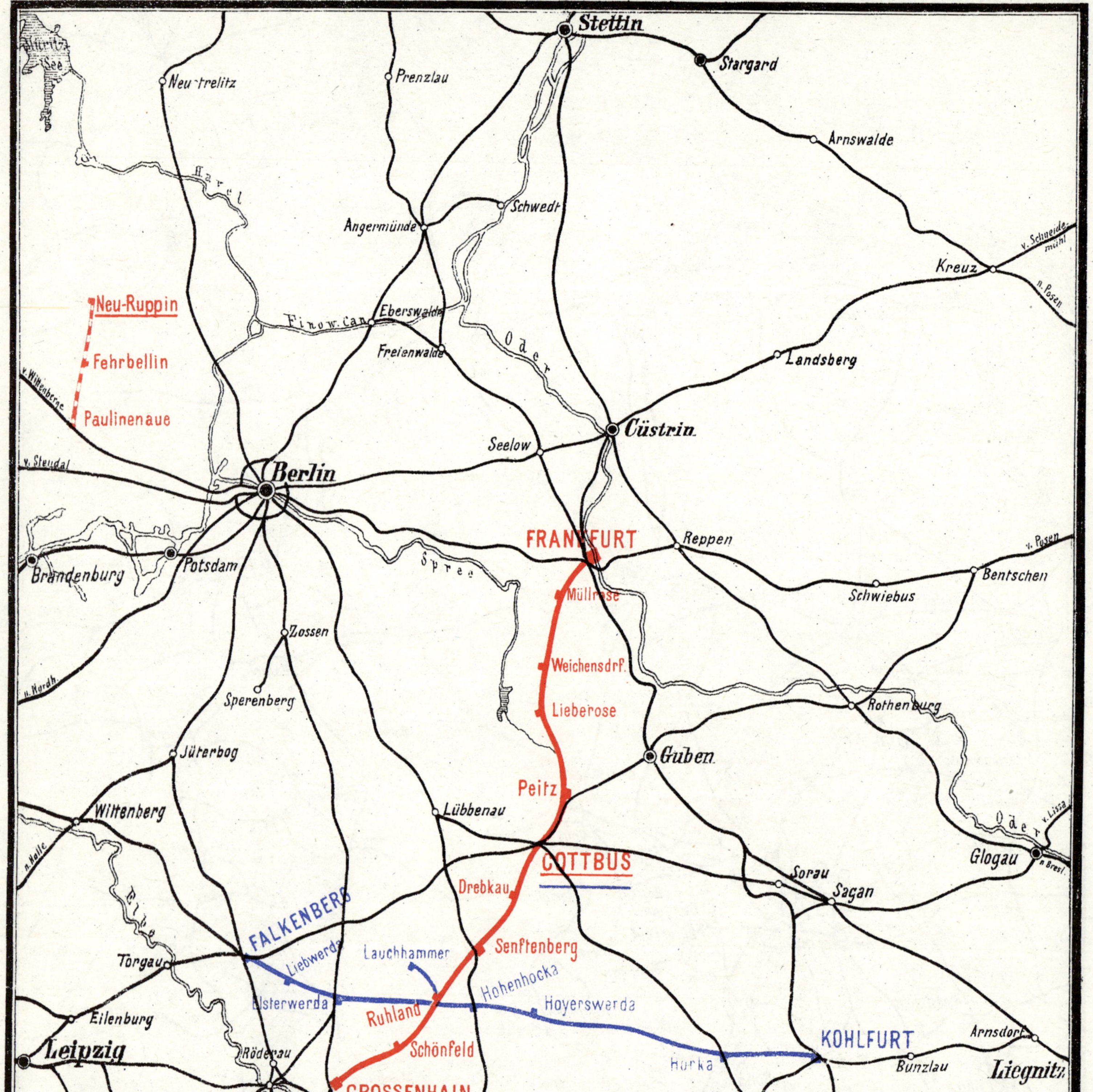

1:1250000.

Cottbus-Grossenhainer Eisenbahn.

Der Bau der vorbenannten Bahn begann im Jahre 1868 und war im Jahre 1870 bezüglich der Strecke Cottbus-Grossenhain beendet, die Weiterführung der Bahn nach Frankfurt a. d. Oder wurde im Jahre 1876 eröffnet.

Die Bahn, deren Directionssitz Cottbus ist, hat eine Länge von 152,8 km; sie schliesst sich in Grossenhain (Stadt bekannt durch ihre Tuchfabriken) an die Königlich Sächsische Staatsbahn an und führt über Ruhland (Kreuzung mit der Oberlausitzer Bahn und Ueberschreitung der Elster) nach Station Senftenberg (Kreuzung mit der Lübbenau-Camenzer Bahn), in deren Nähe sich Braunkohlenwerke und eine Glasfabrik befinden.

In ihrem Weiterlaufe kreuzt sie bei Cottbus (lebhafte Industrie in Tuchwaaren) die Berlin-Görlitzer und Halle-Sorau-Gubener Bahn und gelangt sodann nach Frankfurt a. d. Oder, woselbst vermittelst des Bahnhofs der Niederschlesisch-Märkischen Eisenbahn eine Verbindung mit der Königlichen Ostbahn und der Berlin-Stettiner Bahn hergestellt wird.

Die Gesellschaft hat ferner noch den Betrieb der von der Oberlausitzer-Eisenbahn erbauten Secundärbahn Ruhland-Lauchhammer.

Die Bahn hat Personen- und Güterverkehr; letzterer ist vorherrschend und zwar im directen und Durchgangsverkehre, wogegen bei dem Personenverkehre der locale überwiegend ist.

Anlagecapital.	Nominalwerth in Mark.	Grösse der Stücke Mark.	Zinsen pCt.	Zahlungstermin.	Verloosung.	Dividenden in den Jahren 1870 bis 1879:	Course am Ende der Jahre 1870 bis 1879:
a. Stamm-Actien	6,000,000	300		im I. Sem.		0, 1, 6, 6, 7, 7, 5, 0, 1/3, 1 1/2 %.	95, 113 1/4, 113, 112, 99 1/2, 86, 50, 35, 52 %.
b. Stammprioritäts-Actien	9,000,000	600		do.		5, 5, 5 1/2, 5 1/2, 6, 6, 5, 5, 5, 5 %.	79 5/8, 104 3/4, 105 1/2, 103 7/8, 106 3/4, 97 3/4, 92, 71, 74 3/4, 96 1/2 %.
c. Prioritäts-Obligationen							
Lit. A. v. 1872	675,000	300	5	1/1 1/7	im Juni auf 2. Januar.		1872 bis 1879: 102 1/4, 103 1/4, 104, 103, 102,35, 101 3/4, 102, 103 %.
Lit. B. v. 1876	3,000,000	500 1000	5	1/1 1/7	von 1883 an.		1877 bis 1879: 99 1/4, 101 1/4, 103 %.

Die Stammprioritäts-Actien haben einen Anspruch auf 5 % Dividende vor den Stammactien; werden diese 5 % nicht oder nicht voll bezahlt, so findet aus den Erträgnissen der folgenden Jahre eine Nachzahlung statt. Bei Auflösung der Gesellschaft haben die Stammprioritäts-Actien ebenfalls ein Vorzugsrecht vor den Stammactien.

Der Rest der 5 % Anleihe Lit. A von 1872 ist im Jahre 1880 in 4 1/2 % convertirt, die nicht zur Convertirung gelangenden Stücke werden am 2. Januar 1881 alpari zurückgezahlt.

Oberlausitzer Eisenbahn.

Die Oberlausitzer Bahn, Sitz in Cottbus, umfasst die Hauptstrecke Kohlfurth-Falkenberg sowie die Zweigbahn von Ruhland nach Lauchhammer und hat eine Länge von 157,6 km. Dieselbe wurde im Jahre 1874 eröffnet und wird der Betrieb derselben bezüglich der Hauptstrecke Kohlfurt-Falkenberg durch die Berlin-Anhaltische Eisenbahn-Gesellschaft und bezüglich der Zweigbahn von Ruhland nach Lauchhammer von der Cottbus-Grossenhainer Eisenbahn-Verwaltung geführt.

Die Hauptbahn beginnt in Kohlfurt im unmittelbaren Anschluss an die Niederschlesisch-Mäkische Bahn und zieht im Flachlande über nur kleine Städte nnd Ortschaften, von denen Hoyerswerda und Ruhland die bedeutendsten sind, nach Falkenberg, woselbst sie sich der Berlin-Anhaltischen und der Halle-Sorau-Gubener Bahn anschliesst. Gekreuzt werden noch in Horka die Hauptlinie und in Hohenbocka eine Zweiglinie der Berlin-Görlitzer Bahn sowie in Ruhland die Cottbus-Grossenhainer und in Elsterwerda die Berlin-Dresdener Bahn. Industriereiche Gegenden mit Ausnahme einiger Braunkohlen-Bergwerke und Gruben, in denen Glassand gewonnen wird, berührt die Bahn nicht.

Sie ist für Personen- und überwiegend Güterverkehr eingerichtet und vermittelt ausser dem Localverkehr den ihr von den bereits oben erwähnten Anschlussbahnen zugeführten directen und durchgehenden Verkehr. Bei ihrer Anlage wurde eine möglichst kurze directe Verbindung zwischen Breslau und Magdeburg via Falkenberg-Wittenberg-Zerbst bezweckt.

Anlagecapital.	Nominalwerth in Mark.	Grösse der Stücke Mark.	Zinsen pCt.	Zahlungstermin.	Verloosung.	Dividenden in den Jahren:	Course am Ende der Jahre 1872 bis 1879:
a. Stamm-Actien	7,200,000	300		im I. Sem.		ausser den Bauzinsen 0 %.	
b. Stammprioritäts-Actien	10,800,000	600		do.		do.	89 7/8, 74, 54, 37, 29, 13 1/2, 17 1/4, 25 1/4 %.
c. Prioritäts-Obligationen v. 1875	1,800,000	1500 300	4 1/2	1/1 1/7	im Januar auf 1. Juli.		1878 bis 1879: 98 9/10, 100 3/4 %.

Die Inhaber von Stammprioritäts-Actien haben ein Anrecht auf 5 % Dividende vor den Stammactien; eine Nachzahlung findet nicht statt. Bei Auflösung der Gesellschaft haben die Stammprioritäts-Actien ebenfalls ein Vorzugsrecht vor den Stamm-Actien. Die Verzinsung und Tilgung der Prioritätsanleihe ist von der Berlin-Anhaltischen Eisenbahn garantirt.

Paulinenaue-Neu-Ruppiner Eisenbahn.

Die in Rede stehende Eisenbahn (28,1 km lang) beginnt im Bahnhof Paulinenaue der Berlin-Hamburger Eisenbahn und läuft über Fehrbellin (historischen Andenkens) nach Neu-Ruppin, woselbst auch Sitz der Gesellschaft ist.

Sie hat den Zweck, den District Bellin, welcher bis dahin vom Eisenbahn-Verkehr abgeschlossen gewesen, sowie die Stadt Neu-Ruppin nebst Umgegend für den Verkehr aufzuschliessen. Sie dient sowohl dem Personen- als auch dem Güterverkehr; im Uebrigen ist dieselbe Localbahn und der Betrieb ein secundärer. Die Bahn wird im September 1880 eröffnet werden.

Anlagecapital.	Nominalwerth in Mark.	Grösse der Stücke Mark	Zinsen pCt.	Zahlungstermin.	Einzahlung.	Dividenden in den Jahren:	Course am Ende der Jahre:
a. Stamm-Actien	850,000	500 250			Bis Ende August 1880 waren 90 % eingezahlt.	Während der Bauzeit 4 %.	
b. Stammprioritäts-Actien	850,000	500			do.	do.	

Die Stammprioritäts-Actien haben ein prioritätisches Anrecht auf eine Dividende von 4 % vor den Stamm-Actien; Nachzahlungen finden nicht statt.

Dortmund-Gronau-Enscheder Eisenbahn.

Nachdem durch landesherrliche Concessions-Urkunde vom 8. Januar 1872 der Bau und Betrieb einer Bahn von Dortmund zur preussischen Landesgrenze bei Glanerbrück behufs Anschluss an die von dort nach Enschede erbaute Bahn ertheilt worden war, wurde mit dem Bau der Bahn im Jahre 1872 begonnen und letzterer so gefördert, dass die vollständige Betriebseröffnung im Jahre 1875 erfolgen konnte. Die Bahn, deren Direction in Dortmund domicilirt ist, hat eine Länge von 98,8 km, von welcher die im gemeinschaftlichen Besitze mit der Münster-Enscheder Bahn befindliche Strecke Gronau-Glanerbrück an die Niederländische Staatsbahn verpachtet ist.

Die Bahn beginnt in Dortmund und führt nach Ueberschreitung der Cöln-Mindener Bahn sowie des Lippeflusses über Lünen und Lüdinghausen nach Dülmen, woselbst ein directer Schienenanschluss mit der Venlo-Hamburger Linie hergestellt ist. Von hier aus führt die Bahn östlich von der Stadt Dülmen vorbei über Coesfeld (woselbst Kreuzung mit der Linie Quakenbrück-Duisburg der Rheinischen Bahn) und Ahaus nach Gronau bis zu dem nördlich von diesem Orte mit der Münster-Enscheder Eisenbahn-Gesellschaft gemeinschaftlich etablirten Bahnhofe. Die hier behandelte Eisenbahn schliesst in Dortmund durch indirecte Verbindung an die Cöln-Mindener und durch Vermittelung der letzteren an die Bergisch-Märkische Eisenbahn, sie hat ausserdem die oben erwähnten Anschlüsse in Dülmen, Coesfeld und Gronau und bildet für die an die Cöln-Mindener Bahn angeschlossenen Kohlenzechen in den meisten Fällen den kürzesten Weg nach dem nördlichen Holland.

Die Bahn transportirt Personen und Güter; von letzteren sind hauptsächlich zu nennen: Kohlen, Erze, Roheisen, Holz, Sand, Bier, Leder, Holzwaaren, Baumwollengarne etc. Ueberwiegend ist der Güterverkehr und zwar der directe, während beim Personenverkehr der Binnenverkehr am bedeutendsten ist.

Anlagecapital.	Nominal-werth in Mark.	Grösse der Stücke Mark.	Zinsen pCt.	Zahlungs-termin.	Verloosung.	Dividenden in den Jahren:	Course am Ende der Jahre:
a. Stamm-Actien	9,000,000	600		1. Juli.		ausser den Bauzinsen 0 %.	
b. Stammprioritäts-Actien siehe unten.	9,000,000	600		do.		bis Ende 1875 Bauzinsen, 1876 und 1877 0 %, 1878 1 1/3 % 1879 2 3/10 %.	

Die Inhaber von Stammprioritäts-Actien hatten ein prioritätisches Anrecht auf 5 % Dividende vor den Stamm-Actien; wurden diese 5 % nicht oder nicht voll bezahlt, so sollte aus dem Reinertrage der folgenden Jahre eine Nachzahlung stattfinden.

Bei Auflösung der Gesellschaft hatten die Stammprioritäts-Actien ebenfalls ein Vorzugsrecht vor den Stamm-Actien.

Diese sämmtlichen Bestimmungen sind durch den Beschluss der Generalversammlung vom 12. Mai 1880 aufgehoben, nach welchem die 9,000,000 ℳ Stammprioritäts-Actien ebenfalls in Stamm-Actien umgewandelt sind, sodass jetzt nur ℳ 18,000,000 Stammactien existiren.

Crefeld-Kreis-Kempener Eisenbahn.

Die Hauptbahn des vorbezeichneten Unternehmens beginnt in der Nähe des Rheinischen und Bergisch-Märkischen Bahnhofs Crefeld, berührt die Orte St. Tonis, Vorst, Süchteln und Viersen. Von Süchteln geht die Bahn über Süchteln-Vorstadt nach Oedt, Kempen, St. Hubert, Hüls und Crefeld zurück. Auf einer ferner von Süchteln nach Grefrath abzweigenden Linie ist der Betrieb seit dem Jahre 1874 wieder eingestellt.

Die Länge der z. Zeit im Betriebe befindlichen Strecken beträgt 43,1 km; während die vorerwähnte ausser Betrieb gesetzte Strecke Süchteln-Grefrath 4,5 km lang ist. Die Bahn wurde in ihrer ganzen Länge im Jahre 1872 eröffnet und domicilirt die Betriebs-Verwaltung in Crefeld.

Bei secundärem Betriebe werden Personen und Güter transportirt, die Erträgnisse des ersteren Verkehrs namentlich des Localverkehrs der starkbevölkerten und industriereichen Gegend überwiegen diejenigen des letzteren Verkehrs bedeutend. An Gütern gelangen zum Transport hauptsächlich Kohlen, Getreide, Hülsenfrüchte etc.

Das Unternehmen ist im Jahre 1874 in Concurs gerathen und im Jahre 1880 durch öffentlichen Verkauf für den Preis von 660,000 ℳ an die Firma von Erlanger & Söhne in Frankfurt a. M. übergegangen. Dieses Bankhaus hat, nachdem die hierzu erforderliche landesherrliche Concession unter dem 23. Juli d. J. ertheilt worden ist, aus diesem Unternehmen eine neue Gesellschaft unter der Firma

Crefelder Eisenbahn-Gesellschaft

gebildet, deren Actiencapital 1,000,000 ℳ beträgt. Diese Summe ist bestimmt, den Ankaufspreis zu bezahlen, den Erneuerungsfond zu dotiren und für Verbesserungen und Erweiterungen Mittel zu gewähren.

Dortmund-Gronau-Enscheder Eisenbahn.

Crefeld Kreis Kempener Eisenbahn.

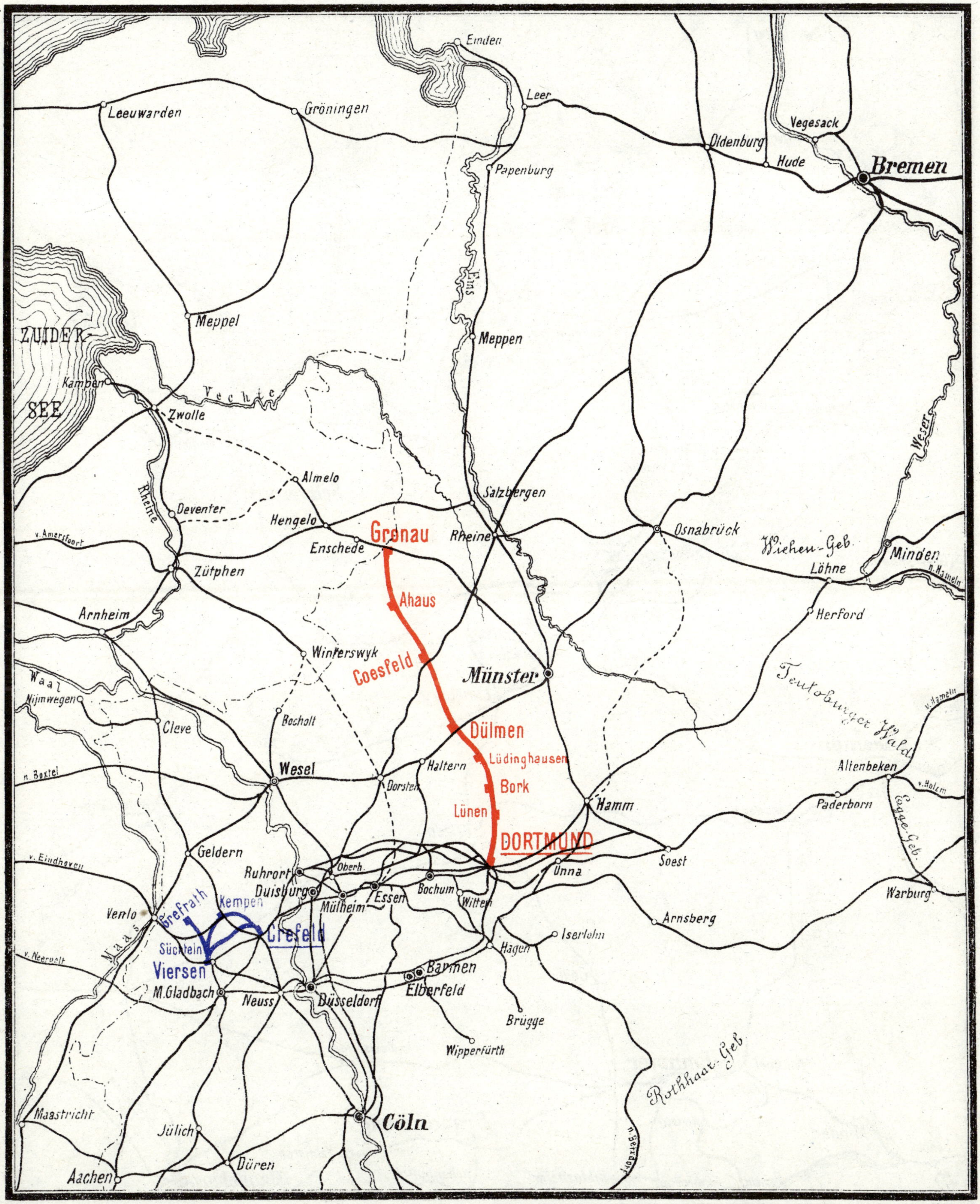

1:1250000

Lübeck-Büchen und Lübeck-Hamburger Eisenbahn.

Eutin-Lübecker Eisenbahn.

1:1250000.

Lübeck-Büchen und Lübeck-Hamburger Eisenbahn.

Das Unternehmen der vorbezeichneten Eisenbahn, deren Direction in Lübeck domicilirt ist, umfasst die Linien von Lübeck nach Büchen (47,6 km lang) und von Lübeck nach Hamburg (63,8 km lang), und wurde die erste Linie bereits im Jahre 1851 eröffnet, während die letztere Strecke erst im Jahre 1865 in Betrieb gesetzt wurde. Die Lübeck-Büchener Bahn beginnt in Lübeck im Anschluss an die Eutin-Lübecker Bahn bezw. an die Mecklenburgische Friedrich-Franz Eisenbahn und führt über Blankensee, Sorau, Ratzeburg (in herrlicher Lage), Mölln nach Büchen. Die Fortsetzung dieser Route bildet die Strecke Büchen-Lüneburg, (Berlin-Hamburger Bahn und Hannoversche Staatsbahn) welche bei Lauenburg die Elbe überschreitet. An den Kosten der dieserhalb erbauten Elbbrücke ist die Lübeck-Büchener Eisenbahn-Gesellschaft betheiligt. Die Lübeck-Hamburger Bahn beginnt in Hamburg und zieht sich über Wandsbeck, Ahrensburg nach Oldesloe, woselbst die Bahn nach Neumünster abzweigt. In ihrer Weiterführung berührt sie die Orte Reinfeld, Niendorf und endet in Lübeck. Projectirt ist der Bau einer Secundärbahn von Lübeck nach Travemünde.

Die Bahn dient unbeschränkt den Personen- wie den Gütertransporten sowohl in localem als auch im Durchgangs- bezw. directen Verkehre. Die Erträgnisse des letzteren überwiegen bedeutend. An Gütern gelangen zum Transport u. A. Getreide, Holz, Steine, Kohlen etc.

Anlagecapital.	Nominal-werth in Mark.	Grösse der Stücke Mark	Zinsen pCt.	Zahlungs-termin.	Verloosung.	Dividenden in den Jahren 1870 bis 1879:	Course am Ende der Jahre 1876 bis 1879:
a. Stamm-Actien	18,474,000	600		im April.		$3\frac{1}{8}$, 4, $4\frac{1}{2}$, $4\frac{1}{2}$, $5\frac{1}{2}$, 5, 5, 5, $5\frac{1}{3}$, $6\frac{1}{2}$ %.	$96\frac{3}{4}$, $98\frac{1}{4}$, 102, 110%, im August 1880 115 %.
b. Prioritäts-Obligationen							
v. 1875	12,000,000	versch.	$4\frac{1}{2}$	$\frac{1}{1}$ $\frac{1}{7}$	im Januar auf 1. Juli.		$100\frac{3}{4}$, $101\frac{3}{4}$, 102, $102\frac{1}{2}$ %.

Den Prioritäts-Obligationen ist eine $4\frac{1}{2}$ % Verzinsung und Amortisation Seitens des Lübeckischen Staates garantirt.

Eutin-Lübecker Eisenbahn.

Die Eutin-Lübecker Bahn, deren Verwaltung in Lübeck ihren Sitz hat, wurde im Jahre 1873 eröffnet. Dieselbe hat eine Länge von 33 km und beginnt in Eutin im Anschluss an die Bahn von Neumünster über Eutin nach Neustadt an der Ostsee, führt sodann theilweise durch Haideland, theilweise durch waldreiche Gegenden über Ottendorf, Gleschendorf, Pansdorf und Schwartau nach Lübeck, woselbst Anschluss an die Bahnen nach Hamburg und Büchen bezw. an die Mecklenburgische Friedrich-Franz-Bahn stattfindet.

Die Bahn transportirt Personen und Güter im localen und directen Verkehr. Die Einnahmen des Personenverkehrs sind erheblicher als diejenigen des Güterverkehrs. An Gütern gelangen zum Transport: Bauholz, Getreide, Kohlen, Lein- und Oelsaat etc.

Anlagecapital.	Nominal-werth in Mark.	Grösse der Stücke Mark.	Zinsen pCt.	Zahlungs-termin.	Verloosung.	Dividenden in den Jahren:	Course am Ende der Jahre 1873 bis 1879:
a. Stamm-Actien Lit. A	2,400,000	600				bislang 0 %.	
do. Lit. B.	403,200					do.	
b. Prioritäts--Obligationen	3,000,000	versch.	5	$\frac{1}{1}$ $\frac{1}{7}$	im December auf 1. Juli.		$103\frac{1}{2}$, 102, $101\frac{1}{2}$, 103, 100, $108\frac{5}{8}$, $103\frac{3}{8}$ %.

Die Prioritätsanleihe ist von Oldenburg und Lübeck gemeinschaftlich garantirt.
Bei der Dividendenvertheilung haben die Actien Lit. A ein Vorzugsrecht von 3 resp. $3\frac{1}{2}$ % vor den Actier Lit. B.

Halle-Sorau-Gubener Eisenbahn.

Die Verwaltung und der Betrieb der Halle-Sorau-Gubener Eisenbahn (Gesammtlänge 301,37 km) ist in Gemässheit eines im Jahre 1875 zwischen der Preussischen Staats-Regierung und der bezüglichen Privatgesellschaft abgeschlossenen Vertrages auf ewige Zeiten auf den Staat übergegangen und hat die Königliche Eisenbahn-Direction zu Berlin, im Speciellen das Eisenbahn-Betriebs-Amt zu Halle a. d. Saale, woselbst auch die Gesellschaft domicilirt ist, die Betriebsleitung.

Mit dem Bau der Bahn wurde im Jahre 1868 begonnen und die erste Theilstrecke (Cottbus-Guben) 1871 eröffnet.

Die Hauptbahn verlässt den Bahnhof Halle in östlicher Richtung, überschreitet südlich von Delitzsch die Berlin-Anhaltische Eisenbahn (Berlin-Leipzig) und sodann bei Eilenburg das Muldethal. In ihrem weiteren Verlaufe berührt sie u. A. die Festung Torgau (Elbbrücke) und erreicht den Bahnhof Falkenberg, woselbst sie zum zweiten Male die Berlin-Anhaltische Eisenbahn (Linie Jüterbog-Röderau) überschreitet. Sodann geht sie in nordöstlicher Richtung weiter nach Calau (Kreuzung mit der Bahn von Lübbenau nach Kamenz), Cottbus und erreicht endlich nach zuvoriger Ueberschreitung der Spree den Bahnhof Guben, welch letzterer Bahnhof mit der Niederschlesisch-Märkischen und Märkisch-Posener Bahn gemeinschaftlich ist. — Die Theilstrecke Cottbus-Sorau überschreitet ebenfalls die Spree, geht durch das Neissethal und erreicht bald den Bahnhof Sorau. Von Eilenburg zweigt sich eine Strecke nach Leipzig ab.

Die Hauptbahn Halle-Guben vermittelt den aus Ostpreussen, Polen und Russland über Posen kommenden Verkehr (hauptsächlich Güterverkehr) nach dem Westen Deutschlands, während die Zweigbahn Cottbus-Sorau den Verkehr von Nieder- und Ober-Schlesien, Galizien und Rumänien aufnimmt. Durch die Zweigbahn nach Leipzig wird die Verbindung mit Bayern sowie ebenfalls mit Süddeutschland hergestellt. Die Bahn vermittelt ausserdem einen lebhaften Localverkehr (namentlich Personenverkehr) der von ihr berührten Theile der Provinzen Sachsen und Brandenburg und dient sowohl dem Personen- als auch dem Güterverkehr, doch ist letzterer vorherrschend. Haupttransportgegenstände liefern die in der Nähe des Bahncomplexes belegenen Braunkohlenwerke sowie die Bergwerke Oberschlesiens.

Anlagecapital.	Nominal-werth in Mark.	Grösse der Stücke Mark.	Zinsen pCt.	Zahlungs-termin.	Verloosung.	Dividenden in den Jahren:	Course am Ende der Jahre 1870 bis 1879:
a. Stamm-Actien	20,250,000	300		II. Quartal.		Bis 1879 ausser den Bauzinsen 0.	43, 57, 61 1/4, 38 1/2, 24 3/8, 6, 5 4/10, 9, 11 1/2, 18 %.
b. Stammprioritäts-Actien	20,250,000	600		II. Quartal.		Bis 1878 ausser den Bauzinsen 0, 1879 3 1/2 %.	71, 81 3/4, 80 1/4, 58 7/8, 48, 12 9/10, 18 1/2, 27 7/10, 37 1/2, 80 %.
c. Prioritäts-Obligationen						Course am Ende der Jahre:	
Lit. A I. Em. v. 1871	7,500,000	versch.	4 1/2	1/4 1/10	im April auf 1. October.	1873 bis 1879:	100 1/2, 98, 98, 100 3/4, 101 1/5, 101 3/5, 102 1/2 %.
Lit. A II. Em. v. 1872	6,570,000	do.	4 1/2	1/4 1/10	do.	do.	ebenso.
Lit. B v. 1872	6,660,000	do.	4 1/2	1/4 1/10	do.	do.	100 1/2, 95, 92 1/4, 100 3/4, 101 1/5, 101 3/5, 102 1/2 %.
Lit. C v. 1876	9,000,000	do.	4 1/2	1/1 1/7	do.	1876 bis 1879:	100 1/2, 101 1/5, 101 3/4, 102 1/4 %.

Die Stammprioritätsactien geniessen 5 % Dividende vor den Stammactien; werden diese 5 % nicht oder nicht voll bezahlt, so müssen sie aus dem Reinerträgnisse der folgenden Jahre nachbezahlt werden. Bei der Auflösung der Gesellschaft haben die Stammprioritätsactien ein Vorzugsrecht vor den Stammactien. Die Verzinsung sämmtlicher Prioritäts-Obligationen ist mit 4 1/2 % vom Preussischen Staate garantirt.

Berlin-Dresdener Eisenbahn.

Das Domicil der Gesellschaft und der Sitz ihrer Verwaltung befinden sich in Berlin.

Der Betrieb des Bahnunternehmens, welches mit den Verbindungsbahnen eine Länge von 183,97 km repräsentirt, ist in Folge Betriebs-Ueberlassungsvertrages vom 5. Februar 1877 auf den Preussischen Staat übergegangen und wird speciell von dem unter der Königlichen Eisenbahn-Direction zu Berlin ressortirendem Betriebsamte Berlin S. W. ausgeübt.

Die Bahn beginnt in Berlin, geht in der Nähe der Reichshauptstadt unter der Verbindungsbahn hindurch und überschreitet in geringer Entfernung von letzterer die Berlin-Anhaltische Eisenbahn. Ueber Zossen, woselbst die Königliche Militär-Eisenbahn abzweigt und Luckau, dem Hauptorte der Niederlausitz, gelangt dieselbe nach Dobrilugk-Kirchhain. In kurzer Entfernung von letzterem Orte über die Halle-Sorau-Gubener Bahn hinweggehend, wird sie vor Bahnhof Elsterwerda unter der Oberlausitzer Bahn hindurchgeführt. Bei Grossenhain, bekannt durch seine Tuchfabriken, überschreitet sie die Grossenhain-Priestewitzer Eisenbahn und erreicht demnächst Dresden, woselbst Anschluss an die Sächsisch-Böhmische Staatsbahn stattfindet.

Die Bahn vermittelt den directen Verkehr Norddeutschlands mit Sachsen und Bayern, sowie namentlich mit Oesterreich (Hamburg-Wien), bildet die kürzeste Strasse von den Kohlenbecken Böhmens nach Berlin und dient im Uebrigen auch dem localen Verkehre der berührten Gegenden. Transportirt werden Personen und überwiegend Güter; von den letzteren sind als wesentliche Transportartikel zu nennen: Braunkohlen, Getreide, Mühlenfabrikate, Steine und Holz. Bei der Personenbeförderung herrscht der Localverkehr vor, während bei den Gütertransporten der Durchgangsverkehr bedeutend überwiegt.

Anlagecapital.	Nominal-werth in Mark.	Grösse der Stücke Mark.	Zinsen pCt.	Zahlungs-termin.	Verloosung.	Dividenden in den Jahren:	Course am Ende der Jahre 1874 bis 1879:
a. Stamm-Actien	15,750,000	300		II. Quartal.		bislang ausser den Bau. zinsen 0 %.	53 7/8, 26, 15 1/10, 9 1/2, 8 2/5, 13 3/5 %.
b. Stammprioritäts-Actien	15,750,000	600		II. Quartal.			94, 80 3/4, 34 1/2, 24 3/4, 18 3/4, 41 4/5 %.
c. Prioritäts-Obligationen	22,940,000	versch.	4 1/2	1/4 1/10	im Juni auf 1. October von 1881 an.		1878 und 1879: 101 1/2, 102 1/2 %.

Die Stammprioritätsactien geniessen 5 % Dividende vor den Stammactien; werden diese 5 % nicht oder nicht voll bezahlt, so findet aus dem Reinertrage der folgenden Jahre eine Nachzahlung statt. Die Verzinsung der Prioritäts-Obligationen ist mit 4 1/2 % vom Preussischen Staate garantirt.

Halle - Sorau - Gubener Eisenbahn.

Berlin - Dresdener Eisenbahn.

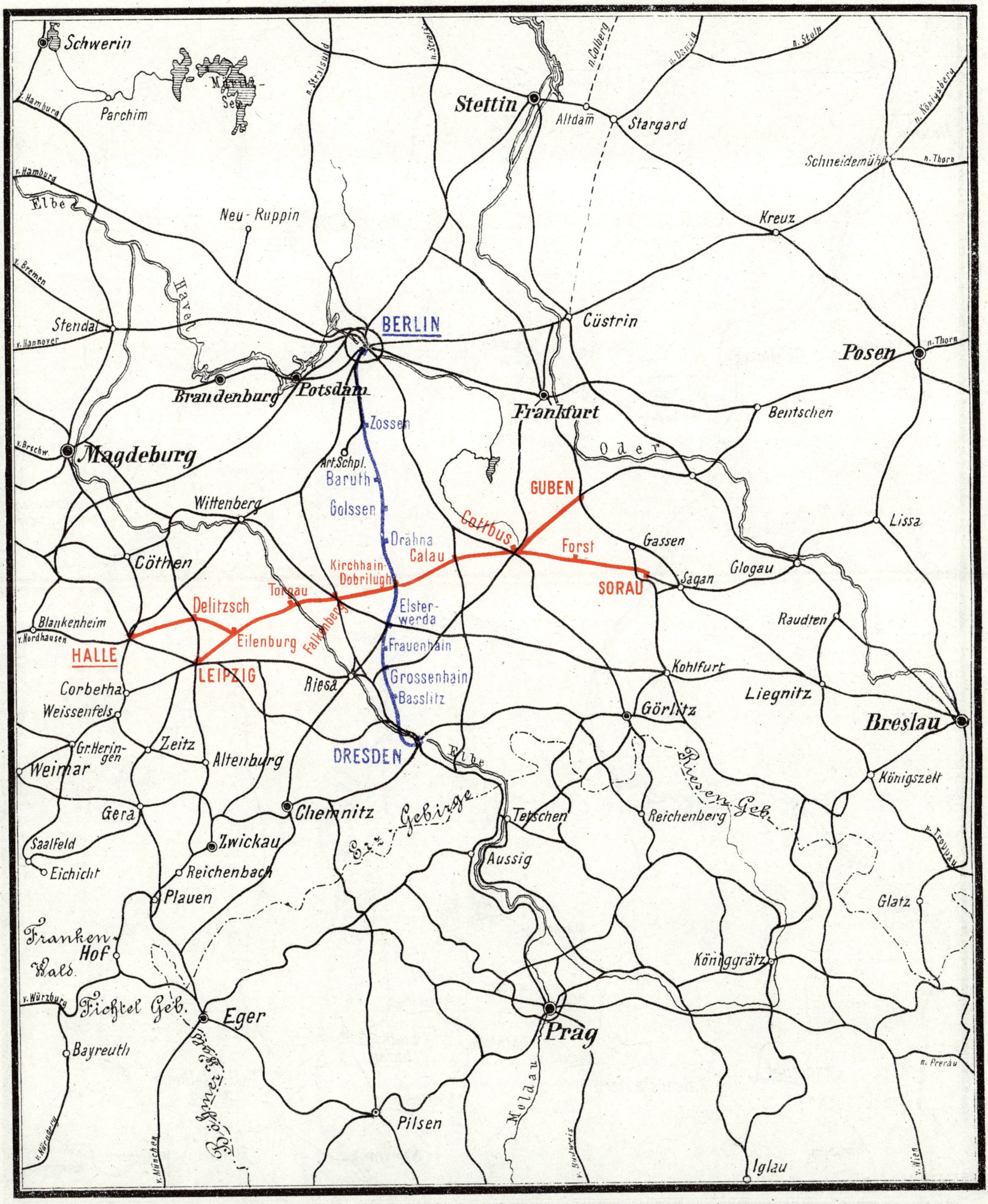

Hessische Ludwigsbahn.

Rhein - Nahe - Eisenbahn.

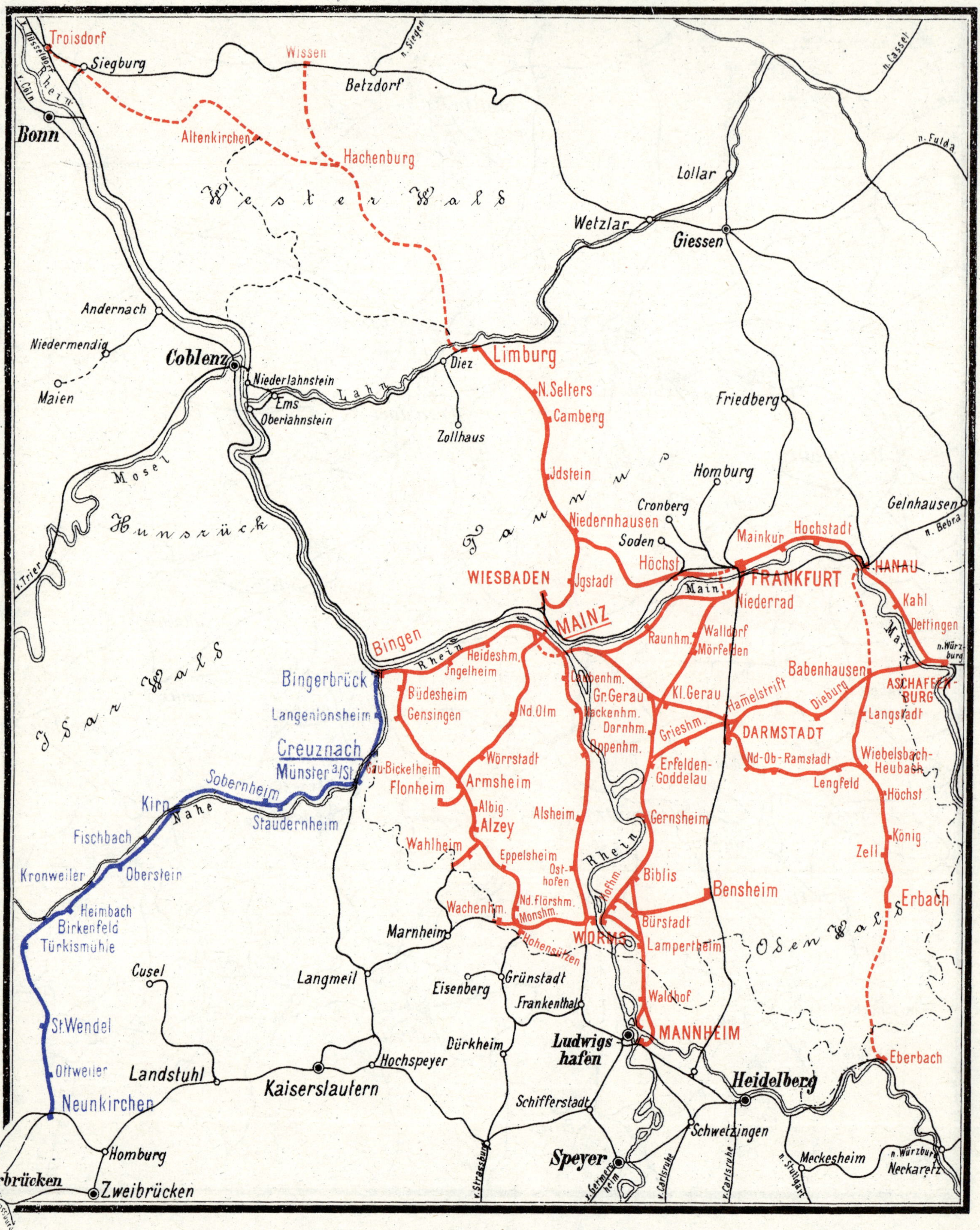

1:750000

Hessische Ludwigs-Eisenbahn.

Das Bahngebiet der Hessischen Ludwigs-Eisenbahn-Gesellschaft erstreckt sich in einer Länge von 603,5 km über die Provinzen Rheinhessen und Starkenburg des Grossherzogthums Hessen, die Bayerischen Kreise Unterfranken und Aschaffenburg sowie über die Preussische Provinz Hessen-Nassau. Der Sitz der Gesellschaft ist Mainz, von wo aus sich die Arme des vielverzweigten Netzes nach allen Seiten ausstrecken. An Hauptstrecken, von denen die älteste von Mainz nach Worms bereits im November 1854 vollständig eröffnet wurde, sind zu nennen: von Frankfurt a. M. über Mainz nach Worms, von Mainz nach Bingen, von Mainz über Darmstadt nach Aschaffenburg, von Worms über Alzey nach Bingen, von Darmstadt nach Worms, von Frankfurt a. M. über Hanau nach Aschaffenburg, von Höchst nach Limburg a. d. Lahn, von Wiesbaden nach Niedernhausen, von Darmstadt nach Erbach (Odenwaldbahn), von Frankfurt nach Mannheim, von Worms nach Bensheim, von Mainz nach Alzey u. s. w.

Im Bau begriffen bezw. in Aussicht genommen sind ferner die Strecken von Babenhausen nach Hanau sowie eine Fortsetzung der Odenwaldbahn von Erbach nach Eberbach. Der Bau der projectirten Westerwaldbahn (von Limburg über Altenkirchen nach Troisdorf) ist aufgegeben.

Die Bahn berührt den Rhein und dessen Nebenflüsse Main, Neckar, Lahn und Nahe, sowie die Höhenzüge des Taunus und des Odenwaldes. An bedeutenderen Orten, welche berührt werden, sind zu nennen: Mainz, Frankfurt a. M., Mannheim, Darmstadt, Worms, Aschaffenburg, Hanau, Bingen, Alzey, Bensheim, Wiesbaden und Limburg a. d. Lahn.

Die Bahn hat sowohl einen sehr entwickelten Local- wie einen bedeutenden, durch die vielfachen Anschlüsse von Nachbarbahnen vermittelten directen und Transitgüterverkehr, auch ist der Personenverkehr ein äusserst lebhafter. Die Erträgnisse des Güterverkehrs überwiegen diejenigen des Personenverkehrs bedeutend. Die erheblichsten Factoren des ersteren Verkehrs bilden Kohlen, Holz, Eisen, Erze und Steine.

Anlagecapital.	Nominalwerth in Mark.	Grösse der Stücke Mark.	Zinsen pCt.	Zahlungstermin.	Verloosung.	Dividenden in den Jahren 1870 bis 1879:	Course am Ende der Jahre 1870 bis 1879:
a. Stamm-Actien	72,000,000	600		Abschlagsdividende v. 2% am 1. Oct. Restdividende 15. Mai		$9\frac{1}{2}$, 11, $11\frac{3}{5}$, 9, 6, 6, 5, 5, 4, 4 %.	$135\frac{1}{4}$, $187\frac{1}{4}$, 182, 156, $127\frac{1}{2}$, $98\frac{1}{4}$, $95\frac{3}{4}$, $78\frac{1}{2}$, $66\frac{3}{4}$, $90\frac{6}{10}$ %.
b. Prioritäts-Obligationen							
I. Emission v. 1856	6,857,143	300 600	$4\frac{1}{2}$	1/1 1/7	im Januar auf 1. März.		$93\frac{1}{2}$, 98, $98\frac{1}{4}$, $100\frac{1}{8}$, $99\frac{7}{8}$, 98, $97\frac{3}{4}$, $97\frac{7}{8}$, $95\frac{3}{8}$, $101\frac{1}{4}$ %.
II. Emission v. 1860	5,142,857	versch.	$4\frac{1}{2}$	1/3 1/9	im März auf 1. Juli.		$93\frac{1}{2}$, 98, 98, $100\frac{1}{8}$, $100\frac{1}{8}$, 98, $97\frac{3}{4}$, $97\frac{7}{8}$, $95\frac{3}{8}$, $101\frac{1}{4}$ %.
III. Emission v. 1863/65	8,571,429	600	4	1/5 1/11	im Mai auf 1. Juli.		83, —, $91\frac{1}{8}$, $91\frac{1}{2}$, 95, $89\frac{1}{2}$, $90\frac{3}{8}$, $91\frac{1}{4}$, $88\frac{3}{4}$, $94\frac{3}{4}$ %.
IV. Emission v. 1866	3,085,714	versch.	$4\frac{1}{2}$	1/3 1/9	im März auf 1. Juli.		$93\frac{1}{2}$, 98, 98, $100\frac{1}{8}$, $100\frac{1}{8}$, 98, $97\frac{3}{4}$, $97\frac{7}{8}$, $95\frac{3}{8}$, $101\frac{1}{4}$ %.
Convert. Emission v. 1868/69	27,000,000	600	$4\frac{1}{2}$	1/1 1/7	im Januar auf 1 März.	Früher 5 %.	$97\frac{3}{4}$, $102\frac{1}{8}$, 101, 103, $103\frac{1}{2}$, $101\frac{7}{8}$, $103\frac{1}{4}$, 104, $102\frac{9}{10}$, $101\frac{3}{4}$ %.
Frankfurt-Hanauer v. 1854	1,028,571	versch.	$4\frac{1}{2}$	1/1	im September auf 2. Jan.	1873 bis 1879: $100\frac{1}{8}$, $99\frac{7}{8}$, 98, $97\frac{3}{4}$ $97\frac{1}{2}$, $96\frac{1}{4}$, $101\frac{1}{4}$ %.	
do. v. 1858	1,463,143	do.	$4\frac{1}{2}$	1/1 1/7	im December auf 1. Juli.	do. $100\frac{1}{8}$, $99\frac{7}{8}$, 98, $97\frac{3}{4}$ $97\frac{1}{2}$, $96\frac{1}{4}$, $101\frac{1}{4}$ %.	
do. v. 1871	3,000,000	600	5	1/5 1/11	im Juli auf 1. November.	do. $103\frac{1}{4}$, $103\frac{1}{2}$, $101\frac{7}{8}$, $101\frac{3}{4}$, $101\frac{1}{2}$, $100\frac{3}{8}$, $101\frac{3}{4}$ %. Die Anleihe ist pr. 1. November 1880 gekündigt.	
Emission v. 1874	11,400,000	600	$4\frac{1}{2}$	1/4 1/10	im April auf 1. Juni.	1874 bis 1879: $99\frac{5}{8}$, $97\frac{7}{8}$, $98\frac{1}{4}$, $97\frac{7}{8}$, $95\frac{3}{8}$, $101\frac{1}{4}$ %.	
do. v. 1875	10,000,000	500 1000	5	1/3 1/9	1. Verloosung 1886.	1876 bis 1879: 102, $103\frac{4}{10}$, 102, $104\frac{8}{10}$ %.	
do. v. 1876	10,000,000	500 1000	5	1/3 1/9	do.	do. 102, $103\frac{4}{10}$, 102, $104\frac{8}{10}$ %.	
do. v. 1878	10,000,000	500 1000	5	1/3 1/9	do.	1878 und 1879: $102\frac{1}{10}$, $104\frac{8}{10}$ %.	
do. II. v. 1878	10,000,000	500 1000	5	1/3 1/9	do.	do. $102\frac{1}{10}$, $104\frac{8}{10}$ %.	
Gesammtsumme der Priorit.	107,548,857						

Die früher 5 % jetzt $4\frac{1}{2}$ % Anleihe von 1868/69 im Betrage von 27,000,000 Mark ist vom Hessischen Staate indirect garantirt. Die Gesellschaft besitzt die Genehmigung der Hessischen Regierung zur Ausgabe von ferneren 3 Millionen Mark Stammactien und von 10 Millionen Mark $4\frac{1}{2}$ % Prioritäts-Obligationen.

Rhein-Nahe-Eisenbahn.

Die Rhein-Nahe-Bahn, welche die ehemalige Saarbrücker und die Pfälzische Ludwigsbahn von der Station Neunkirchen ab mit dem Rheine bei Bingerbrück verbindet, hat eine Länge von 120,6 km, und wird für Rechnnng der Actionäre vom Königlich Preussischen Staate zufolge Vertrages vom 18. Juni 1856 durch das Eisenbahnbetriebsamt in Saarbrücken verwaltet. Die Eröffnung der Bahn erfolgte in den Jahren 1858 bis 1860. Die Trace der Bahn, den Character einer Gebirgsbahn tragend, zieht sich nahezu in ihrer ganzen Länge (bis zur Station Türkismühle) im Thale der Nahe dahin, den vielfachen Windungen dieses Flusses grösstentheils folgend und denselben mehrfach überschreitend. Die Enge des Thales bedingte die Herstellung einer erheblichen Anzahl grösserer und kleinerer Tunnels sowie sonstiger grösserer Bauwerke.

Die Bahn beginnt in Bingerbrück im Anschluss an die Rheinische Eisenbahn bezw. die Hessische Ludwigsbahn und führt an dem vielbesuchten Bade Creuznach vorbei nach Münster a. Stein, woselbst die Pfälzische Bahn in der Richtung nach Kaiserslautern sich abzweigt. Die Bahn zieht weiter über Staudernheim, Sobernheim, Kirn nach Oberstein im Fürstenthum Birkenfeld. Die Bahn steigt immer höher, berührt u. A. die Stationen Heimbach und Birkenfeld und senkt sich nach Ueberschreitung der Wasserscheide bei Wallhausen rasch zum Bahnhof St. Wendel hinab. Ihren Endpunkt erreicht sie in Neunkirchen, woselbst sie Anschluss an die Saarbrücker- bezw. an die Pfälzische Eisenbahn hat.

Die Bahn befördert Personen und Güter; die Einnahmen des letzteren Verkehrs sind bedeutender. Zum Transport gelangen namentlich die Producte der Saarbrücker Berg- und Hüttenindustrie. Die Bahn vermittelt ferner noch durch eine Trajektanstalt den Verkehr über den Rhein zwischen Bingerbrück und Rüdesheim.

Anlagecapital.	Nominalwerth in Mark.	Grösse der Stücke Mark.	Zinsen pCt.	Zahlungstermin.	Verloosung.	Dividenden in den Jahren:	Course am Ende der Jahre 1870 bis 1879:
a. Stamm-Actien	26,049,000	600				bislang 0 %.	$23\frac{1}{2}$, $34\frac{1}{2}$, $40\frac{3}{4}$, $23\frac{7}{8}$, $18\frac{5}{8}$, $10\frac{7}{10}$, 7, $4\frac{7}{10}$, $5\frac{1}{10}$, $12\frac{4}{10}$ %.
b. Prioritäts-Obligationen						Die Zinsen der I. Emission sind ganz, von der II. Emission nur in Höhe von 6,750,000 M. à $4\frac{1}{2}$ % p. a. vom Preussischen Staate garantirt.	
I. Emission v. 1859	18,000,000	versch.	$4\frac{1}{2}$	1/1 1/7	im Juli auf 2. Januar.		88, $100\frac{1}{2}$, $100\frac{1}{2}$, $101\frac{1}{4}$, $101\frac{3}{4}$, $101\frac{4}{10}$, 101, $101\frac{1}{2}$, 102, $102\frac{1}{2}$ %.
II. Emission v. 1861	9,000,000		$4\frac{1}{2}$	1/1 1/7	do.		88, $100\frac{1}{2}$, $100\frac{1}{2}$, $101\frac{1}{4}$, $101\frac{3}{4}$, $101\frac{4}{10}$, 101, $101\frac{1}{2}$, 102, $102\frac{1}{2}$ %.

Holsteinische Marschbahn.

Das Unternehmen der Holsteinischen Marschbahn-Gesellschaft (Gesammtlänge 88,1 km), deren Sitz Glückstadt ist, umfasst die Strecke Elmshorn-Heide.

Die Eröffnung der ältesten Strecke dieser Bahn (Elmshorn-Glückstadt) fand im Jahre 1845 statt, während der mittlere Theil von Glückstadt nach Itzehoe 1857 und die Schlussstrecke Itzehoe-Heide erst 1878 dem Verkehre übergeben wurde.

Die Bahn beginnt in Elmshorn (Station der Altona-Kieler Bahn) und führt zunächst nach Glückstadt an der Elbe (Hafenanlagen, welche namentlich bei Eisgang von Hamburger Schiffen benutzt werden), und sodann durch fruchtbares Marschland nach der ältesten Stadt Holsteins Itzehoe. Von hier aus durchschneidet sie das historisch berühmte Land der Dithmarschen Bauern und führt über Meldorf nach Heide, woselbst sie an die Bahn von Neumünster nach Tönning anschliesst. Im Bau begriffen ist ferner eine Linie von Station St. Michaelisdonn nach Marne.

Die Bahn vermittelt Personen- und Gütertransporte, deren Ergebnisse ziemlich gleich sind, und findet sowohl localer als auch durchgehender Verkehr statt.

An Gütern werden hauptsächlich transportirt: Steinkohlen, Getreide und Hülsenfrüchte, Colonialwaaren, Bau- und Nutzholz, Mühlenfabrikate etc.

Anlagecapital.	Nominalwerth in Mark.	Grösse der Stücke Mark.	Zinsen pCt.	Zahlungstermin.	Verloosung.	Dividenden in den Jahren 1871 bis 1879:	Course am Ende der Jahre:
a. Stamm-Actien	1,192,500	450		im Mai		3, 0, 0, 1, 1, 1, 2½, 2⅔, 2%.	
do. Lit. B.	3,000,150	450		do.		1879: 0 %.	
b. Stammprioritäts-Actien	1,224,000	450		do.		stets 4½ %.	
do. Lit. B.	3,083,400	450		do.		1879: 5 %.	
c. Prioritäts-Anleihe	641,250	versch.	4½ u. 5		beiderseits halbj. kündbar.	Die Schuldverschreibungen sind namenlautend.	

Die Stammprioritäts-Actien ohne Lit. und diejenigen Lit. B. haben Anrecht auf eine Dividende von 4½ % bezw. 5 % vor den Stammactien. Nachzahlungen aus dem Erträgnisse folgender Jahre finden nicht statt. Bei Auflösung der Gesellschaft haben die Stammprioritäts-Actien ebenfalls ein Vorrecht aus dem Erlöse vor den Stammactien.

Unterelbe'sche Eisenbahn.

Die vorbezeichnete Bahn mit dem Sitze der Gesellschaft in Berlin ist zur Zeit noch in der Bauausführung begriffen und wird voraussichtlich die erste Theilstrecke derselben und zwar die Strecke von Harburg nach Stade im Jahre 1881 zur Eröffnung gelangen. Die den Bau leitende Behörde hat ihren Sitz in Harburg.

Die Bahn, welche in ihrer ganzen Ausdehnung eine Länge von 104 km erhält, beginnt in Harburg im Anschluss an die Hannoversche Staatsbahn, berührt die Städte Harburg, Buxtehude, Stade und Otterndorf, sowie die Flecken resp. Dörfer Horneburg, Himmelpforten, Hechthausen, Basbek, Warstade, Hemmoor, Cadenberge, Neuhaus a. d. Oste, Altenbruch und endet in Cuxhaven.

Durch die Anlage der Bahn wird namentlich der zwischen Harburg-Stade-Cuxhaven liegende fruchtbare Küstenstrich mit einer gegenwärtig nicht unbedeutenden Industrie (Cement- und Kalkfabriken, Salinen, Ziegeleien, Papier- und Knochenmehlfabriken etc.) in das Eisenbahnnetz hineingezogen.

Die Bahn wird vorläufig nur dem Localverkehr dienen, jedoch nach Fertigstellung des in Cuxhaven projectirten Seehafens hauptsächlich den transatlantischen Güterverkehr mit dem Festlande zu vermitteln haben.

Anlagecapital.	Nominalwerth in Mark.	Grösse der Stücke Mark	Zinsen pCt.	Zahlungstermin.	Verloosung.		
a. Stamm-Actien Lit. A.	10,000,000	500	innerhalb der Bauzeit 6%	1/9	Die Actien Lit. A können nach der Inbetriebsetzung der ganzen Bahn zurückgezahlt werden.		
Lit. B.	10,000,000	500					
Lit. C.	3,500,000	500					
zus. *M.*	23,500,000						

Die Actien Lit. A und B haben ein Vorrecht von 5 % Dividende vor den Actien Lit. C, werden diese 5 % nicht oder nicht voll bezahlt, so findet bei Lit. A eine Nachzahlung aus dem Reinertrage der folgenden Jahre statt, bei Lit. B indess nur des einen folgenden Jahres.

Holsteinsche Marschbahn.

Unterelbesche Eisenbahn.

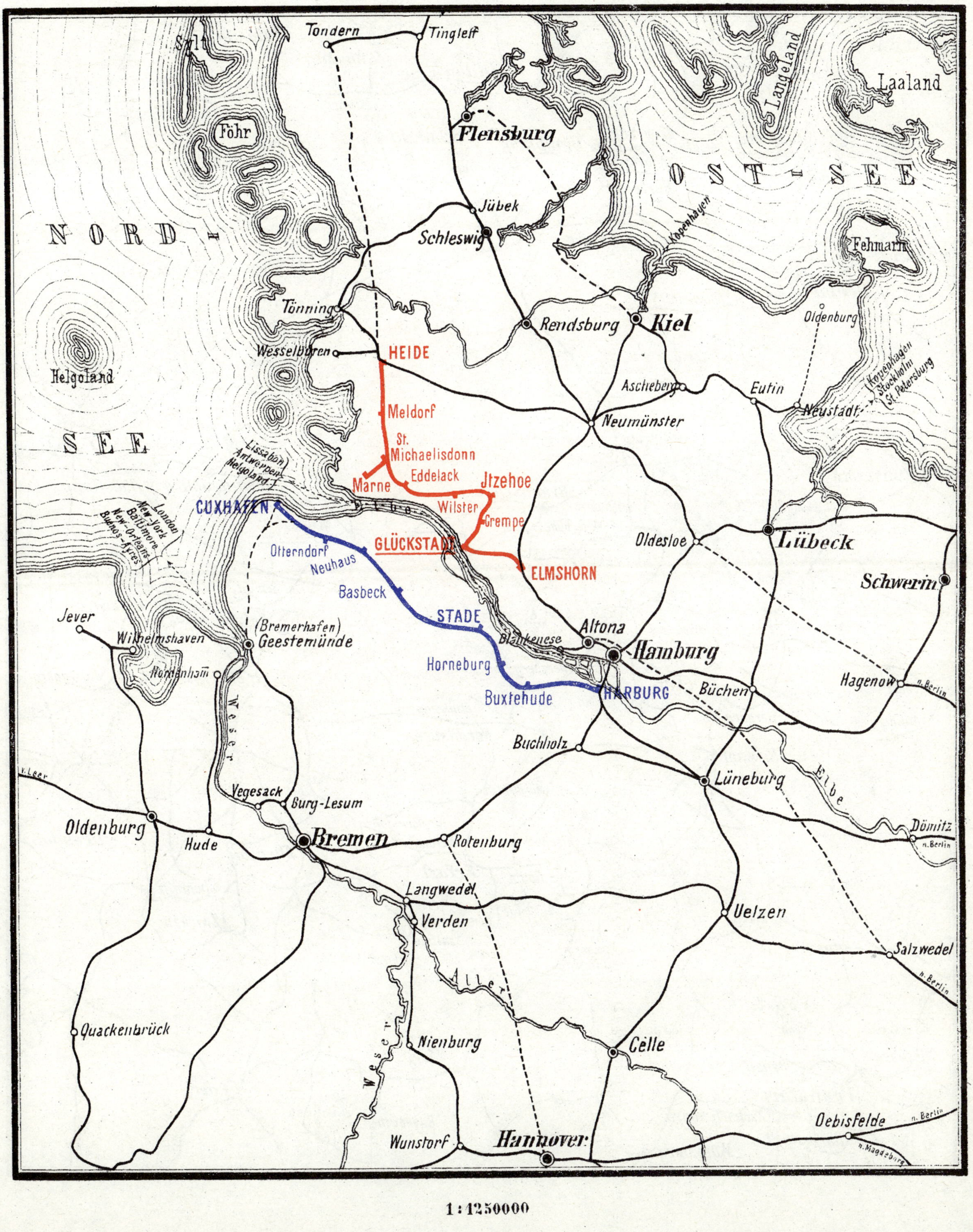

1:1250000

Magdeburg-Halberstädter Eisenbahn.

Hannover-Altenbekener Eisenbahn.

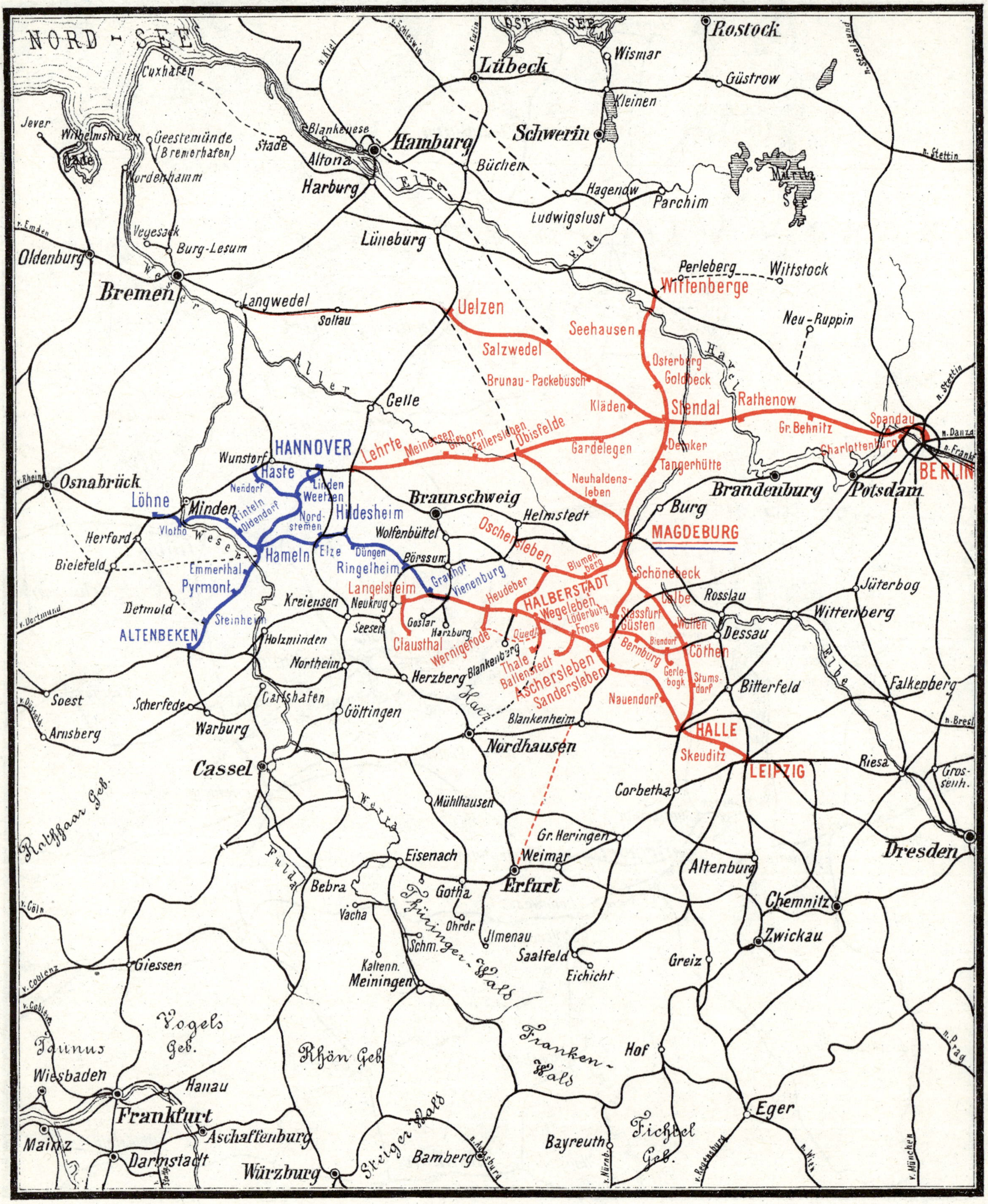

1:2000000

Magdeburg-Halberstädter Eisenbahn.

Das Magdeburg-Halberstädter Eisenbahn-Unternehmen ist neuerdings in die Verwaltung des Königlich Preussischen Staates übergegangen, und führt letzterer vertragsmässig den Betrieb auf eigene Rechnung (siehe Gesetz vom 20. December 1879). Mit der speciellen Leitung desselben ist die Königliche Eisenbahn-Direction zu Magdeburg, woselbst auch Sitz der Gesellschaft, beauftragt.

Das Unternehmen (in einer Gesammtlänge von 1012,17 km) ist ein weitverzweigtes und umfasst grösstentheils nicht nur äusserst verkehrsreiche sondern auch strategisch wichtige Bahnstrecken. Dieselben durchschneiden in landwirthschaftlicher und industrieller Beziehung hervorragende Districte und vermitteln direct und indirect den Verkehr grösserer Städte und Handelsplätze. Durch die Stammbahn Magdeburg-Halberstadt-Thale und einer Reihe kleinerer Harzbahnen wird den Bergen des Harzes ein erheblicher Theil Vergnügungsreisender zugeführt. Sieht man von den kleineren Zweigbahnen ab, so sind zu erwähnen als Hauptrouten:

a. Die Strecke Magdeburg-Halberstadt-Thale. Dieselbe führt von Magdeburg, dem Knotenpunkte zahlreicher Bahnlinien, durch die fruchtbare Magdeburger Börde über Halberstadt nach Thale, einem der beliebtesten Eintrittspunkte für die Besucher des Harzes.

b. Die Strecke von Wittenberge über Magdeburg nach Leipzig. Dieselbe vermittelt den Verkehr norddeutscher Häfen mit den Handelsplätzen Magdeburg, Leipzig und den dahinter liegenden Territorien, zieht auch, durch eine bei Schönebeck abzweigende Zweigbahn die Producte der Stassfurter Steinsalzbergwerke an sich. Bei Wittenberge überschreitet sie die Elbe und folgt dem Laufe derselben aufwärts bis hinter Magdeburg, durchschneidet das Herzogthum Anhalt, berührt Cöthen, Halle a. d. Saale (grossartige Salzwerke) und endet in Leipzig.

c. Die Strecke Halle-Vienenburg nebst Zweigbahnen vermittelt den Verkehr des Harzes.

d. Die Strecke Berlin-Lehrte mit den Zweigbahnen Stendal-Uelzen und Magdeburg-Oebisfelde bildet ein Glied der äusserst frequenten Route Cöln-Berlin. Sie beginnt in Berlin und gelangt über Spandau und Rathenow nach Stendal — vorherige Ueberschreider Havel und Elbe —, der Hauptstadt der Altmark (hierselbst Abzweigung der Bahn über Uelzen nach Bremen). Von Stendal führt sie weiter über Oebisfelde durch haideähnliche Districte nach Lehrte, woselbst sie von der Hannoverschen Staatsbahn aufgenommen wird. An den Zweigbahnen dieser Routen liegen an wichtigeren Orten Salzwedel und Neuhaldensleben.

Die Magdeburg-Halberstädter Bahn besorgt auf ihrer Strecke den Transport von Personen und Gütern. Die Ergebnisse des letzteren Verkehrs repräsentiren ungefähr 2/3 der Einnahme. Bei dem Personenverkehr überwiegt der locale, während bei dem Gütertransporte der directe und Transitverkehr bedeutender ist.

Die Verwaltung leitet ausserdem den Betrieb auf der dem Bremer Staate gehörigen Strecke Uelzen-Langwedel.

Anlagecapital.	Nominalwerth in Mark.	Grösse der Stücke Mark.	Zinsen pCt.	Zahlungstermin.	Verloosung.	Dividenden in den Jahren 1868 bis 1879:	Course am Ende der Jahre 1868 bis 1879:
a. Stamm-Actien Lit. A.	30,600,000	300	6	1/1 1/7		15, 10 1/2, 8 2/3, 8 1/2, 8 1/2, 6, 3, 6, 8, 8, 9 1/2, 6 %.	156 3/4, 144 1/2, 112 1/2, 156, 136 1/2, 130, 99 1/2, 40 3/4, 105 3/4, 105 9/10, 124 3/4, 143 3/4 %.
b. Stammprioritäts-Actien Lit. B.	43,800,000	300	3 1/2	1/1 1/7		1873 bis 1879: 3 1/2, 3 1/2, 3 1/2, 3 1/2, 3 1/2, 4 1/5, 3 1/2 %.	1873 bis 1879: 79 1/4, 72 1/4, 52 3/4, 66, 65 1/4, 77, 88 1/4 %.
Lit. C.	30,000,000	300	5	1/1 1/7		5, 5, 5, 5, 5, 5, 5 %.	102 1/2, 100 3/4, 82 3/4, 92 3/4, 94 3/4, 105, 118 %.
c. Prioritäts-Obligationen							
von 1851	2,100,000	300	4	1/1 1/7	im Juli auf 2. Januar.	Course am Ende der Jahre:	
I. Emission von 1861	7,500,000	300	4 1/2	1/4 1/10	do.	1870 bis 1879: 90, 99 1/2, —, 100 7/8, 100 1/2, 97 8/10, 98 1/2, 99, 100 1/2, 100 1/2 %.	
II. do. von 1865	18,000,000	versch.	4 1/2	1/1 1/7	do.	do 88, 99 1/2, 98 3/8, 100 7/8, 100, 94, 97, 98 1/4, 100 1/2, 100 1/2 %.	
von 1873	90,000,000	do.	4 1/2	1/1 1/7	im Januar auf 1. Juli.	1874 bis 1879: 100, 88 1/4, 95 3/4, 98, 99 4/10, 100 1/2 %.	
von 1875	20,000,000	do.	4 1/2	1/4 1/10	1. Verloosung auf 2/1 82.	Die Anleihe ist noch unbegeben.	
Magdeb.-Wittenb. St.-Act.	13,500,000	600	3	1/1	im Januar auf 1. Juli.	1870 bis 1879: 65 3/4, 72 1/2, 69 1/2, 71 1/4, 73, 71, 71 3/4, 74, 77, 84 1/2 %.	
Magdeb.-Wittenb. Priorit.	6,000,000	300	4 1/2	1/1 1/7	do.	do. 90, 99, 98, 100 3/4, 99 1/4, 96, 97, 98 1/10, 100, 100 3/4 %.	
Köthen-Bernburg. St.-Act.	1,500,000	300	2 1/2	1/1	im Juli auf 2. Januar.		
Magdeb.-Leipziger Lit. A.	42,000,000	versch.	4 1/2	1/1 1/7	unkündbar bis 1901,	bei Liquidation der Gesellschaft indessen kündbar.	1875 bis 1879: 99 1/2, 98 3/10, 100, 101 4/10, 101 %.
do. Lit. B.	51,000,000	do.	4	1/1 1/7	von 1885 an,	do.	1876 bis 1879: 83 6/10, 85 3/4, 90 1/2, 97 %.
Gesammtsumme der Oblig.	251,600,000						

In Folge des Gesetzes vom 20. December 1879 garantirt der Preussische Staat den Inhabern von

Stamm-Actien Lit. A eine feste jährliche Rente von 6 %.
Stammprioritäts-Actien Lit. B eine feste jährliche Rente von 3 1/2 %.
do. Lit. C „ „ „ „ „ 5 %.

Der Staat ist ferner verpflichtet, den Inhabern von

600 ℳ. Stamm-Actien Lit. A ℳ. 900 4 % Preuss. Consols bis 1. Juli 1881
2400 „ Stammprioritäts-Actien Lit. B ℳ. 2100 4 % Preuss. Consols bis 1. Octob. 1880
1200 „ do. „ C „ 1500 4 % „ „ 1. April 1882
} zum Umtausch anzubieten.

Der unter die drei Actiengattungen zu vertheilende vom Staate an die Liquidatoren einzuzahlende Kaufpreis — abgesehen von der Uebernahme sämmtlicher Prioritätsschulden — beträgt ℳ. 106,650,000.

Hannover-Altenbekener Eisenbahn

siehe Seite 17.

Hannover-Altenbekener Eisenbahn.

Karte Seite 16.

Die Hannover-Altenbekener Eisenbahn, deren Betrieb und Verwaltung durch die Königliche Eisenbahn-Direction zu Magdeburg, woselbst auch Sitz der Gesellschaft, erfolgt, ist nach gesetzmässiger Genehmigung des zwischen der Königlich Preussischen Staatsregierung und den bezüglichen Gesellschaftsorganen abgeschlossenen Vertrages (Gesetz vom 20. December 1879) in das Eigenthum des Preussischen Staates übergegangen.

Dieselbe besteht (in einer Gesammtlänge von 289,27 km) aus der Stammbahn Hannover-Altenbeken mit den Zweigbahnen Linden-Küchengarten und Weetzen-Haste, sowie aus der später erbauten Strecke Löhne-Vienenburg. Die älteste Strecke (Hannover-Hameln) wurde im April 1872 eröffnet. Die Stammbahn, vom Centralbahnhofe Hannover ausgehend, überschreitet die Leine, erreicht bald den Gebirgszug des Deister und gelangt nach Uebersteigung desselben nach Hameln. Sodann führt nach Ueberschreitung der Weser die Bahn weiter nach dem wegen seiner kräftigen Mineralquellen vielbesuchtem Bade Pyrmont und erreicht sodann, die Ausläufer des Teutoburger Waldes berührend, Altenbeken, den Knotenpunkt für die Bahnen nach Cassel, Paderborn und Kreiensen. An der Zweigbahn Weetzen-Haste sind zu erwähnen Barsinghausen (Gewinnung der Deisterkohle) sowie das Schwefel- und Soolbad Nenndorf.

Die Strecke Löhne-Vienenburg berührt Oeynhausen, überschreitet bei Vlotho die Weser und führt in dem Thale derselben aufwärts über Rinteln nach Hameln, woselbst Kreuzung mit der Stammbahn stattfindet. In ihrem weiteren Verlaufe erreicht sie, fruchtbare Gegenden berührend, Elze, von wo ab bis zur Station Hildesheim, die Gleise der Hannoverschen Staatsbahn mitbenutzt werden. Von Hildesheim führt sie in östlicher Richtung durch freundliche Hügel- und Gebirgslandschaften nach Ringelheim (daselbst Kreuzung mit der Bahn Börssum-Kreiensen) und weiter nach Vienenburg, woselbst Anschluss an die Magdeburg-Halberstädter Eisenbahn stattfindet.

Die Bahn hat Personen- und Güterverkehr, doch sind die Ergebnisse des letzteren bedeutender. Beim Personenverkehr herrscht der locale vor, am bedeutendsten ist der Verkehr von und nach Hameln), während beim Güterverkehr der directe bezw. Transit-Verkehr überwiegt. Wichtigere Anschlüsse fremder Bahnen finden statt in Hannover, Altenbeken und Löhne.

Anlagecapital.	Nominal-werth in Mark.	Grösse der Stücke Mark.	Zinsen pCt.	Zahlungs-termin.	
a. Stamm-Actien	27,750,000	300			Die Einlösung erfolgte Seitens des Staats vom 20. Januar 1880 ab mit *M.* 54 für je eine Stamm-Actie.
b. Stammprioritäts-Actien	27,750,000	600			Die Einlösung erfolgte Seitens des Staats vom 20. Januar 1880 ab mit *M.* 216 für je eine Stammprioritäts-Actie.
c. Prioritäts-Obligationen					
I. Emission	6,750,000	versch.	$4^1/_2$	$^1/_1$ $^1/_7$	Die sämmtlichen Prioritäts-Anleihen sind per 1. Juli 1880 gekündigt worden.
II. do.	10,500,000	do.	$4^1/_2$	$^1/_1$ $^1/_7$	
III. do.	27,750,000	do.	$4^1/_2$	$^1/_1$ $^1/_7$	

Die von der Preuss. Staatsregierung zu zahlende Liquidationssumme — abgesehen von der Uebernahme sämmtlicher Prioritätsschulden — beträgt 1,000,000 *M.*

Marienburg-Mlawkaer Eisenbahn.

Danzig-Warschau, Preussische Abtheilung.

Die Marienburg-Mlawkaer Eisenbahn mit dem Sitze der Direction in Danzig geht von Marienburg über Deutsch-Eylau, Soldau bis zur Landesgrenze in der Richtung auf Warschau und hat eine Länge von 143 km. Die erste Theilstrecke derselben wurde im Jahre 1876 dem Betriebe übergeben.

Die Bahn beginnt in Marienburg und zieht sich in südöstlicher Richtung am Rande der Nogat-Niederung über Mlecewo und Rosenberg nach Deutsch-Eylau, woselbst Anschluss bezw. Kreuzung mit der Königlichen Ostbahn erfolgt. In ihrem Weiterlaufe berührt sie u. A. die Stationen Weissenburg, Soldau und gelangt nach Ueberschreitung des breiten Soldauthales nach dem beim Dorfe Illowo (nahe Mlawka) gelegenen Grenzbahnhof, auf welchem der Anschluss an die Russische Weichselbahn in der unmittelbaren Nähe der Landesgrenze hergestellt ist. Letztgenannte Weichselbahn führt über Mlawa, dem Russischen Grenzbahnhof, Praga, Lublin nach Kowel zum Anschlusse an die Russische Südwestbahn. Durch die Marienburg-Mlawkaer Eisenbahn im Verein mit der Weichselbahn ist einestheils ein neuer Weg zwischen Warschau und Danzig hergestellt worden, welcher um 128 km kürzer ist als der bisher vorhandene über Alexandrowo. Anderntheils ist eine directe Eisenbahn-Verbindung mit den reichen polnischen Districten Lublin und Chelm erreicht und für Danzig ein directer Weg nach dem Süden Russlands eröffnet. Die Bahn hat Personen- und Güterverkehr, letzterer ist vorherrschend und findet gleichfalls directer sowie durchgehender Verkehr statt. An Gütern gelangen hauptsächlich zum Transport: Getreide, Holz, Melasse, Häute, Salz, Kohlen, Roheisen u. s. w.

Anlagecapital.	Nominal-werth in Mark.	Grösse der Stücke Mark.	Zinsen pCt.	Zahlungs-termin.	Verloosung.	Dividenden in den Jahren 1878 und 1879:	Course am Ende der Jahre:
a. Stamm-Actien	12,840,000	600		im Juni.		$^1/_2$, $^1/_2$ %.	
b. Stammprioritäts-Actien	12,840,000	600		do.		5, 5 %.	1879: $83^3/_4$ %.

Die Inhaber von Stammprioritätsactien haben ein Anrecht auf eine Dividende von 5 % vor den Stamm-Actien; eventuell findet aus dem Reinertrage der folgenden Jahre eine Nachzahlung statt.

Bei Auflösung der Gesellschaft haben die Stammprioritäts-Actien ebenfalls ein Vorzugsrecht vor den Stamm-Actien.

Marienburg-Mlawkaer Eisenbahn.

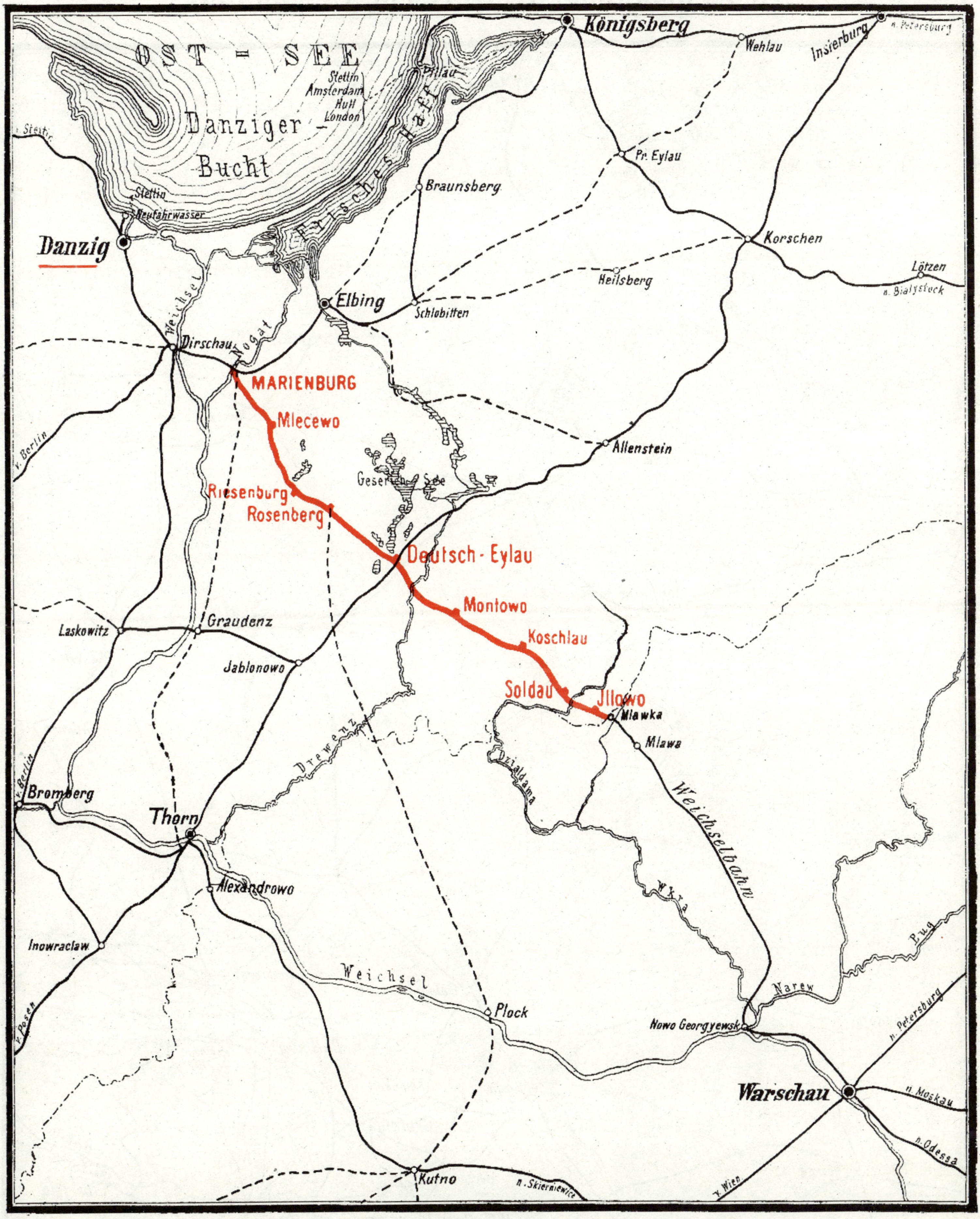

1:1250000

Nord-Brabant-Deutsche Eisenbahn.

Niederländisch-Westfälische Eisenbahn.

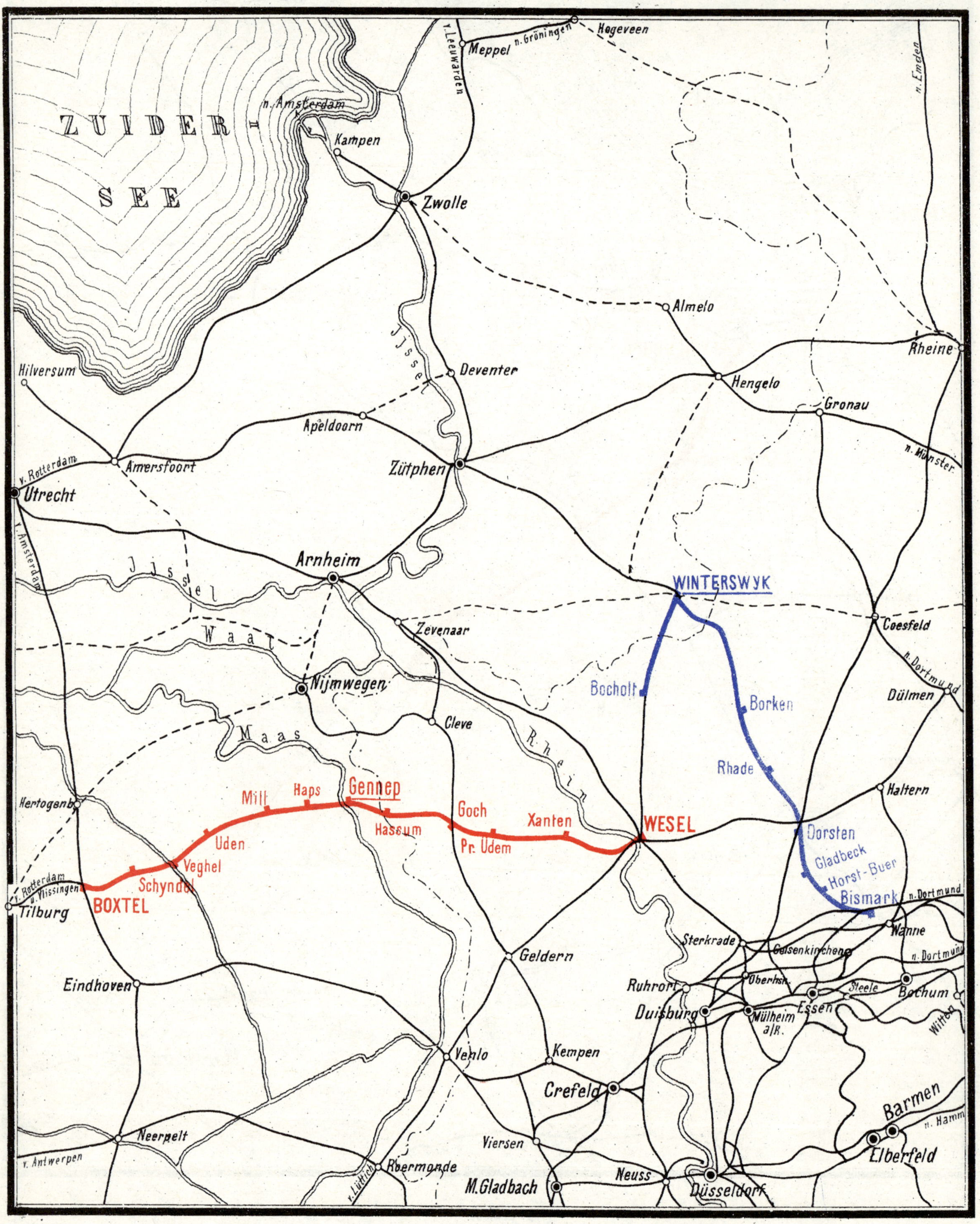

1 : 750000

Nordbrabant-Deutsche Eisenbahn.

Das Bahngebiet der Nordbrabant-Deutschen Eisenbahn, deren Gesellschaftssitz Rotterdam und deren Directionssitz Gennep ist, umfasst die 93 km lange Strecke von Boxtel nach Wesel. Die erste Theilstrecke derselben Boxtel-Goch wurde am 15. Juli 1873 und die Reststrecke Goch-Wesel am 1. Juni 1878 dem Betriebe übergeben.

Die Bahn beginnt in Boxtel, woselbst sie Anschluss hat an die Niederländischen Staatsbahnlinien nach Eindhoven, Breda, Vlissingen bezw. Rotterdam und nach Utrecht, durchschneidet über Uden, Mill und Haps führend die Niederländische Provinz Nordbrabant, deren Bevölkerung hauptsächlich Landwirthschaft und Viehzucht betreibt, und gelangt nach Ueberschreitung der Maas nach Gennep und weiter, nachdem das Deutsche Gebiet erreicht ist, nach Goch, woselbst Anschluss an die Rheinische Bahn nach Cöln bezw. Cleve stattfindet. Von Goch führt sie sodann in östlicher Richtung über Xanten nach Wesel zum Anschluss an die Cöln-Mindener Eisenbahn.

Die Bahn verbindet demnach die beiden bedeutenden Knotenpunkte Wesel und Boxtel und dient neben einem localen Personenverkehre hauptsächlich dem durchgehenden Güterverkehre.

Anlagecapital.	Nominalwerth in Holl. Guld.	Grösse der Stücke Gulden.	Zinsen pCt.	Zahlungstermin.	Verloosung.	Dividenden in den Jahren:	Course am Ende der Jahre:
a. Stamm-Actien	3,000,000	250				bislang 0%.	
b. Prioritäts-Obligationen							
I. Serie	6,000,000	1200 300	5	1/5 1/11	unbestimmt.		
II. „	6,500,000	1200 300	5	1/1 1/7	do.		

Die Coupons der Prioritäts-Obligationen sind seit längerer Zeit nicht mehr bezahlt worden.

Von den Prioritäts-Obligationen II. Serie sind bislang nur 3,844,625 Gulden ausgegeben, der Rest von 2,655,375 Gulden soll zur Einlösung desselben Betrages älterer 4½% Obligationen benutzt werden.

Eine finanzielle Reorganisation des Unternehmens steht bevor.

Niederländisch-Westfälische Eisenbahn.

Das Unternehmen der in Winterswyk domicilirten Niederländisch-Westfälischen Eisenbahngesellschaft umfasst die Strecken von Zütphen über Winterswyk nach Bismark mit der Zweigbahn von Winterswyk nach Bocholt. Abgesehen von der Strecke Zütphen-Winterswyk, deren Betrieb der Holländischen Eisenbahngesellschaft überlassen ist, kommen für Deutsches Gebiet in Betracht die Strecken von Winterswyk nach Bismark bezw. nach Bocholt. Diese beiden Strecken, deren Betrieb die Bergisch-Märkische Eisenbahngesellschaft vertragsmässig übernommen hat bezw. übernehmen wird, haben eine Gesammtlänge von 75,9 km.

Die im Juni 1880 für den Personen- und Güterverkehr eröffnete Strecke Bismark-Winterswyk mit den Stationen Buer, Gladbeck, Dorsten, Rhade und Borken schliesst in Bismark an die Bergisch-Märkische Eisenbahn an, durchschneidet den nordwestlichen Theil der Provinz Westfalen und überschreitet zwischen Borken und Winterswyk die Deutsch-Holländische Grenze. In Winterswyk schliesst sich das im Holländischen Betriebe befindliche Stück des Unternehmens, die Linie nach Zütphen (Tour nach Amsterdam) an. Durch die Zweigbahn von Winterswyk nach Bocholt wird eine weitere Verbindung der Bahnen Nordhollands mit der Cöln-Mindener Eisenbahn geschaffen.

Das Anlagecapital beträgt 2,500,000 Holl. Gulden in Stammactien à 250 Gulden.

Alle Einnahmen der Deutschen Linien des Unternehmens fliessen in die Casse der Bergisch-Märkischen Eisenbahn, wogegen letztere Gesellschaft der Eigenthümerin eine jährliche feste Rente von 4% in den ersten 10 Jahren des Betriebes und später 5% des wirklich für fragliche Strecken aufgewendeten Anlagecapitals zahlt.

Parchim-Ludwigsluster Eisenbahn.

Die Parchim-Ludwigsluster Eisenbahn, deren Verwaltung in Parchim domicilirt ist, wurde, nachdem mit dem Bau im Jahre 1879 begonnen, bereits im Juni 1880 dem Betriebe übergeben. Dieselbe hat eine Länge von 26,1 km und hat den Betrieb der Bahnen untergeordneter Bedeutung. Die Linie schliesst bei Ludwigslust an die Berlin-Hamburger Bahn an und führt in östlicher Richtung über Neustadt nach Parchim; bei den letztgenannten beiden Orten berührt sie die schiffbare Elde.

Transportirt werden Personen und Güter und hat die Bahn hauptsächlich den Zweck, den Localverkehr der berührten Gegenden zu vermitteln, sowie die Stadt Parchim den allgemeinen Verkehrswegen näher zu bringen.

Die Grossherzoglich-Mecklenburgische Regierung hat zum Bau der Bahn eine Beihülfe von 520,000 *M.* à fond perdu beigesteuert.

Anlagecapital.	Nominalwerth in Mark.	Grösse der Stücke Mark	Zinsen pCt.	Zahlungstermin.	Verloosung.	Dividenden in den Jahren:	Course am Ende der Jahre:
Stamm-Actien	690,000	500		1. April.			

Wittenberge-Perleberger Eisenbahn.

Die Erbauung dieser 10,5 km langen von Wittenberge nach Perleberg führenden Linie ist in Aussicht genommen und wird die Ausführung voraussichtlich noch im Laufe des Jahres 1880 erfolgen. Der Sitz der Gesellschaft ist Perleberg.

Die Bahn beginnt in Wittenberge im Anschluss an die Berlin-Hamburger Eisenbahn und führt in nordöstlicher Richtung über Weisen nach Perleberg.

Das Anlage-Capital beträgt 463,000 *M.* und ist dasselbe bis auf einen Betrag von 45,000 *M.*, welchen die Provinz als Beihülfe giebt, von der Commune Perleberg aufgebracht.

Priegnitzer Eisenbahn.

Die Priegnitzer Eisenbahn, deren Gesellschaftssitz vorläufig Pritzwalk ist, bildet eine Verlängerung der Wittenberge-Perleberger Bahn. Dieselbe ist 52 km lang und wird ein Anlagecapital von 2,600,000 *M.* erfordern. Dieselbe soll führen von Perleberg über Gross-Pankow, Pritzwalk, Techow nach Wittstock a. d. Dosse. Beide erwähnten Bahnen haben den Zweck die berührten Gegenden behufs Verwerthung der Erzeugnisse derselben den allgemeinen Verkehrswegen anzuschliessen.

Parchim - Ludwigsluster Eisenbahn.
Wittenberge - Perleberger Eisenbahn.

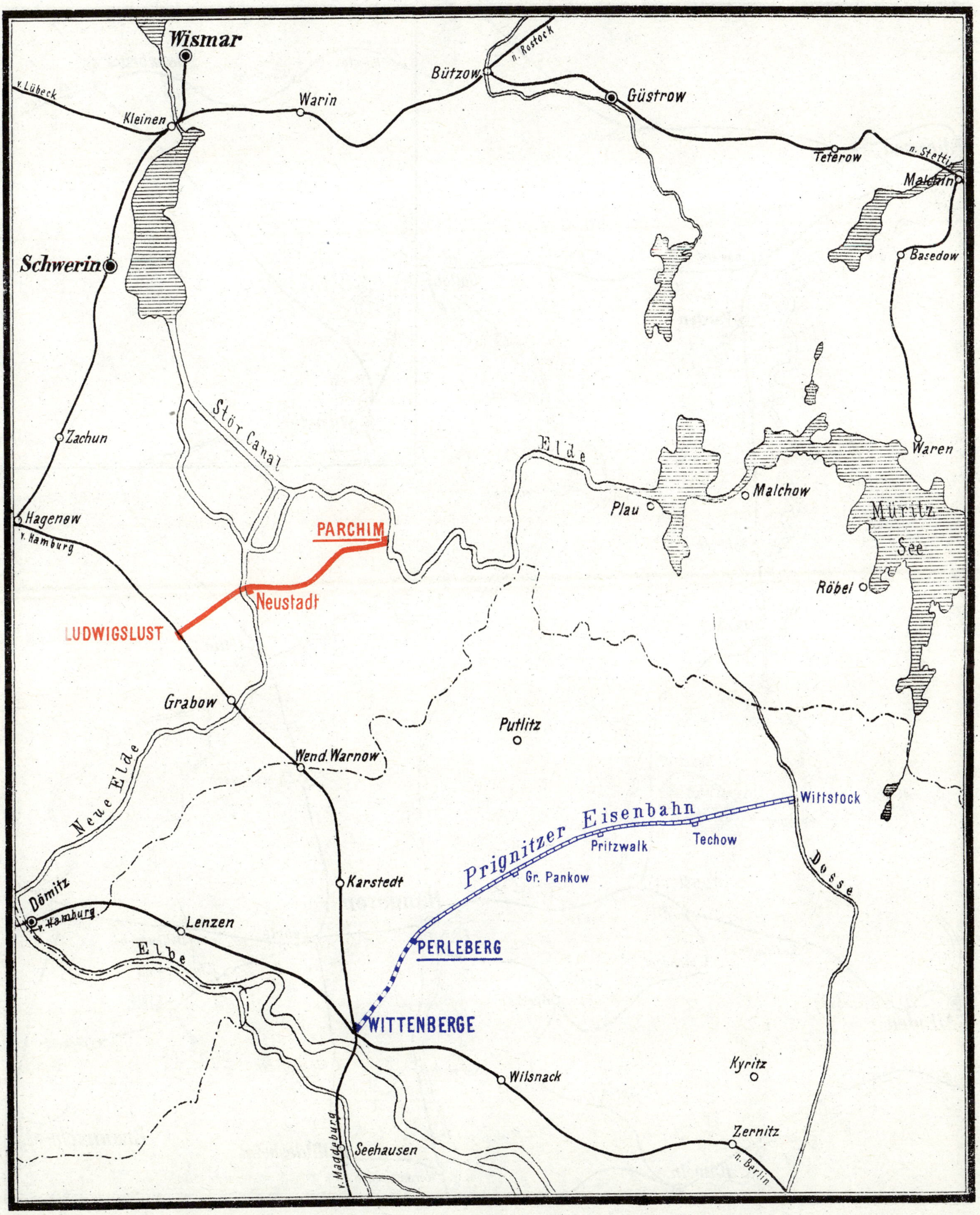

1:500000

Hoya-Eystruper Eisenbahn.

Hüggelbahn. Peine-Ilseder Eisenbahn.

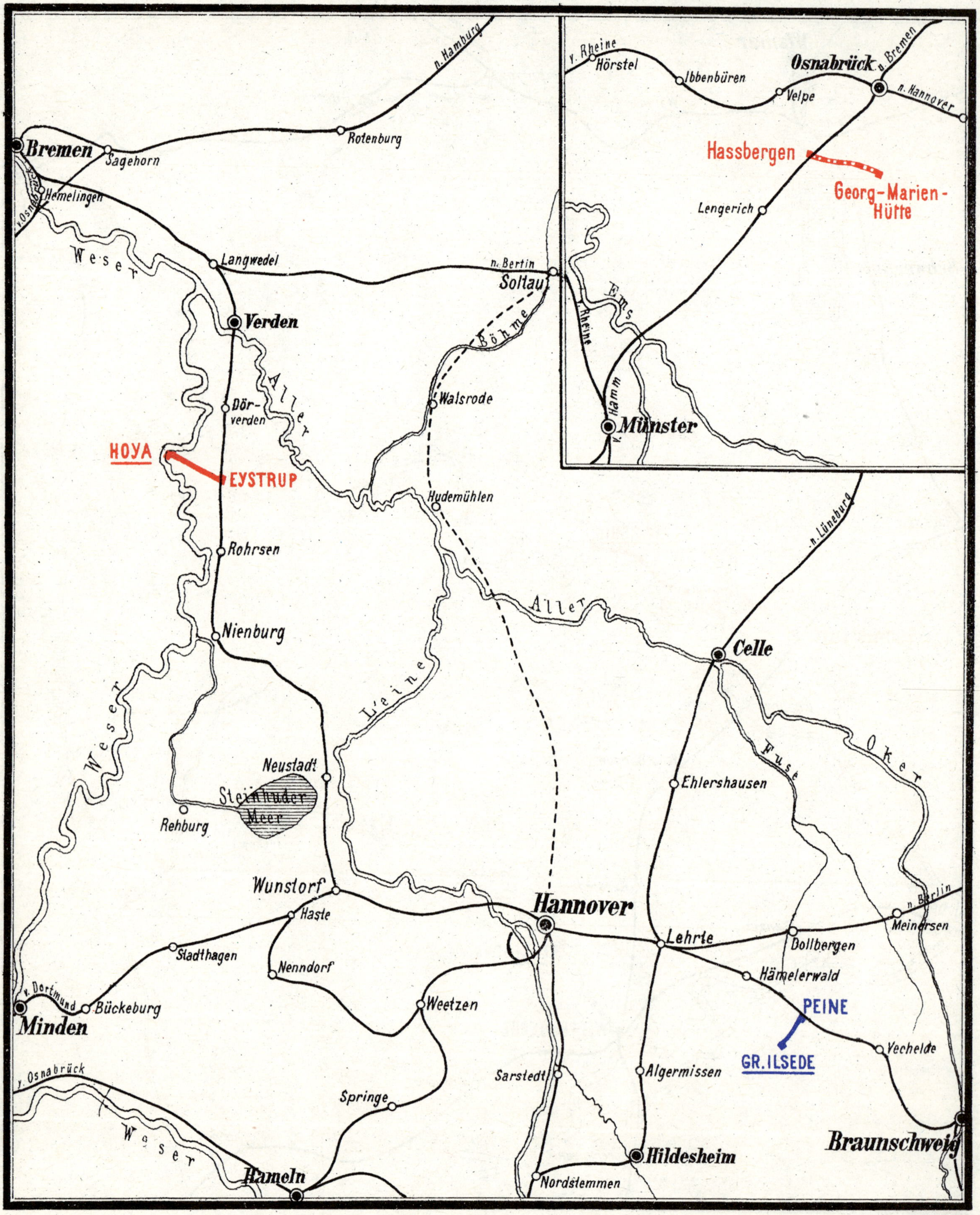

1:500000

Hoya-Eystruper Eisenbahn.

Um die Stadt Hoya sowie die dahinter liegenden Districte den allgemeinen Verkehrswegen näher zu führen, ist die Anlage der obenbezeichneten Eisenbahn unter der Firma Hoyaer Eisenbahngesellschaft in Aussicht genommen.

Die Bahn, welche den Betrieb der Bahnen untergeordneter Bedeutung haben soll, wird sich in Eystrup von den Gleisen der Hannoverschen Staatsbahn abzweigen und sodann in westlicher Richtung nach der Stadt Hoya, woselbst sie todt ausläuft, führen.

Die Länge der Bahn, deren Gesellschaftsvorstände in Hoya domicilirt sind, beträgt 7 km und soll dieselbe zur Beförderung von Personen und Gütern eingerichtet werden.

Anlagecapital.	Nominal-werth in Mark.	Grösse der Stücke Mark.	Zinsen pCt.	Zahlungs-termin.	Verloosung.	Dividenden in den Jahren:	Course am Ende der Jahre:
a. Stamm-Actien	130,000	500		i. I. Quart.			
b. Stammprioritäts-Actien	130,000	500					

Die Inhaber von Stammprioritäts-Actien haben ein Anrecht auf 5 % Dividende vor den Stamm-Actien.

Hüggelbahn.

Die 7,8 km lange Hüggelbahn ist Eigenthum des Georgs-Marien-Bergwerks- und Hüttenvereins. Dieselbe schliesst in Hassbergen an die Venlo-Hamburger Bahn an und führt nach Georgsmarienhütte bezw. nach dem Hüggel (Eisensteinbergwerk). Der Anschluss an die Venlo-Hamburger Eisenbahn ist im Jahre 1870 erfolgt, während die eigentliche Hüggelbahn bereits seit dem Jahre 1865 im Betriebe ist. Die Bahn hat den Zweck, die Erzeugnisse des obengenannten Vereins den allgemeinen Verkehrswegen zuzuführen, auch findet Local-Personenbeförderung statt. Der Sitz der Gesellschaft ist Georgsmarienhütte bei Osnabrück. Das Anlagecapital beträgt 1,371,000 ℳ, welches den Mitteln des Vereins entnommen ist, sodass besondere Anleihen für die Bahn nicht aufgenommen sind.

Peine-Ilseder Bahn.

Die 7,4 km lange Secundärbahn von Peine nach Gross-Ilsede ist Eigenthum der Actiengesellschaft: „Ilseder Hütte." Der Betrieb derselben wurde im Jahre 1865 eröffnet (zunächst Pferdebetrieb und dann seit 1873 Locomotivbetrieb). Der Sitz der Verwaltung ist Gross-Ilsede bei Peine. Die Bahn dient hauptsächlich zur Ueberführung der Güter für die Ilseder Hütte von und nach Station Peine der Strecke Hannover-Braunschweig; es findet jedoch auch ein öffentlicher Verkehr mit Personenbeförderung statt. Das Anlagecapital (Prioritätsanleihen im Betrage von ursprünglich 456,600 ℳ) wurde von einer Gesellschaft Capitalisten dargeliehen und wurden denselben dafür Seitens der Ilseder Hütte 5 % Eisenbahnprioritäten verabfolgt, die indessen Ende 1879 schon bis auf einen Betrag von ℳ 139,800 getilgt waren.

Nordhausen-Erfurter Eisenbahn.

Die Nordhausen-Erfurter Eisenbahn mit dem Sitze der Direction in Nordhausen hat eine Betriebslänge von 78,2 km, von welch' letzteren 9,1 km gepachtet resp. als Strecken anderer Verwaltungen mitbenutzt werden.

Die Bahn, welche den Character einer halben Gebirgsbahn trägt, beginnt in Nordhausen, benutzt bis Wolkramshausen das Planum der zum Verwaltungsbezirke der Königlichen Eisenbahn-Direction zu Frankfurt a. M. gehörigen Bahnstrecke Halle-Cassel und führt nach Ueberschreitung der Wipper nach Sondershausen, der Hauptstadt des Fürstenthums Schwarzburg-Sondershausen. Von dort führt sie über Straussfurt, woselbst die Bahn nach Gross-Heringen abzweigt, in südlicher Richtung weiter und erreicht nach zuvoriger Ueberschreitung der Unstrut den Bahnhof Erfurt, woselbst sie an die Thüringer Stammbahn anschliesst. In Nordhausen, einer sehr gewerbreichen Stadt, an den südlichen Abhängen des Harzes belegen, hat die Bahn ausserdem noch Anschluss an die Strecken Northeim-Nordhausen und Halle-Cassel.

Die Bahn dient dem Güter- wie dem Personenverkehre, Local- und Durchgangsverkehre, wobei die Einnahmen des Güterverkehrs überwiegen. An Gütern gelangen hauptsächlich zum Transport: Kohlen, Branntwein, Getreide, Mühlenfabrikate, Rüben, Zucker, Kartoffeln, Steine.

Anlagecapital.	Nominal-werth in Mark.	Grösse der Stücke Mark.	Zinsen pCt.	Zahlungs-termin.	Verloosung.	Dividenden in den Jahren 1870 bis 1879:	Course am Ende der Jahre 1870 bis 1879:
a. Stamm-Actien	3,750,000	300		im Juni.		Die garantirten 4 %.	64, 79, $76\frac{1}{8}$, $66\frac{5}{8}$, 49, $30\frac{3}{4}$, 26, $16\frac{1}{4}$, $16\frac{1}{10}$, 22 %.
b. Stammprioritäts-Actien	4,500,000	300				1, 0, 0, 0, 0, 0, $1\frac{1}{2}$, $2\frac{2}{15}$, $3\frac{1}{5}$, 5 %.	$63\frac{1}{2}$, $69\frac{1}{2}$, $67\frac{1}{2}$, $54\frac{1}{8}$, $41\frac{5}{8}$, $22\frac{1}{2}$, $29\frac{1}{10}$, $29\frac{3}{4}$, $45\frac{6}{10}$, 85 %.
c. Prioritäts-Obligationen von 1879	2,000,000	1000 500 300	$4\frac{1}{2}$	1/1 1/7	v. 1881 an auf 2. Januar.	Eine früher 5 % Anleihe von 1,200,000 M. ist am 1. Juli 1880 zurückgezahlt.	

Den Stamm-Actien war bis zum Jahre 1880 von den betheiligten Regierungen, Kreisen und Städten eine Dividende von 4 % garantirt, seit dem 1. Januar 1880 hat diese Garantie aufgehört. Die Inhaber der Stammprioritäts-Actien haben ein Anrecht auf 5 % Dividende vor den Stamm-Actien; wird diese Dividende nicht oder nicht voll bezahlt, so findet aus den Erträgnissen der folgenden Jahre eine Nachzahlung statt. Bei Auflösung der Gesellschaft haben die Stammprioritäts-Actien kein Vorzugsrecht vor den Stamm-Actien.

Saal-Unstrut Bahn.

Die Saal-Unstrut Bahn (Gesellschafssitz Cölleda), deren Betrieb der Direction der Nordhausen-Erfurter Eisenbahn zu Nordhausen übertragen ist, hat eine Länge von 52,7 km. Die Bahn hat den Betrieb untergeordneter Bedeutung. Dieselbe zweigt sich in Straussfurt von der Nordhausen-Erfurter Bahn in östlicher Richtung ab und führt nach Ueberschreitung der Unstrut über Sömmerda (berühmt durch seine Gewehrfabrik), Cölleda, Buttstädt und Eckartsberga nach Gross-Heringen, woselbst sie an die Thüringische Stammbahn sowie an die Saalbahn anschliesst. Vor Gross-Heringen wird die Ilm überschritten.

Die Bahn transportirt Personen und Güter, sowohl im localen als auch im Durchgangsverkehr, letzterer Verkehr ist allerdings nicht sehr bedeutend. Im Allgemeinen ist der Güterverkehr vorherrschend.

Den Hauptverkehr bilden: Kohlen, Getreide, Mühlenfabrikate, Kartoffeln, Zucker und Steine. Das Eisenbahnunternehmen ist im Jahre 1877 in Concurs gerathen (Concursverwalter Rechtsanwalt Woelfel in Merseburg) und wird in nächster Zeit durch öffentlichen Verkauf versteigert werden.

Anlagecapital.	Nominal-werth in Mark.	Grösse der Stücke Mark.	Zinsen pCt.	Zahlungs-termin.	Verloosung.	Dividenden in den Jahren	Course am Ende der Jahre 1872 bis 1879:
a. Stamm-Actien	2,280,000	300		i. II. Quart.		ausser den Bauzinsen 0 %.	
b. Stammprioritäts-Actien	4,920,000	300		do.		do.	$67\frac{7}{8}$, 29, $25\frac{1}{2}$, $1\frac{1}{2}$, $2\frac{1}{2}$, —, 3, $9\frac{9}{10}$ %.
c. Prioritäts-Obligationen	2,400,000	300	5	1/1 1/7	im Juli auf 2. Januar.		

Die Inhaber von Stammprioritäts-Actien haben ein Anrecht auf eine Dividende von 5 % vor den Stamm-Actien, eventuell findet aus dem Reinertrage der folgenden Jahre eine Nachzahlung statt. Bei Auflösung der Gesellschaft haben die Stammprioritäts-Actien kein Vorzugsrecht vor den Stamm-Actien.

Die Coupons der Prioritäts-Obligationen sind seit der Concurseröffnung nicht mehr bezahlt worden.

Nordhausen-Erfurter Eisenbahn.

Saal-Unstrut Eisenbahn.

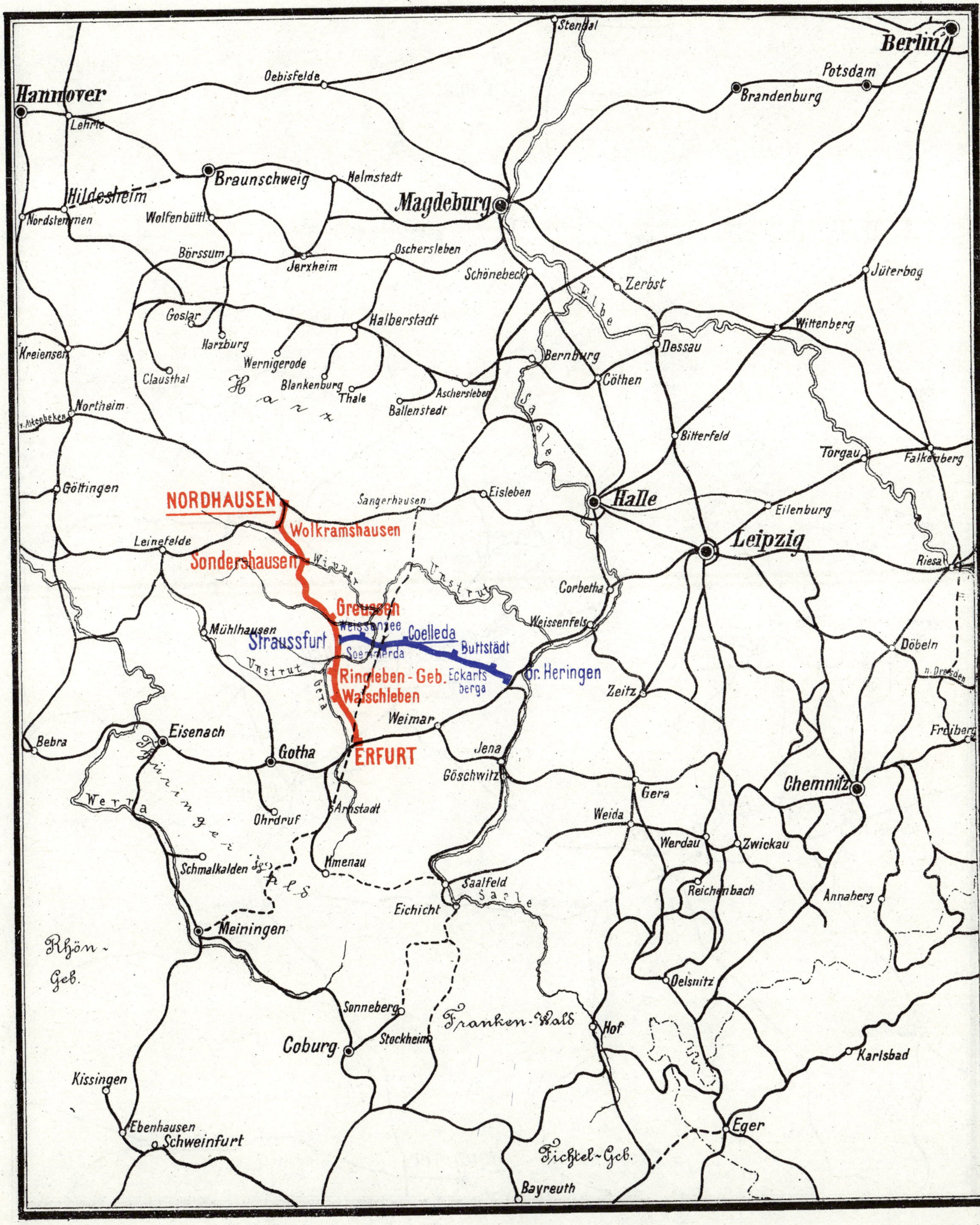

1:1250000

Neumünster-Heide-Tönning. (Westholst. Eisenb.) Wesselburen-Heide.

Kiel-Flensburger Eisenb. Kreis-Oldenburger Eisenb. Westersteder Eisenbahn.

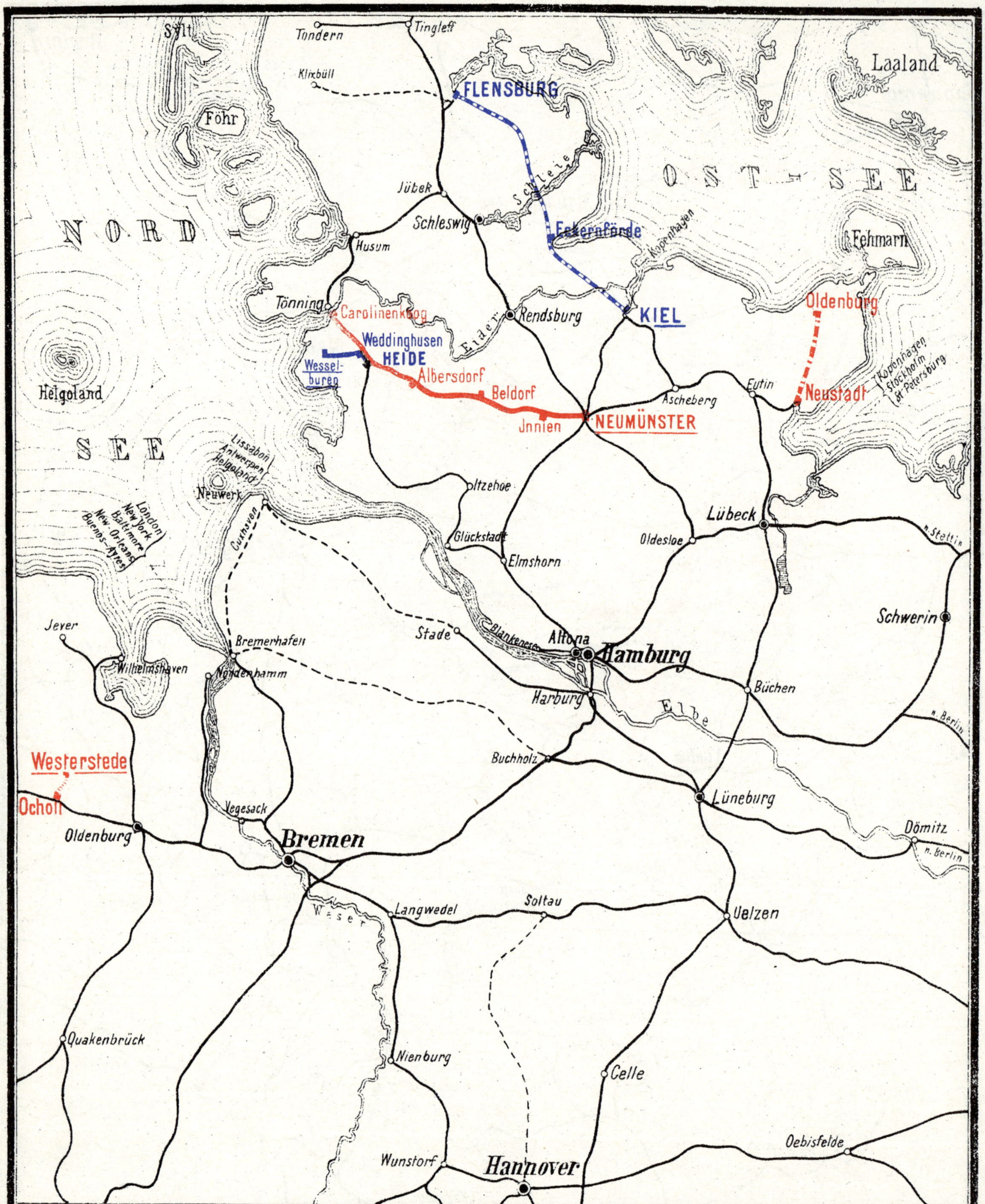

1:1250000

Westholsteinische Eisenbahn.

Das Unternehmen der Westholsteinischen Eisenbahn umfasst die Strecke von Neumünster über Heide nach Carolinenkoog, von wo die Verbindung mit der am anderen Eiderufer belegenen Stadt Tönning mittelst Dampfboots hergestellt wird. Sitz der Direction und Gesellschaft ist Neumünster. Mit dem Bau der Bahn wurde im Jahre 1876 begonnen und die ganze Strecke in einer Länge von 78,5 km im August 1877 dem Betriebe übergeben. Dieselbe hat in Neumünster Anschluss an die Altona-Kieler und in Heide desgleichen an die Holsteinische Marschbahn.

Der Betrieb ist ein secundärer und dehnt sich gleichmässig auf Personen und Güter aus.

Die General-Versammlung vom 19. März 1880 beschloss den Ankauf der Eisenbahn Wesselburen-Heide (siehe unten).

Anlagecapital.	Nominalwerth in Mark.	Grösse der Stücke Mark.	Zinsen pCt.	Zahlungstermin.	Verloosung.	Dividenden in den Jahren:	Course am Ende der Jahre:
a. Stamm-Actien	1,962,300	300		im Juli.		bislang 0 %.	
b. Stammprioritäts-Actien	1,787,700	300		do.		1878/79 4 %.	
c. Prioritäts-Obligationen von 1880	700,000		$4^1/_2$		von 1885 an, theilweise zum Ankauf der Eisenbahn Wesselburen-Heide verwandt.		

Wesselburen-Heider Eisenbahn.

Die vorbenannte Bahn, deren Gesellschaftssitz Wesselburen ist, wird von der Direction der Westholsteinischen Eisenbahn mitverwaltet. Dieselbe trennt sich in Weddinghusen von der Westholsteinischen Linie ab, führt über Tiebensee nach Wesselburen und hat eine Länge von 11 km.

Der Betrieb der im November 1878 zur Eröffnung gelangten Bahn ist ein secundärer, transportirt werden Personen und Güter.

Die Einnahmen des Personenverkehrs überwiegen diejenigen des Güterverkehrs.

Das behandelte Bahnunternehmen ist von der Westholsteinischen Eisenbahngesellschaft käuflich erworben und soll die Uebergabe desselben am 1. Januar 1881 erfolgen.

Anlagecapital.	Nominalwerth in Mark.	Grösse der Stücke Mark.	Zinsen pCt.	Zahlungstermin.	Verloosung.	Dividenden in den Jahren:	Course am Ende der Jahre:
a. Stamm-Actien	300,000	300				bislang 0 %.	
b. Stammprioritäts-Actien	300,000	300				do.	

Die Einlösung der Stamm-Actien geschieht durch die Westholsteinische Eisenbahn-Gesellschaft zum Course von 60 %, diejenige der Stammprioritäts-Actien zum Course von 85 %. Der Gesammtkaufpreis beträgt demnach 435,000 M.

Kiel-Flensburger Eisenbahn.

Die vorbezeichnete Bahn mit dem Gesellschaftssitz in Kiel ist z. Z. im Bau begriffen.

Dieselbe beginnt in Kiel im Anschluss an die Altona-Kieler Bahn und läuft von dort in nordwestlicher Richtung über Gettorf nach Eckernförde; im Weiterverlaufe wird bei Stubbe die Schlei überschritten und führt die Bahn sodann durch den District Angeln über Süderbrarup und Sörup nach Flensburg, woselbst Anschluss an die Schleswigsche Eisenbahn stattfindet.

Die Bahn, welche für secundären Betrieb ausgebaut wird, soll sowohl dem Personen- wie dem Güterverkehre dienen. In den berührten Districten wird hauptsächlich Viehzucht, Milchwirthschaft und Ackerbau getrieben. Die Länge der Bahn beträgt 77,2 km.

Anlagecapital.	Nominalwerth in Mark.	Grösse der Stücke Mark.	Zinsen pCt.	Zahlungstermin.	Verloosung.	Dividenden in den Jahren:	Course am Ende der Jahre:
a. Stamm-Actien	2,100,000	500		im II. Sem.		4 % Bauzinsen.	
b. Stammprioritäts-Actien	2,100,000	500		do.		4 % Bauzinsen.	

Nach Fertigstellung der Bahn haben die Inhaber von Stamm-Actien ein Anrecht auf eine Dividende von 4 % vor den Stammprioritäts-Actien; eine Nachzahlung findet eventuell nicht statt.

Der Preussische Staat ist bei dem Unternehmen mit einer Summe von 698,000 M., theils in Stamm-Actien, theils in Stammprioritäts-Actien betheiligt.

Kreis-Oldenburger Eisenbahn.

Mit dem Bau dieser von Neustadt an der Lübecker Bucht bis nach Oldenburg in Holstein führenden Bahn ist nunmehr begonnen worden. Die Bahn, welche den Betrieb der Bahnen untergeordneter Bedeutung erhalten soll, ist 23 km lang und hat in Neustadt Anschluss an die Altona-Kieler Eisenbahnstrecke Neumünster-Neustadt; letztere Verwaltung leitet auch die Bauausführung.

Das aus Stammactien à 500 M. bestehende Anlagecapital von 1,200,000 M. ist aufgebracht durch Betheiligung des Preussischen Staates mit 188,000 M., des Kreises Oldenburg mit 600,000, der Altona-Kieler Eisenbahngesellschaft mit 400,000 und von Privaten mit 12,000 M.

Westersteder Eisenbahn.

Der Verwaltungssitz dieser 7 km langen Secundärbahn, welche am 1. September 1876 eröffnet wurde ist Westerstede im Grossherzogthum Oldenburg. Die Bahn hat den Zweck, dem Flecken Westerstede, welcher durch die Richtung der Traçe Oldenburg-Leer eine isolirte Lage erhalten hatte, den allgemeinen Verkehrsstrassen wieder näher zu bringen. Dieselbe zweigt in Ocholt von der Oldenburgischen Staatsbahnstrecke Bremen-Leer ab und führt nach Westerstede.

Den Betrieb führt die Grossherzogliche Eisenbahn-Direction zu Oldenburg und finden sowohl Personen- als auch Gütertransporte statt. Der Personenverkehr ist überwiegend.

Anlagecapital.	Nominalwerth in Mark.	Grösse der Stücke Mark.	Zinsen pCt.	Zahlungstermin.	Verloosung.	Dividenden in den Jahren 1877 bis 1879:	Course am Ende der Jahre:
a. Stamm-Actien Lit. B.	58,800	300		unbestimmt.		1/3, 3/8, 0 %.	
b. Prioritäts-Actien Lit. A.	45,000	300		do.		5, 5, 5 %.	
c. Prioritäts-Obligationen	90,000	300	$4^1/_2$	1/1 1/7	Die Rückzahlung erfolgt zum Course von 105 %.		

Die Inhaber von Prioritäts-Actien haben ein Anrecht auf eine Dividende von 5 % vor den Stamm-Actien.

Die Zinsen der Prioritäts-Anleihe sind von der Oldenburgischen Regierung garantirt.

Die Gemeinde Westerstede hat zur Herstellung des Bahnkörpers 30,000 M. à fond perdu hergegeben.

Oberschlesische Eisenbahn.

Die Oberschlesische Eisenbahn umfasst in ihrer gegenwärtigen Zusammensetzung (Gesammtlänge 1582 km) die Complexe mehrerer nach und nach zu einem ganzen vereinigten Eisenbahn-Unternehmungen und zwar diejenigen der Oberschlesischen, der Neisse-Brieger, der Wilhelms-Eisenbahn (Cosel-Oderberg), der Niederschlesischen Zweig-Eisenbahn und der Stargard-Posener Eisenbahn. Die Verwaltung des gesammten Unternehmens ist zufolge des unter dem 17. September 1856 zwischen der Königlich-Preussischen Staatsregierung und der Gesellschaft abgeschlossenen Vertrages auf den Staat übergegangen und wird von der Königlichen Direction der Oberschlesischen Eisenbahn zu Breslau für Rechnung der Actiengesellschaft geleitet.

Die Oberschlesische Eisenbahn erstreckt sich bezüglich ihrer Hauptrichtung von Süden nach Norden und reicht in ihrer weitesten Entfernung von der Oesterreichisch-Schlesischen Grenze bei Oderberg bezw. Oswiecim bis nach Stargard in Pommern. Diese Linie, welche von Stargard über Kreuz, Posen, Lissa, Breslau, Brieg, Oppeln und Kattowitz bezw. Cosel und Ratibor führt, durchschneidet die Provinzen Pommern und Posen sowie die Provinz Schlesien in ihrer ganzen Länge und erstreckt ein umfangreiches Netz von Zweigbahnen in die Oberschlesischen Berg- und Hüttenreviere. An bedeutenderen Nebenlinien sind ausserdem noch zu nennen: die Bahn von Posen nach Bromberg bezw. Thorn, von Lissa über Glogau und Sprottau nach Sorau bezw. Hansdorf; von Breslau über Strehlen und Camenz nach Mittelwalde; von Camenz bezw. Brieg über Neisse, Neustadt, Leobschütz nach Jägerndorf; von Deutsch-Rasselwitz über Cosel und Gleiwitz nach Kattowitz u. s. w. Ausserdem besitzt die Bahn noch eine grössere Anzahl schmalspuriger Zweigbahnen in den oberschlesischen Industriegegenden, welche als ein besonderer an die Hauptbahn sich anschliessender Complex zu betrachten ist.

Die Oberschlesische Eisenbahn transportirt Personen und Güter; sie vermittelt den nicht unbedeutenden Localverkehr der berührten Gegenden, hat lebhaften directen Verkehr mit fremden Verwaltungen sowie einen regen Durchgangsverkehr, welcher ihr von Nachbarbahnen zugeführt resp. abgenommen wird. Die Erträgnisse des Güterverkehrs sind bedeutend überwiegend. An Gütern gelangen hauptsächlich zum Transport: Steinkohlen, Getreide, Holz, Steine, Kalk, Erze, Eisen, Kokes u. s. w. Die frequentesten Stationen sind im Allgemeinen für den Personenverkehr: Breslau, Posen, Kattowitz, Gleiwitz, Beuthen u. s. w., und für den Güterverkehr: Königshütte, Morgenroth, Breslau, Zabrze u. s. w. Die oberschlesischen schmalspurigen Zweigeisenbahnen, welche theils mit Locomotiven theils mit Pferden befahren werden, transportiren hauptsächlich Steinkohlen, Eisenerz, Galmei, Kalksteine u. s. w.

Anlagecapital.	Nominalwerth in Mark.	Grösse der Stücke Mark.	Zinsen pCt.	Zahlungstermin.	Verloosung.	Dividenden in den Jahren 1870 bis 1879:	Course am Ende der Jahre 1870 bis 1879:
a. Stamm-Actien Lit. A C D E	94,380,900	300		1 3/4 % am 1/7, 1 3/4 % am 1/1, Superdivid. im April.		12 2/3, 13 2/3, 13 2/3, 13 2/3, 12, 10 1/2, 9 2/3, 8 1/2, 8 1/2, 9 3/5 %.	174 7/8, 214 7/8, 228 1/2, 186 3/8, 162 1/4, 150, 133 6/10, 121 9/10, 125 1/2, 179 1/4 %.
do Lit. B.	7,200,000	300	(3 1/2 vom Staat garant.)		Die Actien Lit. B. werden am 1. Juli verloost und am 15. Decbr. alpari zurückbez.	ebenso.	158, 192 1/4, 205, 168 7/8, 151, 137 1/2, 125, 116 1/4, 118 6/10, 153 %.
b. Prioritäts-Obligationen							Course am Ende der Jahre:
Prior.-Actien Lit. A.	1,110,900	300	4	1/1 1/7	im April auf 1. Juli.		1870 bis 1879: 82, 92 1/2, 89, 90 3/4, 92 1/2, 91 1/2, 92 1/2, 93, 93 1/2, 97 %.
Prior.-Actien Lit. B.	3,829,800	300	3 1/2	1/1 1/7	do.		do. 75, 83, 83, 82 7/8, 86, 84, 85, 85, 86, 89 6/10 %.
Emission Lit. C. v. 1851	3,000,000	300	4	1/1 1/7	do.		do. 81 1/8, 93, 88 1/2, 91, 92 1/2, 91 3/10, 91 1/4, 91 1/4, 93, 97 %.
„ „ D. „ 1853	19,500,000	3000 1500 300	4	1/1 1/7	do.		do. 81 1/8, 93, 88 1/2, 90 7/8, 92 1/2, 91, 91 1/4, 91 1/4, 93, 97 %.
„ „ E. „ 1853	24,000,000	3000 1500 300	3 1/2 (v. Staat garantirt).	1/4 1/10	im Juli auf 1. Octobr.		do. 73, 83, 83 1/2, 82, 85 1/2, 86, 84 1/2, 84 1/2, 86 1/4, 90 %.
„ „ F. I. Ser.	12,134,700	3000 1500 300	4 1/2 (3 1/2 v. St. gar.)	1/4 1/10	do.		do. 88 5/8, 100, 99, 100, 100 5/8, 99 3/4, 101, 101, 100 1/2, 102 1/2 %.
„ „ F. II. „	615,300	300	4 1/2 (3 1/2 v. St. gar.)	1/4 1/10	do.		do. ebenso.
„ „ G. v. 1866	18,000,000	3000 1500 300	4 1/2	1/1 1/7	im Juli auf 2. Januar.		do. 87 1/2, 100, 98 1/2, 99 1/4, 99 1/2, 97 3/4, 98 3/4, 97 3/10, 100 1/10, 102 %.
„ „ H. v. 1868	39,000,000	3000 1500 300	3 1/2 (4 % v. St. bis 1883 garant.	1/1 1/7	do.		do. 87, 99 1/2, 98, 100, 100 1/2, 101 1/4, 101 8/10, 100 8/10, 101 1/4, 102 3/10 %.
Neisse-Brieger Prior.	3,600,000	3000 1500 500	4 1/2	1/1 1/7	im Juli auf 2. Januar.		do. 86, 99, 98, 98 3/4, 98 1/2, 96 3/4, 96 1/2, 97 1/2, 98 3/4, 101 1/4 %.
Niederschl. Zweigb. Prior.	6,900,000	3000 1500 300	3 1/2	1/1 1/7	von 1883 an do.		1873 bis 1879: 79 3/4, 80, 75 1/4, 76, 77 1/2, 79, 87 %.
Emission von 1873	20,100,000	3000 1500 300	4	1/1 1/7	im Juli auf 2. Januar.		1874 bis 1879: 92, 91, 90, 90 8/10, 92, 96 7/10 %.
„ „ 1874	15,000,000	3000 1500 300	4 1/2	1/1 1/7	do.		do. 98 1/4, 96 3/4, 97 1/2, 99, 100 1/4, 102 %.
„ „ 1879	55,954,000	versch.	4 1/2	1/1 1/7	von 1890 an do.		1879: 102 1/2 %.
„ „ 1880	19,068,000	do.	4 1/2	1/1 1/7	von 1885 an do.		
Stargard-Posener Act.	15,000,000	300	4 1/2 (3 1/2 % v. Staat garant.	1/1 1/7	im Juli auf 2. Januar.		1870 bis 1879: 92, 99, 99 7/8, 100 1/2, 101 1/8, 100 1/2, 100 3/4, 100 1/2, 101 3/4, 102 4/10 %.
do Priorit. I.	1,500,000	300 150	4	1/4 1/10	im Juni auf 1. Octobr.		do. 80, 91 1/2, 88, 90 3/4, 92 1/2, 92, 93, 92 1/2, 93, 97 %
do do. II.	1,800,000	300	4 1/2	1/4 1/10	do.		do. 88 1/4, 99 1/2, 98 1/2, 100, 99 5/8, 99 3/4, 99, 99 7/10, 101, 101 8/10 %.
do. do. III.	3,600,000	300	4 1/2	1/4 1/10	do.		do. ebenso.
	263,712,700	Gesammtsumme der Prioritäten incl. der Stargard-Posener Actien.					

Märkisch-Posener Eisenbahn

siehe Seite 24.

Oberschlesische Eisenbahn.
Märkisch-Posener Eisenbahn.

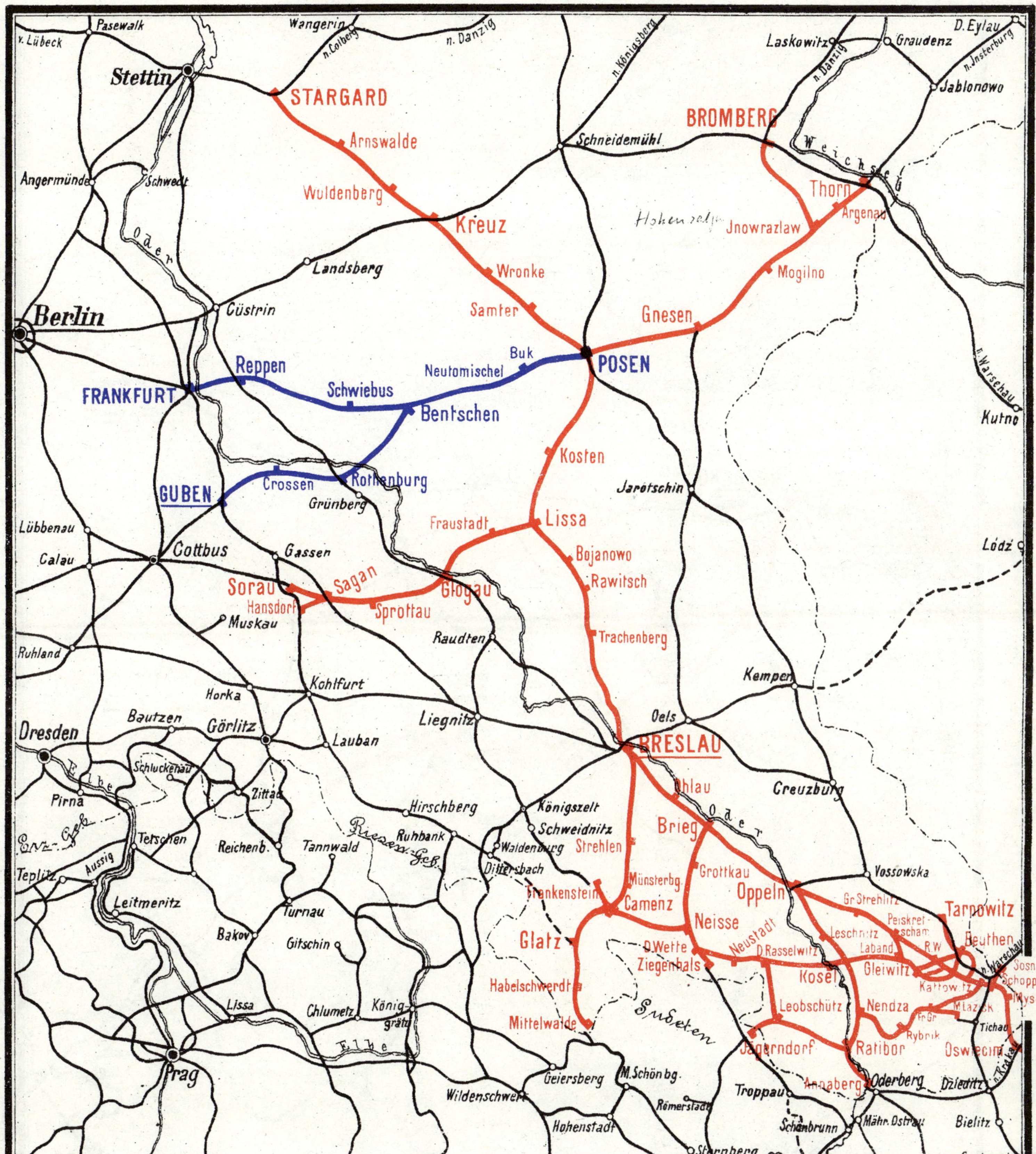

1:2000000

Ostpreussische Südbahn.

Tilsit-Insterburger Eisenbahn.

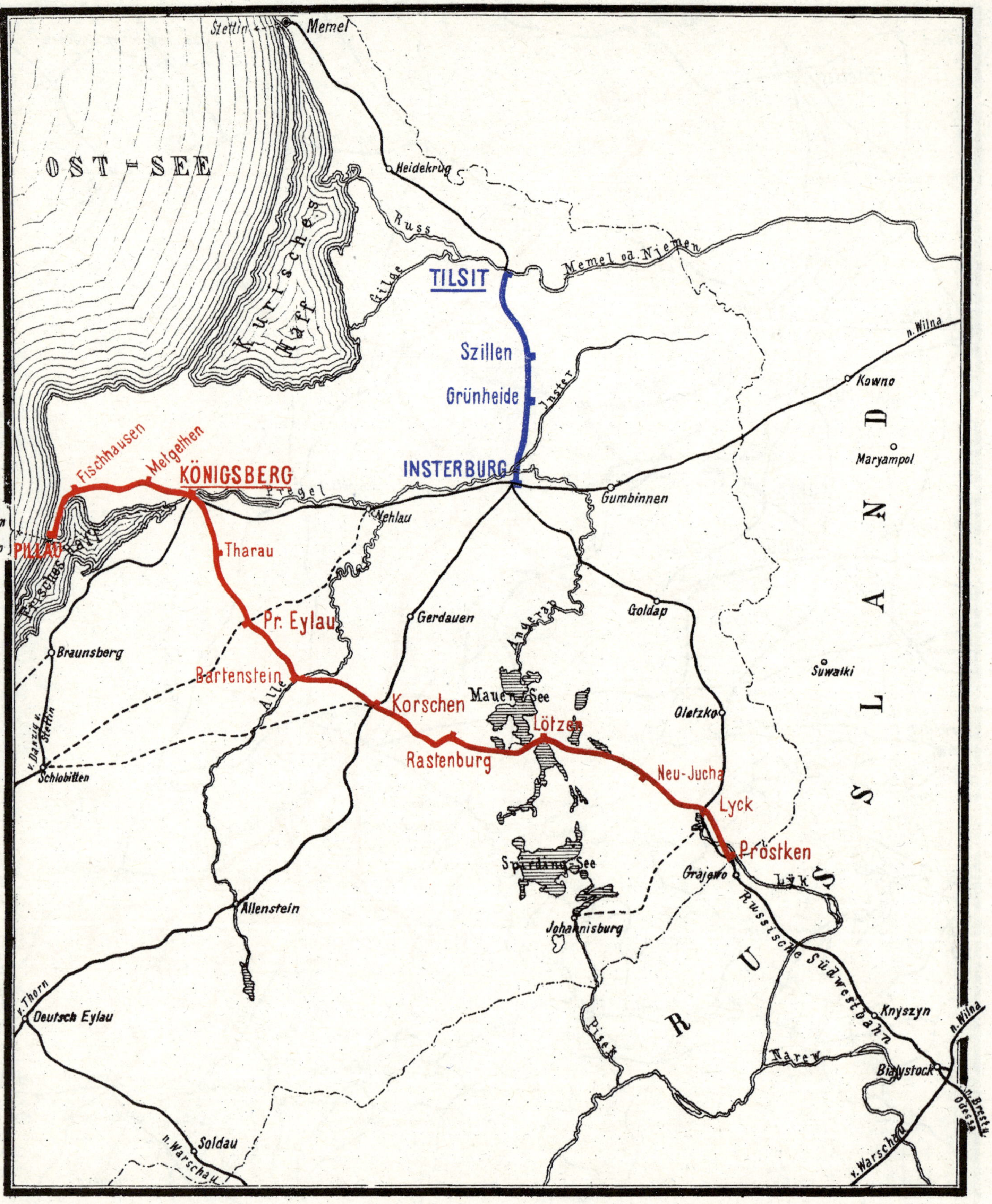

1:1250000.

Märkisch-Posener Eisenbahn.

Karte Seite 23.

Die Märkisch-Posener Eisenbahn, deren Betrieb durch die in Guben domicilirende Direction geleitet wird, umfasst die Linien von Frankfurt a. d. Oder über Reppen, Sternberg, Schwiebus und Bentschen nach Posen mit der Zweigbahn von Guben über Crossen (kleine industrielle Stadt an der Oder) und Züllichau nach Bentschen in einer Länge von zusammen 272 km und ist in seiner ganzen Ausdehnung im Jahre 1870 dem Betriebe übergeben worden.

Dieselbe hat in Frankfurt a. d. Oder, Posen und Guben zahlreiche Anschlüsse fremder Bahnen und wird in Reppen und Rothenburg von der Breslau-Freiburg-Schweidnitzer Bahn (Linie Breslau-Stettin) gekreuzt.

An wichtigeren Flüssen werden berührt resp. überschritten die Oder, die Neisse und der Bober.

Die Bahn dient unbeschränkt dem Personen- und dem Güterverkehre im Local- und Durchgangsverkehre, wobei die Einnahmen des Güterverkehrs bedeutender sind. Zu den für den Transport bestimmten Erzeugnissen der berührten Gegenden gehören insbesondere Getreide, Spiritus, Kartoffeln, Hopfen und Holz.

Anlagecapital.	Nominal-werth in Mark.	Grösse der Stücke Mark.	Zinsen pCt.	Zahlungs-termin.	Verloosung.	Dividenden in den Jahren 1871 bis 1879:	Course am Ende der Jahre 1871 bis 1879:
a. Stamm-Actien	21,750,000	300		im Mai.		0 %.	$49\frac{7}{8}$, $51\frac{3}{4}$, $39\frac{3}{4}$, $26\frac{7}{8}$, $18\frac{1}{2}$, $11\frac{3}{4}$, $11\frac{7}{10}$, 17, $24\frac{1}{2}$ %.
b. Stammprioritäts-Actien	21,750,000	600		do.	event. i. April zum 1. Juli.	5, $2\frac{1}{3}$, 0, 0, $3\frac{1}{2}$, $3\frac{3}{4}$, $4\frac{1}{2}$, 5, 5 %.	76, $77\frac{1}{4}$, 68, $62\frac{3}{4}$, $62\frac{4}{10}$, $63\frac{1}{4}$, $68\frac{1}{2}$, $86\frac{8}{10}$, $97\frac{3}{4}$ %.
c. Prioritäts-Obligationon conv.	3,000,000	1500 300	$4\frac{1}{2}$	$^1/_1$ $^1/_7$	event. i. April auf 1. Juli.		$100\frac{7}{8}$, $101\frac{1}{2}$, $102\frac{1}{2}$, $100\frac{1}{2}$, $101\frac{1}{2}$, 101, $101\frac{1}{2}$, $100\frac{1}{2}$, 101 %.

Die Inhaber von Stammprioritäts-Actien haben ein Anrecht auf eine Dividende von 5 % vor den Stamm-Actien; eventuell findet aus dem Reinertrage der folgenden Jahre eine Nachzahlung statt. Bei Auflösung der Gesellschaft geniessen die Stammprioritäts-Actien ein Vorzngsrecht vor den Stamm-Actien.

Ostpreussische Südbahn.

Die Ostpreussische Südbahn mit dem Sitze der Direction in Königsberg i. P. hat eine Länge von 242 km. Dieselbe geht aus von dem Seehafen Pillau, überschreitet bei der Hauptstadt der Provinz Ostpreussen, Königsberg, den bis zu dieser Stadt auch für Seedampfer schiffbaren Hauptfluss, den Pregel, und erreicht, nachdem sie die Städte Pr. Eylau, Bartenstein, Rastenburg, Lötzen und Lyck berührt hat, bei der Endstation Prostken die russische Grenze. Sie steht im Anschlussverkehr mit der Königlichen Ostbahn auf den Stationen Königsberg, Korschen und Lyck und schliesst in Prostken resp. Grajewo (der Russischen Grenzstation) an das Netz der Russischen Südwestbahnen, deren Linien theils direct theils indirect den Verkehr mit den grossen und fruchtbaren Gebieten Südrusslands sowie auch Galiziens vermitteln.

Die Ostpreussische Südbahn und Russische Südwestbahn bilden die nächste Verbindung zwischen der Ostsee und dem Schwarzen Meere. Die Ostpreussische Südbahn dient sowohl dem Personen- als dem Güterverkehre, jedoch ist letzterer bedeutend überwiegend, insbesondere in seinen internationalen Beziehungen.

Anlagecapital.	Nominal-werth in Mark.	Grösse der Stücke Mark.	Zinsen pCt.	Zahlungs-termin.	Verloosung.	Dividenden in den Jahren 1870 bis 1879:	Course am Ende der Jahre 1870 bis 1879:
a. Stamm-Actien	13,500,000	600		i. II. Quart.		ausser den Bauzinsen 0 %.	$29\frac{1}{4}$, $42\frac{1}{2}$, $42\frac{1}{8}$, $30\frac{5}{8}$, $38\frac{1}{8}$, $22\frac{1}{2}$, $19\frac{3}{10}$, $27\frac{1}{2}$, $39\frac{1}{2}$, 60 %.
b. Stammprioritäts-Actien	13,500,000	600		do.		5, 5, 5, 5, $3\frac{1}{2}$, 5, 5, 5, 5, 5 %. zum Theil durch spätere Nachzahlungen.	$57\frac{7}{8}$, $67\frac{5}{8}$, $63\frac{3}{4}$, $63\frac{1}{2}$, $76\frac{1}{4}$, $67\frac{3}{4}$, 72, $84\frac{1}{4}$, $88\frac{9}{10}$, 98 %.
c. Prioritäts-Obligationen convertirt.							
I. Emission von 1867	12,000,000	1500 300	$4\frac{1}{2}$	$^1/_1$ $^1/_7$	im April auf 1. Juli.	Die Anleihe war bis 1. Juli 1878 à 5 %. 1878 und 1879: $99\frac{4}{10}$, $100\frac{8}{10}$ %.	
II. „ „ 1870	4,200,000	1500 300	$4\frac{1}{2}$	$^1/_1$ $^1/_7$	do.	do. „ 1. Juli 1879 à 5 %. 1879: $100\frac{8}{10}$ %.	
III. „ „ 1873	3,000,000	1500 300	$4\frac{1}{2}$	$^1/_1$ $^1/_7$	do.	do. „ 1. Juli 1879 à 5 %. 1879: $100\frac{8}{10}$ %.	
IV. „ „ 1877	3,000,000	2000 500	$4\frac{1}{2}$	$^1/_1$ $^1/_7$	do.	do. „ 1. Juli 1880 à 5 %.	

Die Inhaber von Stammprioritäts-Actien haben ein Anrecht auf eine Dividende von 5 % vor den Stamm-Actien; eventuell findet aus dem Reinertrage der folgenden Jahre eine Nachzahlung statt. Bei Liquidation der Gesellschaft haben die Stammprioritäts-Actien ein Vorzugsrecht vor den Stamm--Actien.

Tilsit-Insterburger Eisenbahn.

Die 54 km lange Tilsit-Insterburger Eisenbahn mit dem Verwaltungssitze in Tilsit verbindet die beiden Städte Tilsit und Insterburg zum Anschlusse an die Königlich Preussische Ostbahn in letzterem Orte.

Mit dem Bau derselben wurde im Jahre 1863 begonnen und sodann der Betrieb im Jahre 1865 eröffnet. Sie hat den Zweck, die Stadt Tilsit, welche durch die Erbauung der Königlichen Ostbahn nach der Russischen Grenze bei Eydtkuhnen ihren bisherigen Verkehr nach Russland verloren hatte, wieder in angemessene Verkehrsbeziehungen zu bringen.

Die Bahn, an welcher nur die unbedeutenden Orte Grünheide und Szillen liegen, diente von Hause aus nur dem Localverkehre und vermittelte ausserdem für wenige Producte, namentlich für in Tilsit verarbeitete Hölzer, welche auf dem Memelstrome von Russland eingeführt werden, einen weiter reichenden Güterverkehr.

Durch die für Rechnung des Preussischen Staates im Jahre 1875 vollendete Weiterführung der Bahn von Tilsit nach Memel ist bei dem beschränkten Verkehrsgebiete auch dieser Linie und bei den geringen überseeischen Handelsbeziehungen der Hafenstadt Memel ein erheblich vergrösserter Verkehr für die Tilsit-Insterburger Bahn nicht entstanden und wohl auch nicht früher zu erwarten, bis nicht die ursprüngliche Idee eines Ausbaues der Linie Tilsit-Tauroggen-Riga, der alten Handelsstrasse, realisirt werden wird.

Transportirt werden Personen und Güter, von letzteren namentlich Getreide, Hülsenfrüchte, Holz, Flachs etc.

Anlagecapital.	Nominal-werth in Mark.	Grösse der Stücke Mark.	Zinsen pCt.	Zahlungs-termin.	Verloosung.	Dividenden in den Jahren 1870 bis 1879:	Course am Ende der Jahre 1870 bis 1879:
a. Stamm-Actien	4,600,200	300		i. II. Quart.		bislang 0 %.	—, —, 37, —, $27\frac{7}{8}$, 23, $13\frac{1}{4}$, $14\frac{3}{4}$, $17\frac{1}{4}$, $19\frac{1}{2}$ %.
b. Stammprioritäts-Actien	4,666,800	600		do.		$1\frac{1}{6}$, $1\frac{1}{20}$, $1\frac{1}{4}$, 2, $2\frac{6}{10}$, 3, 4, $3\frac{9}{10}$, 4, $3\frac{1}{10}$ %.	—, $64\frac{3}{4}$, $65\frac{5}{8}$, 57, $71\frac{7}{8}$, $68\frac{1}{4}$, $61\frac{4}{10}$, $70\frac{1}{4}$, $75\frac{7}{10}$, $81\frac{3}{4}$ %.
c. Prioritäts-Obligationen	900,000	1500 300	$4\frac{1}{2}$	$^1/_1$ $^1/_7$	im April auf 1. Juli.		

Die Inhaber von Stammprioritäts-Actien haben ein Anrecht auf eine Dividende von 5 % vor den Stamm-Actien; eventuell findet aus dem Reinertrage der folgenden Jahre eine Nachzahlung statt. Bei Liquidation der Gesellschaft haben die Stammprioritäts-Actien ein Vorzugsrecht vor den Stamm-Actien.

Pfälzische Eisenbahnen.

Die Pfälzischen Eisenbahnen bilden eine Vereinigung der ehemals getrennten Bahnstrecken der Ludwigsbahn (Ludwigshafen-Bexbach), der Maximiliansbahn und der Pfälzischen Nordbahnen. Der Verwaltungssitz des Unternehmens ist Ludwigshafen, und wurde die erste Theilstrecke bereits im Jahre 1847 eröffnet.

Die Ludwigsbahn umfasst zunächst die Hauptbahn von der Preussischen Grenze bei Bexbach über Homburg, Landstuhl, Kaiserslautern, Neustadt, Schifferstadt, Ludwigshafen, Frankenthal bis zur Hessischen Landesgrenze bei Worms und sind an wichtigeren Zweiglinien derselben zu nennen die Bahnen von Homburg nach Zweibrücken, von Schwarzenacker nach St. Ingbert, von Schifferstadt über Speyer nach Germersheim, von Landau über Annweiler nach Zweibrücken.

Die Hauptbahn der Maximiliansbahn führt von Neustadt a. d. Haardt über Edenkoben und Landau bis zur reichsländischen Grenze bei Weissenburg mit den wichtigeren Zweigbahnen von Landau nach Germersheim, von Germersheim über Wörth nach Lauterburg, von Winden nach Maxau u. s. w.

Die Nordbahnen umfassen u. A. die Alsenzbahn von Münster a. Stein (Station der Rhein-Nahebahn) über Alsenz, Rockenhausen nach Hochspeyer, von Landstuhl nach Cusel, von Monsheim über Dürkheim nach Neustadt a. d. Haardt, von Kirchheimbolanden nach Kaiserslautern u. s. w.

Die Bahnstrecken beherrschen ausschliesslich das Gebiet der Bayerischen Rheinpfalz, deren gesegnete und theilweise höchst romantische Fluren sie nach allen Richtungen durchziehen. Berührt werden der Rhein und die Gebirgszüge der Haardt mit dem Donnersberge.

Die Bahn bildet ein wichtiges Glied des linksrheinischen Bahnnetzes und hat vermittelst ihrer Anschlussbahnen (Rhein-Nahe-Bahn, Hessische Ludwigsbahn, Saarbrücker Bahn, Badische Staatsbahn, Reichsbahnen) einen lebhaften directen bezw. Durchgangsgüterverkehr. Der Personenverkehr, dessen Erträgnisse hinter denjenigen des Güterverkehrs weit zurückbleiben, ist mehr ein localer. An Gütern gelangen hauptsächlich zum Transport: Kohlen, Holz, Getreide, Erze, Düngmittel etc.

a) Ludwigsbahn (Ludwigshafen-Bexbach).

Anlagecapital.	Nominalwerth in Mark.	Grösse der Stücke Mark.	Zinsen pCt.	Zahlungstermin.	Staatsgarantie der Bayer. Regierung.	Dividenden in den Jahren 1870 bis 1879:	Course am Ende der Jahre 1870 bis 1879:
a. Stamm-Actien = Südd. Fl.	19,986,857 11,659,000	857 =Fl. 500		2% am 1/7, 2% am 1/1, Superdivid. im II. Q.	mit 9% p. a. garantirt bis zum Jahre 1904.	9 9/10, 11 3/4, 11, 9, 9, 9, 9, 9, 9, 9 %.	163 1/2, 200, 200 1/4, 191 1/2, 182 3/4, 180, 180 1/4, 181 3/10, 183 1/4, 194 1/4 %.
b. Prioritäts-Obligationen					Verloosung.		Course am Ende der Jahre:
I. Anleihe von 1848	3,428,572	versch.	4	1/4 1/10	im Juni auf 1. Octobr.		1870 bis 1879: —, 93 1/2, 91 1/4, 92 3/8, 95, 93 1/2, 94, 94 1/4, 94 7/8, 97 1/2 %.
II. „ „ 1852	857,143	do.	4	1/4 1/10	do.		do. ebenso.
III. „ „ 1856	1,200,000	do.	4	1/4 1/10	do.		do. ebenso.
IV. „ „ 1858	1,371,428	do.	4 1/2	1/4 1/10	do.		do. 95, 99 3/4, 99 5/8, 101 1/8, 100 5/8, 99 3/4, 99 7/8, 100 3/8, 101, 101 1/2 %
V. „ „ 1861	1,542,857	do.	4	1/4 1/10	do.		do. ebenso wie Anleihe I.
VI. „ „ 1862	5,862,857	do.	4	1/4 1/10	do.		do. ebenso.
VII. „ „ 1865	1,200,000	do.	4	1/4 1/10	do.		do. ebenso.
VIII. „ „ 1869	3,428,572	do.	4 1/2	1/4 1/10	do.		1872 bis 1879: 102, 103 1/4, 104, 103 1/2, 105 1/4, 100 3/8, 101, 101 1/2 %.
IX. „ „ 1871	6,000,000	do.	4 1/2	1/4 1/10	do.		do. ebenso.
X. „ „ 1872	17,142,857	do.	4 1/2	1/4 1/10	do.		do. ebenso.
XI. „ „ 1875	12,771,000	do.	4 1/2	1/4 1/10	do.		1875 bis 1879: 99 1/2, 100, 101, 101 7/8, 102 1/8 %.
XII. „ „ 1879	2,715,000	do.	4	1/4 1/10	von 1881 an.		
Gesammtsumme der Oblig.	57,520,286						

Auch die Zinsen der Prioritätsobligationen sind von der Bayerischen Regierung bis zum Jahre 1904 garantirt.

b) Maximiliansbahn.

Anlagecapital.	Nominalwerth in Mark.	Grösse der Stücke Mark.	Zinsen pCt.	Zahlungstermin.	Staatsgarantie der Bayer. Regierung.	Dividenden in den Jahren 1870 bis 1879:	Course am Ende der Jahre 1870 bis 1879:
a. Stamm-Actien = Südd. Fl.	11,614,286 6,775,000	857 =Fl. 500		2 1/4 % am 1/7, 2 1/4 % am 1/1, Superdivid. im II. Quart.	mit 5 1/2% p. a. garantirt bis zum Jahre 1904.	6 2/5, 8 1/4, 7 1/2, 5 1/2, 5 1/2, 5 1/2, 5 1/2, 5 1/2, 5 1/2, 5 1/2 %.	108, 143 3/4, 145 1/2, 129, 115 1/2, 115 3/8, 114 3/4, 113 7/8, 114 3/4, 121 7/8 %.
b. Prioritäts-Obligationen					Verloosung.		Course am Ende der Jahre:
I. Anleihe von 1871	4,285,714	versch.	4 1/2	1/4 1/10	im Juni auf 1. Octobr.		1875 bis 1879: 99 3/4, 99 5/8, 99 1/2, 100 3/4, 101 1/4 %.
II. „ „ 1874	6,860,400	do.	4 1/2	1/4 1/10	do.		do. 100, 99 3/4, 100 3/8, 101 5/8, 101 3/4 %.
III. „ „ 1876	3,102,000	do.	4 1/2	1/4 1/10	do.		do. ebenso.

Auch die Zinsen der Prioritätsobligationen sind von der Bayerischen Regierung bis zum Jahre 1904 garantirt.

c) Nordbahnen.

Anlagecapital.	Nominalwerth in Mark.	Grösse der Stücke Mark.	Zinsen pCt.	Zahlungstermin.	Staatsgarantie der Bayer. Regierung.	Dividenden in den Jahren 1870 bis 1879:	Course am Ende der Jahre 1870 bis 1879:
a. Stamm-Actien = Südd. Fl.	18,668,571 10,890,000	857 =Fl. 500		2% am 1/7, 2% am 1/1, Superdivid. im II. Quart.	mit 4% p. a. garantirt bis zum Jahre 1904.	4 9/10, 6 3/4, 6, seitdem 4 %.	86 3/4, 124, 125, —, 95, 93 5/8, 90, 86, 85 1/2, 92 5/8 %.
b. Prioritäts-Obligationen					Verloosung.		Course am Ende der Jahre:
I. Anleihe von 1871	16,203,428	versch.	4 1/2	1/4 1/10	im Juni auf 1. Octobr.		1874 bis 1879: 99 1/8, 100 1/2, 100 3/4, 99 1/8, 100 1/2, 101 %.
II. „ „ 1876	5,948,500	do.	4 1/2	1/4 1/10	do.		1876 bis 1879: 100, 99 3/4, 101 1/2, 101 3/4 %.
III. „ „ 1880	4,300,000	do.	4	1/4 1/10	do.		

Auch die Zinsen der Prioritätsobligationen sind von der Bayerischen Regierung bis zum Jahre 1904 garantirt.

Pfälzische Eisenbahnen.

a, Ludwigsbahn – b, Maximiliansbahn – c, Nordbahn.

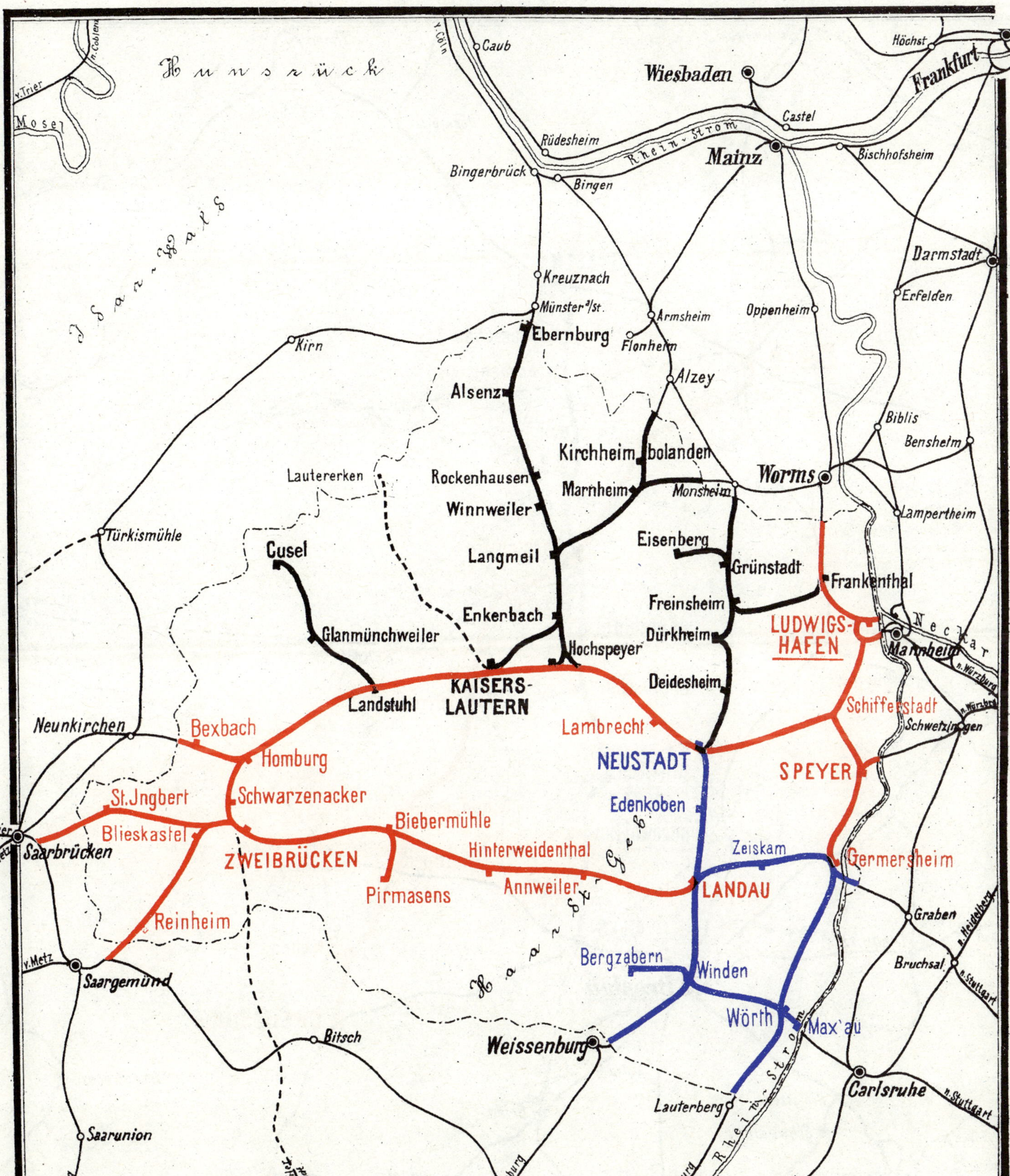

1:625000

Posen - Creuzburger Eisenbahn.
Öls - Gnesener Eisenbahn.

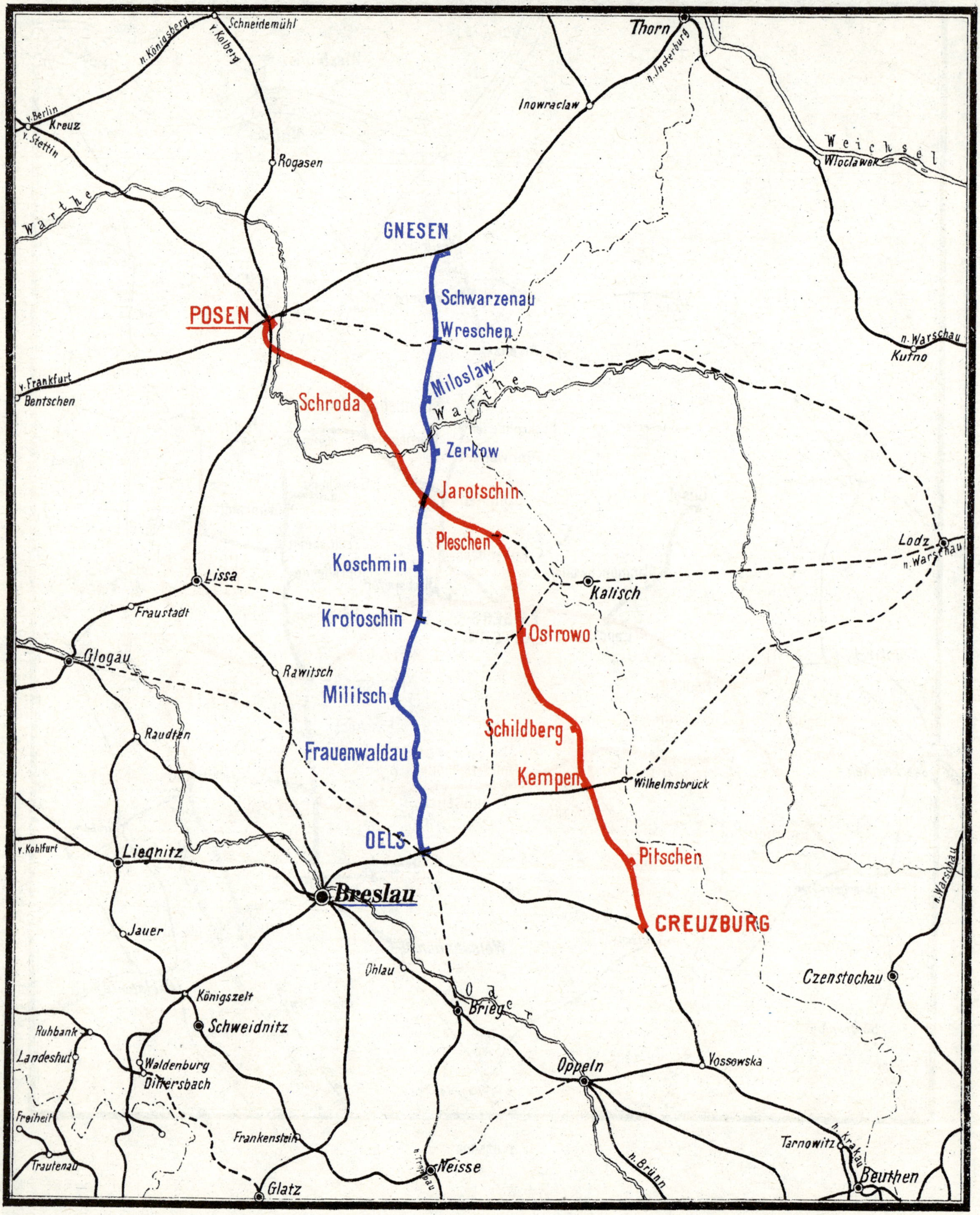

1:1250000

Posen-Creuzburger Eisenbahn.

Die Posen-Creuzburger Eisenbahn, deren Bahnlänge 203 km beträgt und welche im Jahre 1875 eröffnet wurde, beginnt in Creuzburg (Station der Rechten-Oder-Ufer-Bahn) und verfolgt von da bis Pleschen in geringem Abstande die Richtung der Grenze zwischen Preussen und Russisch-Polen. Von Kempen aus, wo Kreuzung mit der Breslau-Warschauer Bahn stattfindet, berührt die Bahn ausser kleineren Haltestellen die Stationen Schildberg, Ostrowo, Jarotschin (Kreuzung mit der Oels-Gnesener Bahn), Schroda (vorher Ueberschreitung der Warthe) und endet in Posen, woselbst sich auch der Sitz der Verwaltung befindet.

Die von der Bahn durchschnittene Gegend ist wasserreich und theilweise stark bewaldet, das Land im Allgemeinen fruchtbar und zu allen Culturen, namentlich zum Anbau von Getreide besonders geeignet. Dieselbe Bodenbeschaffenheit findet sich in den benachbarten Polnischen Grenzdistricten vor und sind es hiernach naturgemäss besonders Producte der Land- und Forstwirthschaft, welche von den eigenen Stationen zum Versandt gelangen. Ferner werden im Durchgangsverkehre Erzeugnisse der Montanindustrie in Folge des durch die Rechte-Oder-Ufer-Bahn vermittelten Anschlusses an die Oberschlesischen Kohlengruben transportirt. Die Ergebnisse des Güterverkehrs überwiegen diejenigen des Personenverkehrs; bei dem letzteren Verkehre ist der locale vorherrschend.

Anlagecapital.	Nominalwerth in Mark.	Grösse der Stücke Mark.	Zinsen pCt.	Zahlungstermin.	Verloosung.	Dividenden in den Jahren:	Course:
a. Stamm-Actien	14,400,000	300		1. Juli.		bis 1875 Bauzinsen, 1876 bis 1879: 0 %.	im August 1880: 18 %.
b. Stammprioritäts-Actien	21,600,000	600		do.		bis 1875 Bauzinsen, 1876 bis 1879: 0, 1, 2¾, 2¾ %.	ultimo 1879: 63¾ %.
c. Prioritäts-Obligationen	1,200,000	1000 500 200	5	$^1/_1$ $^1/_7$	von 1884 an im Juli auf 2. Januar.		

Die Inhaber von Stammprioritäts-Actien haben ein Anrecht auf eine Dividende von 5 % vor den Stamm-Actien; eventuell findet aus dem Reinertrage der folgenden Jahre eine Nachzahlung statt.

Oels-Gnesener Eisenbahn.

Die Oels-Gnesener Eisenbahn mit dem Sitze der Direction in Breslau hat eine Länge von 161,7 km. Mit dem Bau derselben wurde im Jahre 1873 begonnen und konnte bereits im Jahre 1875 die ganze Strecke dem Betriebe übergeben werden. Die fragliche Bahn, welche die Station Oels der Rechten-Oder-Ufer-Eisenbahn mit der Station Gnesen der Posen-Thorn-Bromberger Bahn verbindet, verfolgt mit geringen Abweichungen von Oels aus die Richtung nach Norden, durchschneidet fast durchweg kultivirte Gegenden mit theilweise äusserst fruchtbaren Ländereien (Getreidebau) und gelangt über Militsch nach Krotoschin, der bedeutendsten Stadt an der Bahnlinie mit verschiedenen gewerblichen Etablissements. Weiterhin folgt die verkehrsreiche Stadt Koschmin, dann Jarotschin, die Kreuzungsstation mit der Posen-Creuzburger Bahn. Ueber Wreschen, (vor Miloslaw Ueberschreitung der Warthe) einer Stadt, welche lebhaften Handel nach Russland vermittelt, wird endlich Gnesen erreicht.

Die Oels-Gnesener Bahn vermittelt die Verkehrsbeziehungen der von ihr durchschnittenen Gegenden und diejenigen der angrenzenden russisch-polnischen Districte mit Stettin, Hamburg und den Provinzen Schlesien und Posen, sowie in Gemeinschaft mit der Rechten-Oder-Ufer-Eisenbahn den Verkehr zwischen Oberschlesien einerseits und den Stationen Bromberg, Thorn und den östlich und nordöstlich darüber hinausliegenden Stationen der Königlichen Ostbahn andererseits, für welch' letztere Verkehrsrelation durch die Anlage der Oels-Gnesener Eisenbahn ein gegenüber der Route via Breslau-Posen um mehr als 75 km näherer Weg geschaffen ist.

Dieselbe leistet Personen- (meistens Binnenverkehr) und Gütertransporte, letztere sind bedeutender als die ersteren und umfassen mehr den directen Verkehr.

An Gütern gelangen hauptsächlich zum Transport: Kohlen, Getreide, Holz etc.

Anlagecapital.	Nominalwerth in Mark.	Grösse der Stücke Mark.	Zinsen pCt.	Zahlungstermin.	Verloosung.	Dividenden in den Jahren:	Course:
a. Stamm-Actien	5,250,000	300		1. Juli.		bis Mitte 1875 Bauzinsen, seitdem 0 %.	
und do. mit 40 % Einzahl.	4,050,000	300		do.		do.	
b. Stammprioritäts-Actien	13,950,000	600		do.		do.	im August 1880: 40 %.
c. Prioritäts-Obligationen	3,000,000	1000 500 200	4½	$^1/_4$ $^1/_{10}$	von 1885 an auf 2. Jan.		

Die Inhaber von Stammprioritäts-Actien haben ein Anrecht auf eine Dividende von 5 % vor den Stammactien; eventuell findet aus dem Reinertrage der folgenden Jahre eine Nachzahlung statt.

Rechte-Oder-Ufer Eisenbahn.

Die Rechte-Oder-Ufer Eisenbahn mit dem Sitze der Gesellschaft in Breslau besteht in ihrer gegenwärtigen Ausdehnung aus der Hauptstrecke von Breslau bis Dziedit (österreichische Grenze) sowie aus den Nebenstrecken Oppeln-Vossowska, Schoppinitz-Sosnowitz (russische Grenze), Tichau-M. Lazisk und einer Anzahl sogenannter Hüttenbahnen mit einer Gesammtlänge von 318 km.

Die Hauptbahn beginnt in Breslau und führt über Oels, woselbst die Oels-Gnesener und die Breslau-Warschauer Bahnen abzweigen, Namslau, Creuzburg (Endpunkt der Posen-Creuzburger Bahn), Vossowska nach Tarnowitz, dem Centralpunkte der grossartigen Montanindustrie und sonstiger gewerblicher Etablissements von Oberschlesien. Bei Weiterführung derselben nach der österreichischen Grenze bei Dzieditz werden u. A. noch die Orte Beuthen, Tichau und Pless berührt. Von Vossowska führt eine Zweigbahn nach Oppeln.

In der Generalversammlung vom 25. Mai 1880 ist der Bau einer Eisenbahn von Creuzburg über Rosenberg und Lublinitz nach Tarnowitz beschlossen worden.

Die Strecken des Unternehmens durchschneiden die industriereichsten Districte Oberschlesiens, deren Producte sie durch die nach allen Seiten sich abzweigenden Gruben- und Hüttenbahnen an sich ziehen und theilweise im Binnen- und zu etwas grösseren Theile im Vereinsverkehre — nach Niederschlesien, Russland, Oesterreich — zum Absatz bringen. Dem Character der berührten Gegenden entsprechend sind als Haupttransportartikel: Steinkohlen, Cokes, Erze, Mineralien und Holz zu nennen. Der vorhandene Personenverkehr ist nur als ein localer zu bezeichnen; am lebhaftesten ist derselbe zwischen Breslau und Oels. Die Einnahmen des Güterverkehrs überwiegen diejenigen des Personenverkehrs, welch' letzterer auf den meisten der kleineren Anschlussbahnen gänzlich ausgeschlossen ist.

Anlagecapital.	Nominal-werth in Mark.	Grösse der Stücke Mark.	Zinsen pCt.	Zahlungs-termin.	Verloosung.	Dividenden in den Jahren 1872 bis 1879:	Course am Ende der Jahre 1872 bis 1879:
a. Stamm-Actien	22,500,000	600		1. Mai.		6, 6 1/3, 6 1/3, 6 1/3, 6 2/5, 6 1/3, 7, 7 3/10 %.	127 1/4, 121 1/2, 117, 105 1/4, 108, 92, 107 3/10, 144 1/10 %.
b. Stammprioritäts-Actien	22,500,000	600		do.		ebenso.	126 5/8, 122 1/2, 116 3/4, 109, 109 1/2, 103, 112, 141 1/2 %.
c. Prioritäts-Obligationen von 1877	22,500,000	5000 1000 500 300	4 1/2	1/1 1/7	von 1883 an auf 1. Jan.		1877 bis 1879: 97 8/10, 100 2/10, 102 1/2 %.
do. v. 1880	9,000,000		4 1/2		in der Generalversammlung von 1880 beschlossen, noch nicht emittirt.		

Die Inhaber von Stammprioritäts-Actien haben ein Anrecht auf eine Dividende von 5 % vor den Stamm-Actien; eine eventuelle Nachzahlung findet indessen nicht statt.

Breslau-Warschauer Eisenbahn.

Preuss. Abtheilung.

Die Breslau-Warschauer Eisenbahn mit dem Sitze der Verwaltung in Polnisch-Wartenberg hat eine Länge von 55,5 km und wurde im Jahre 1872 eröffnet. Dieselbe führt von Oels (Station der Rechten-Oder-Ufer Bahn) über Stradam, Polnisch-Wartenberg und Kempen, woselbst Kreuzung mit der Posen-Creuzburger Bahn stattfindet, nach Wilhelmsbrück an der russisch-polnischen Grenze, woselbst sie endet. Zur Weiterführung derselben auf Russischem Gebiete nach Lodz in der Richtung auf Warschau ist die erforderliche Concession bislang nicht zu erhalten gewesen und wurde deshalb auf der behandelten Strecke einstweilen nur ein secundärer Betrieb eingerichtet.

Es findet Binnen- und directer Verkehr für Personen und Güter statt und überwiegen die Einnahmen des letzteren Verkehrs. An wichtigeren Transportartikeln sind zu nennen: Holz, Steinkohlen, Getreide, Vieh und Salz.

Anlagecapital.	Nominal-werth in Mark.	Grösse der Stücke Mark	Zinsen pCt.	Zahlungs-termin.	Verloosung.	Dividenden in den Jahren:	Course am Ende der Jahre 1871 bis 1879:
a. Stamm-Actien	4,005,000	300		i. II. Quart.		ausser den Bauzinsen 0 %.	
b. Stammprioritäts-Actien	4,005,000	600		do.	event. im April auf 1. Juli.	do.	77 1/2, 66, 18 1/2, 34 3/4, 26 1/2, —, —, 25, 34 9/10 %.
c. Prioritäts-Obligationen	750,000	300	5	1/4 1/10	im Septemb. auf 2. Jan.		1879: 101 1/2 %.

Die Inhaber der Stammprioritäts-Actien haben ein Anrecht auf eine Dividende von 5 % vor den Stamm-Actien; eventuell findet aus dem Erträgniss der folgenden Jahre eine Nachzahlung statt. Im Fall der Liquidation haben die Stammprioritäts-Actien ein Vorzugsrecht vor den Stamm-Actien.

Rechte Oder-Ufer-Eisenbahn.

Breslau-Warschauer Eisenbahn (Preuss.-Abth.).

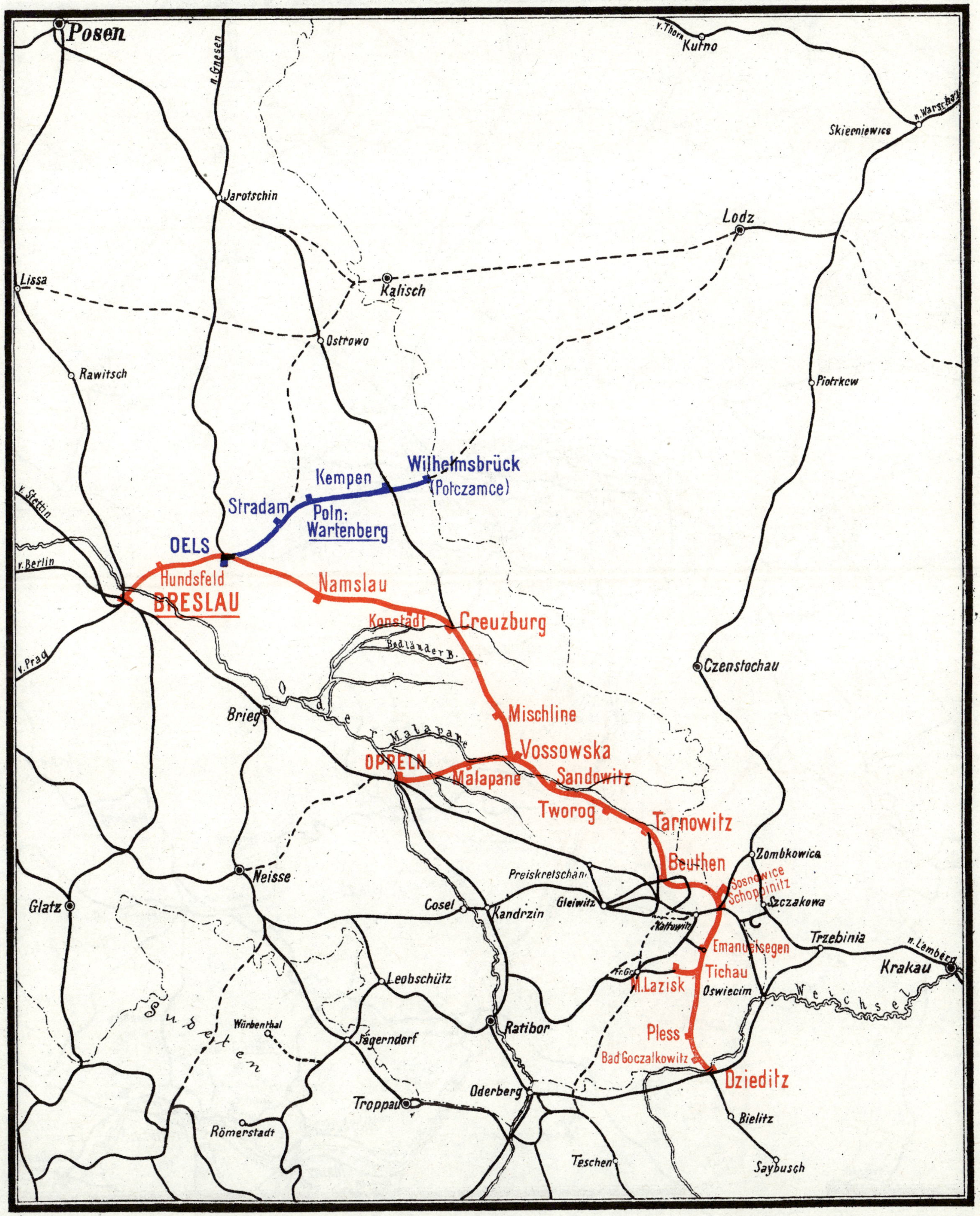

1:1250000

Rheinische Eisenbahn.

Cronberger Eisenbahn.

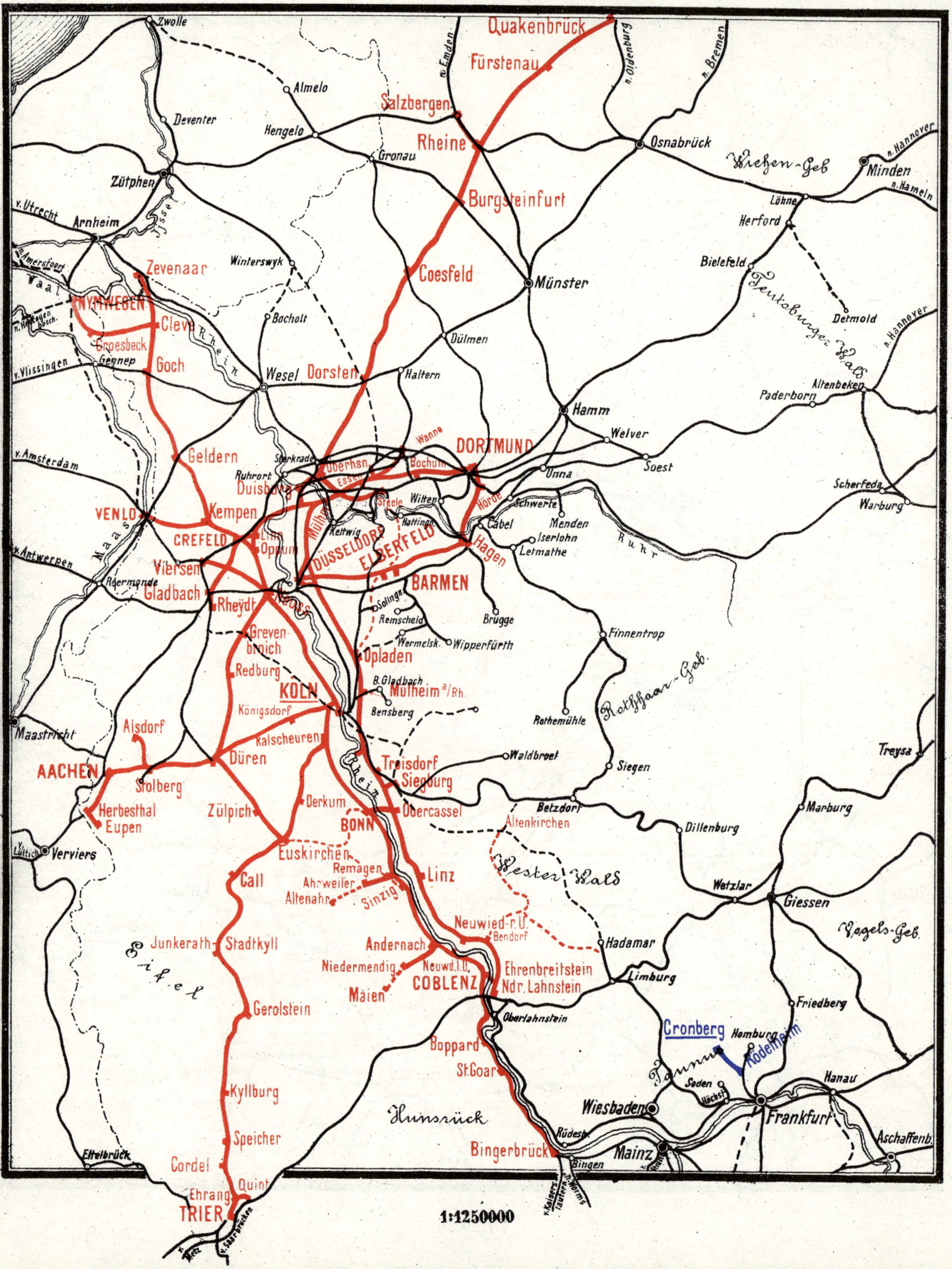

1:1250000

Rheinische Eisenbahn.

Das Unternehmen der Rheinischen Eisenbahn-Gesellschaft ist nach gesetzmässiger Genehmigung (Gesetz vom 14. Februar 1880) des dieserhalb zwischen den Betheiligten abgeschlossenen Vertrages in die Hände des Königlich Preussischen Staates übergegangen; letzterer führt den Betrieb und die Verwaltung desselben auf eigene Rechnung. Die specielle Betriebsleitung ist der Königlichen Direction der Rheinischen Eisenbahn zu Cöln übertragen.

Die Rheinische Eisenbahn hat in Folge reger Bauthätigkeit der Gesellschaft im Laufe der Zeit einen nicht unbeträchtlichen Umfang (Betriebslänge 1462 km) erhalten und erstreckt sich von den südlichen Theilen der Rheinlande (Bingen bezw. Trier) durch die Provinzen Westfalen und Hannover bis nach Quakenbrück im Grossherzogthum Oldenburg. Ihre eisernen Arme begleiten den Vater Rhein in seinem Laufe (theilweise auf beiden Seiten) von Bingen bis nach der Niederländischen Grenze bei Nymwegen und vermitteln gemeinsam mit den, den Strom befahrenden Dampfschiffen den enormen Touristenverkehr des Rheins und seiner Seitenthäler. Durch das Eindringen der Bahn in die an Industrie und Bergbau so reichen Lande Berg und Mark wurden ferner wichtige Verkehrswege geschaffen und gleichzeitig ein wechselseitiger Verkehr mit der Bergisch-Märkischen und Köln-Mindener Bahn hervorgerufen. Die Linie Köln-Herbesthal ist ein wichtiges Glied der alten Route Berlin-Paris.

Ausser dem Rhein werden noch die Mosel, Wupper und Ruhr sowie die Berge der Eifel, des Siebengebirges und des Westerwaldes berührt. An wichtigeren Orten sind zu nennen: Cöln, Bonn, Coblenz, Trier, Aachen, Düsseldorf, Crefeld, Barmen, Elberfeld, Essen, Dortmund u. s. w.

Bei äusserst regem Verkehre werden Personen und Güter transportirt; die Einnahmen des letzteren Verkehrs, bei welchem an Haupttransportgegenständen: Steinkohlen, Roheisen, Eisenstein, Erze etc. zu nennen sind, überwiegen.

Bei dem Personenverkehre ist der Binnenverkehr bedeutender als der Durchgangsverkehr. Die Bahn hat zahlreiche Anschlüsse fremder Bahnen, sowie von Bahnen gewerbreicher Etablissements.

Anlagecapital.	Nominalwerth in Mark.	Grösse der Stücke Mark	Zinsen pCt.	Zahlungstermin.	Verloosung.	Dividenden in den Jahren 1870 bis 1879:	Course am Ende der Jahre 1870 bis 1879:
a. Stamm-Actien vollbez.	177,071,250	750	$6^1/_2$	$^1/_1$ $^1/_7$		$8^2/_5$, 10, $9^2/_5$, 9, 8, 8, $7^1/_2$, 7, 7, 7 %.	$116^3/_4$, 166, $169^1/_2$, $145^3/_8$, 133, $117^4/_{10}$, $112^8/_{10}$, $104^1/_4$, $108^9/_{10}$, $155^6/_{10}$ %.
do. von 1879	43,500,000	750	5, v. $^1/_1$ 83 an $6^1/_2$.	$^1/_1$ $^1/_7$	mit 40 % Einzahlung.	5 % p. r. t.	1879: $146^1/_4$ %.
do. Lit. B.	37,500,000	750	4	$^1/_4$ $^1/_{10}$		stets 4 %.	79, $95^3/_8$, 92, $90^1/_8$, $92^1/_4$, $90^6/_{10}$, $90^1/_2$, $92^1/_2$, $92^9/_{10}$, $96^1/_4$ %.
b. Stammprioritäts-Actien	4,428,750	750	$6^1/_2$	$^1/_1$ $^1/_7$		wie oben die vollbezahlten Stamm-Actien.	wie oben die vollbezahlten Stamm-Actien.
Gesammtsumme der Actien	262,500,000						
c. Prioritäts-Obligationen							Course am Ende der Jahre:
Emission von 1840	7,500,000	750	4	$^1/_1$ $^1/_7$	Ende Decbr. auf 1. Juli.		1870 bis 1879: $80^1/_4$, $91^1/_2$, $91^1/_2$, 91, 93, $92^1/_2$, 93, $93^1/_2$, $94^1/_2$, 96 %.
„ „ 1843	3,750,000	600	$3^1/_2$	$^1/_1$ $^1/_7$	do.		do. 77, 84, 84, 83, $88^1/_2$, 88, $87^1/_2$, $86^1/_2$, 87, 91 %.
Bonn-Kölner von 1854	2,250,000	300	$4^1/_2$	$^1/_4$ $^1/_{10}$	im April auf 1. October.		
Köln-Krefelder v. 1855	2,100,000	300	$4^1/_2$	$^1/_1$ $^1/_7$	im Juli auf 2. Januar.		do. 90, 98, 96, $97^1/_8$, $97^1/_2$, —, —, $98^3/_4$, $99^9/_{10}$, $100^3/_4$ %.
Emission von 1858 I.	15,000,000	600 300	$4^1/_2$	$^1/_1$ $^1/_7$	im Juni auf 2. Januar.		do. $87^3/_4$, $99^1/_4$, 99, $99^3/_8$, $99^1/_2$, $98^1/_2$, $98^9/_{10}$, $99^1/_2$, $100^3/_{10}$, $100^7/_{10}$ %.
„ „ 1860 I.	9,000,000	600	$4^1/_2$	$^1/_1$ $^1/_7$	do.		do. ebenso.
„ „ 1861 II.	9,000,000	600	$4^1/_2$	$^1/_4$ $^1/_{10}$	Ende Decbr. auf 1. April.		do. $87^1/_2$, dann ebenso.
„ „ 1864 II.	6,000,000	600	$4^1/_2$	$^1/_4$ $^1/_{10}$	do.		do. ebenso.
„ „ 1865 III.	9,000,000	600	$4^1/_2$	$^1/_4$ $^1/_{10}$	Im Octob. auf 1. April.		do. ebenso.
Conv. Em. v. 1869 I.	9,000,000	600	$4^1/_2$	$^1/_4$ $^1/_{10}$	do.		Die Anleihe war früher fünfprocentig.
Conv. „ v. 1871 II.	15,000,000	600	$4^1/_2$	$^1/_4$ $^1/_{10}$	do.		do.
Conv. „ v. 1872 III.	30,000,000	600	$4^1/_2$	$^1/_4$ $^1/_{10}$	do.		do.
Emission von 1874 IV.	30,000,000	600	5	$^1/_4$ $^1/_{10}$	Die Anleihe ist pr. 1. October 1880 gekündigt.		
„ „ 1876 V.	45,000,000	3000 600	5	$^1/_4$ $^1/_{10}$	do.		
„ „ 1878 VI.	30,000,000	3000 600	5	$^1/_4$ $^1/_{10}$	von 1884 an.		
Gesammtsumme der Priorit.	222,600,000						

In Folge des Gesetzes vom 14. Februar 1880 garantirt der Preussische Staat den Inhabern von vollgezahlten Stamm-Actien und Stammprioritäts-Actien eine feste jährliche Rente von $6^1/_2$ %; den Inhabern von noch nicht vollgezahlten Stamm-Actien die von der Gesellschaft zugesagten 5 % Zinsen, vom 1. Januar 1883 an jedoch eine feste jährliche Rente von $6^1/_2$ %; den Inhabern von Stamm-Actien Lit. B eine feste jährliche Rente von 4 %.

Der Staat ist ferner verpflichtet den Inhabern von 6000 ℳ Stamm-Actien und Stammprioritäts-Actien 9750 ℳ 4 % Preussischen Consols und 30 ℳ baar, den Inhabern von 1500 ℳ Stamm-Actien Lit. B 1500 ℳ 4 % Preussische Consols bis zum 1. April 1884 zum Umtausch anzubieten.

Der Kaufpreis im Falle der Liquidation — abgesehen von der Uebernahme sämmtlicher Prioritätsschulden — beträgt 280,000,000 ℳ.

Cronberger Eisenbahn.

Die Cronberger Eisenbahn führt von Cronberg am Taunus, woselbst sich auch der Sitz der Verwaltung befindet, über Niederhöchstadt und Eschborn nach Rödelheim, wo sie in den daselbst befindlichen Bahnhof der Preussischen Staatsbahnlinie Frankfurt a. M.-Homburg einmündet.

Mit dem Bau der 9,42 km langen Strecke wurde im Jahre 1873 begonnen, und erfolgte die Eröffnung des Betriebes am 1. November 1874. Seit dem Jahre 1878 ist der Betrieb ein secundärer.

Die Bahn vermittelt hauptsächlich den durch die Curorte Cronberg, Königstein, Falkenstein und den durch die Orte Niederhöchstadt, Schwalbach und Eschborn hervorgerufenen Personenverkehr zwischen diesen Orten und der Stadt Frankfurt a. M. bezw. den daselbst einmündenden Bahnen; der vorhandene Güterverkehr ist nicht bedeutend.

Anlagecapital.	Nominalwerth in Mark.	Grösse der Stücke Mark.	Zinsen pCt.	Zahlungstermin.	Verloosung.	Dividenden in den Jahren 1875 bis 1879:	Course am Ende der Jahre:
a. Stamm-Actien	514,800	300		1. Juli.		$1^5/_6$, $^7/_{15}$, 0, 0, 0 %.	
b. Stammprioritäts-Actien	300,000	600		do.	eventuell im April auf 1. Juli.	5, 5, 5, 5, 5 %.	
c. Prioritäts-Obligationen	200,000	1000	5	$^1/_1$ $^1/_7$	von 1881 an im October auf 1. Januar.		

Die Inhaber von Stammprioritäts-Actien haben ein Anrecht auf eine Dividende von 5 % vor den Stammactien, eventuell findet aus dem Reinertrage der folgenden Jahre eine Nachzahlung statt. Bei Liquidation der Gesellschaft haben die Stammprioritäts-Actien ebenfalls ein Vorzugsrecht vor den Stammactien.

Saal-Eisenbahn.

Das Unternehmen der Saal-Eisenbahn-Gesellschaft, welche in Jena domicilirt ist, erstreckt sich auf die 74,8 km lange Bahn von Gross-Heringen nach Saalfeld.

Die Bahn beginnt bei dem an der Thüringischen Stammbahn belegenem Orte Gross-Heringen und führt in dem romantischen Thale der Saale aufwärts, am Fusse des Thüringer Waldes laufend, über Camburg und Dornburg nach der altberühmten Universitätsstadt Jena. Von letzterem Orte läuft sie mit der Weimar-Geraer Eisenbahn weiter nach Göschwitz und führt über Kahla nach Rudolstadt, der in reizender Gegend belegenen Residenz der Fürsten von Schwarzburg-Rudolstadt. Im weiteren Verlaufe folgt die Station Schwarza, Ausgangspunkt für die Besucher des Schwarzathales und sodann Saalfeld, woselbst Einmündung in die zur Thüringischen Eisenbahn gehörigen Linie Gera-Eichicht erfolgt. Letzterer Ort ist der Hauptverladungsplatz für den in der Umgegend in nicht unbeträchtlichen Massen gewonnenen Schiefer, und gehen diese Transporte zum Theil auch auf die hier behandelte Bahn über. Saalfeld bildet einen Hauptstapelplatz für die Erzeugnisse des Thüringer Waldes. In Gross-Heringen findet ausserdem noch Anschluss an die Saal-Unstrut-Bahn statt.

Die Bahn transportirt Personen und Güter; von letzteren namentlich Holz, Kohlen, Schiefer, Erze, Porzellanwaaren etc., und findet neben localem auch directer bezw. Durchgangsverkehr statt.

Anlagecapital.	Nominal-werth in Mark.	Grösse der Stücke Mark	Zinsen pCt.	Zahlungs-termin.	Verloosung.	Dividenden in den Jahren:	Course am Ende der Jahre 1872 bis 1879:
a. Stamm-Actien	6,742,800	300		1. Juli.		ausser den Bauzinsen 0 %.	
b. Stammprioritäts-Actien	6,750,000	300		do.		bis 1873 Bauzinsen. 1874 $2\frac{2}{3}$, 1875 $1\frac{1}{3}$%, seitdem 0 %.	$78\frac{1}{2}$, 44, $41\frac{1}{4}$, 19, $17\frac{1}{2}$, $10\frac{1}{2}$, 30, 32%.
c. Prioritäts-Obligationen	3,500,000	1000 500	$4\frac{1}{2}$	$^1/_1$ $^1/_7$	im April auf 1. Juli, siehe unten.		1877 bis 1879: $100\frac{2}{10}$, —, $101\frac{1}{4}$ %.

Die Inhaber von Stammprioritäts-Actien haben ein Anrecht auf eine Dividende von 5 % vor den Stammactien, eine Nachzahlung findet eventuell nicht statt. Bei der Auflösung der Gesellschaft haben beide Actiengattungen gleiche Rechte.

Die Regierungen von Sachsen-Weimar, Sachsen-Meiningen, Sachsen-Altenburg und Schwarzburg-Rudolstadt haben die Verzinsung der Prioritäts-Anleihe von 3,500,000 ℳ garantirt. Die Anleihe ist auf den 2. Januar 1881 zur Rückzahlung gekündigt und soll dagegen eine 4 %ige Anleihe im Betrage von 3,396,500 ℳ emittirt werden.

Weimar-Geraer Eisenbahn.

Die Weimar-Geraer Eisenbahn mit dem Sitze der Direction in Weimar umfasst in ihrer gegenwärtigen Ausdehnung eine Gesammtlänge von 63,1 km; dieselbe wurde im Jahre 1876 eröffnet und durchschneidet 4 Staatsgebiete (das Grossherzogthum Weimar, die Herzogthümer Sachsen-Meiningen, Sachsen-Altenburg und das Fürstenthum Reuss j. Linie).

Die Bahn schliesst sich in Weimar an die Thüringische Stammbahn an, überschreitet östlich der vorbenannten Stadt das Ilmethal und zieht sich von da an den rechtsseitigen Bergabhängen des Ilmethals über Mellingen nach Schwabhausen, woselbst die Wasserscheide zwischen dem Ilm- und dem Saalgebiete überschritten wird. In ihrem ferneren Verlaufe berührt sie die Universitätsstadt Jena und gelangt sodann nach Eintritt in das Saalthal, mit der Saaleisenbahn gemeinschaftlich laufend, nach Göschwitz, woselbst die Saaleisenbahn nach Saalfeld sich abtrennt. Hinter Göschwitz überschreitet die Bahn den Saalfluss und verfolgt hinter Roda den sehr romantischen, auf beiden Seiten durch hohe bewaldete Berge begrenzten, schmalen Zeitzgrund, überschreitet sodann die Wasserscheide zwischen Saale und dem Elstergebiete sowie die Elster selbst und endigt in Gera (Stadt mit nicht unerheblicher Industrie in Wollwaaren). Die Bahn dient im Wesentlichen dem Localverkehre der berührten Districte, wobei der Personenverkehr vorherrschend ist.

Anlagecapital.	Nominal-werth in Mark.	Grösse der Stücke Mark.	Zinsen pCt.	Zahlungs-termin.	Verloosung.	Dividenden in den Jahren:	Course am Ende der Jahre 1872 bis 1879:
a. Stamm-Actien	9,000,000	300	($4\frac{1}{2}$)	1. Juli.		bis Mitte 1875 Bauzinsen, 1876 $2\frac{1}{4}$ %, seitdem die garantirten $4\frac{1}{2}$ bezw. $2\frac{1}{4}$ bezw. 0 %.	$83\frac{3}{4}$, 77, 70, $41\frac{1}{10}$, $46\frac{1}{4}$, $31\frac{9}{10}$, 34, $47\frac{1}{2}$ %.
		300	($2\frac{1}{4}$)	do.			1879: 25 %.
		300	(0)	do.			1879: $8\frac{4}{10}$ %.
b. Stammprioritäts-Actien	9,900,000	600		do.		bis Mitte 1875 Bauzinsen, seitdem 0 %.	1872 bis 1879: $81\frac{7}{8}$, 58, $51\frac{3}{4}$, $19\frac{1}{2}$, 15, —, $9\frac{1}{2}$, $19\frac{1}{2}$ %.
c. Prioritäts-Obligationon	1,500,000	500 100 50	$4\frac{1}{2}$	$^1/_7$	im Januar auf 1. Juli.		1879: $94\frac{2}{10}$ %.

Den Inhabern von Stamm-Actien ist Seitens der Regierungen von Sachsen-Weimar, Sachsen-Altenburg und Reuss j. Linie eine jährliche Dividende von $4\frac{1}{2}$ % bis zum 30. Juni 1886 garantirt. Ein Theil der Stammactionäre hat auf diese Garantie zur Hälfte, ein anderer Theil hat auf dieselbe freiwillig ganz verzichtet, und empfing als Gegenleistung für Abtretung dieser Garantie an die Gesellschaft eine $4\frac{1}{2}$ % Prioritäts-Obligation im Betrage von 50 bezw. 100 ℳ für jede Stammactie. In Folge dessen existiren jetzt Stammactien mit $4\frac{1}{2}$ %iger, ebensolche mit $2\frac{1}{4}$ %iger und fernere ohne jede Staatsgarantie.

Die Inhaber von Stamm-Prioritätsactien haben ein Anrecht auf eine Dividende von 5 % aus dem Reinertrage (nicht aus der Staatsgarantie) vor den Stammactien; eventuell findet aus dem Reinertrage der folgenden Jahre eine Nachzahlung statt.

Saal-Eisenbahn.

Weimar-Gera'er Eisenbahn.

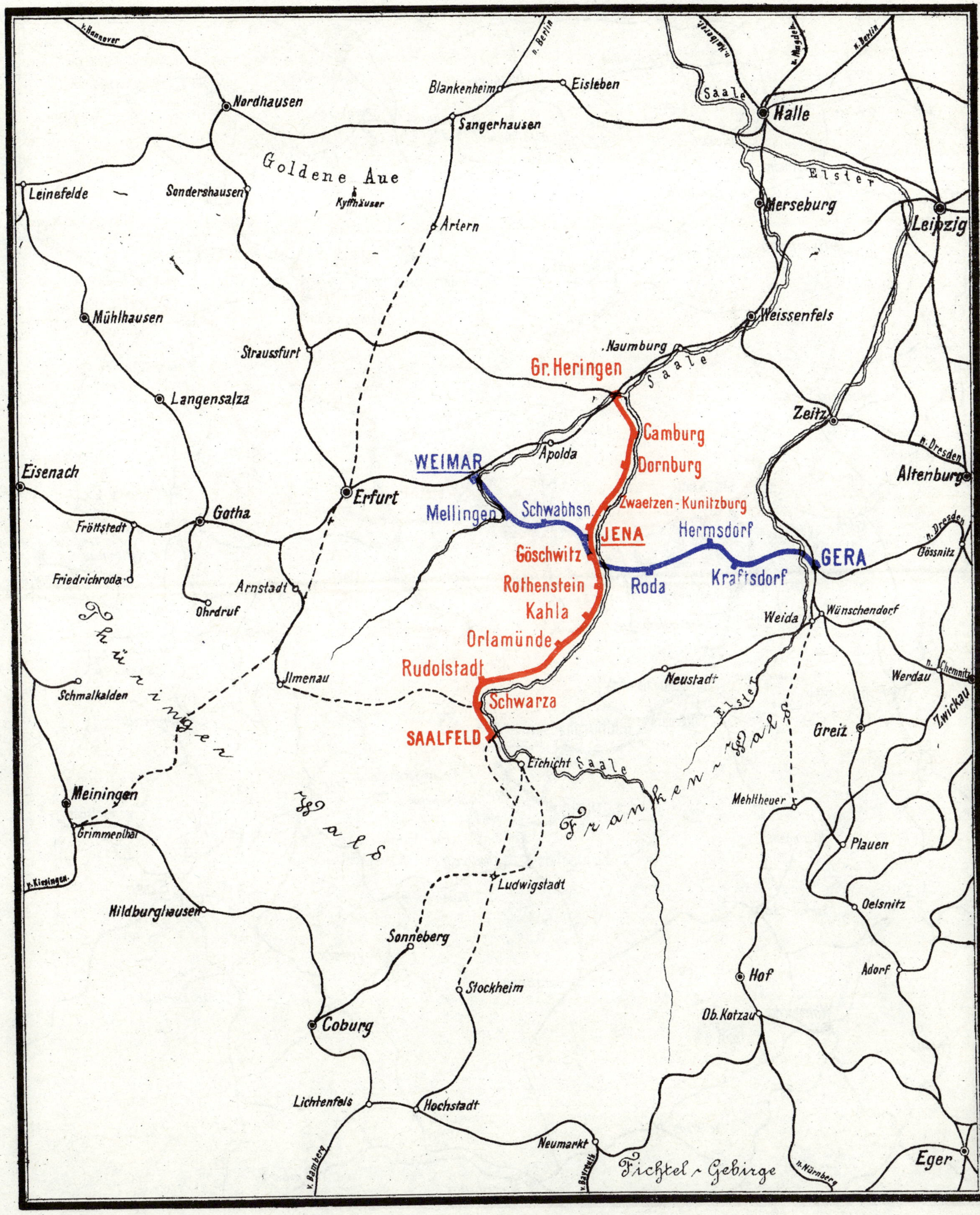

1: 715000.

Thüringische Eisenbahn.

Werra-Eisenbahn.

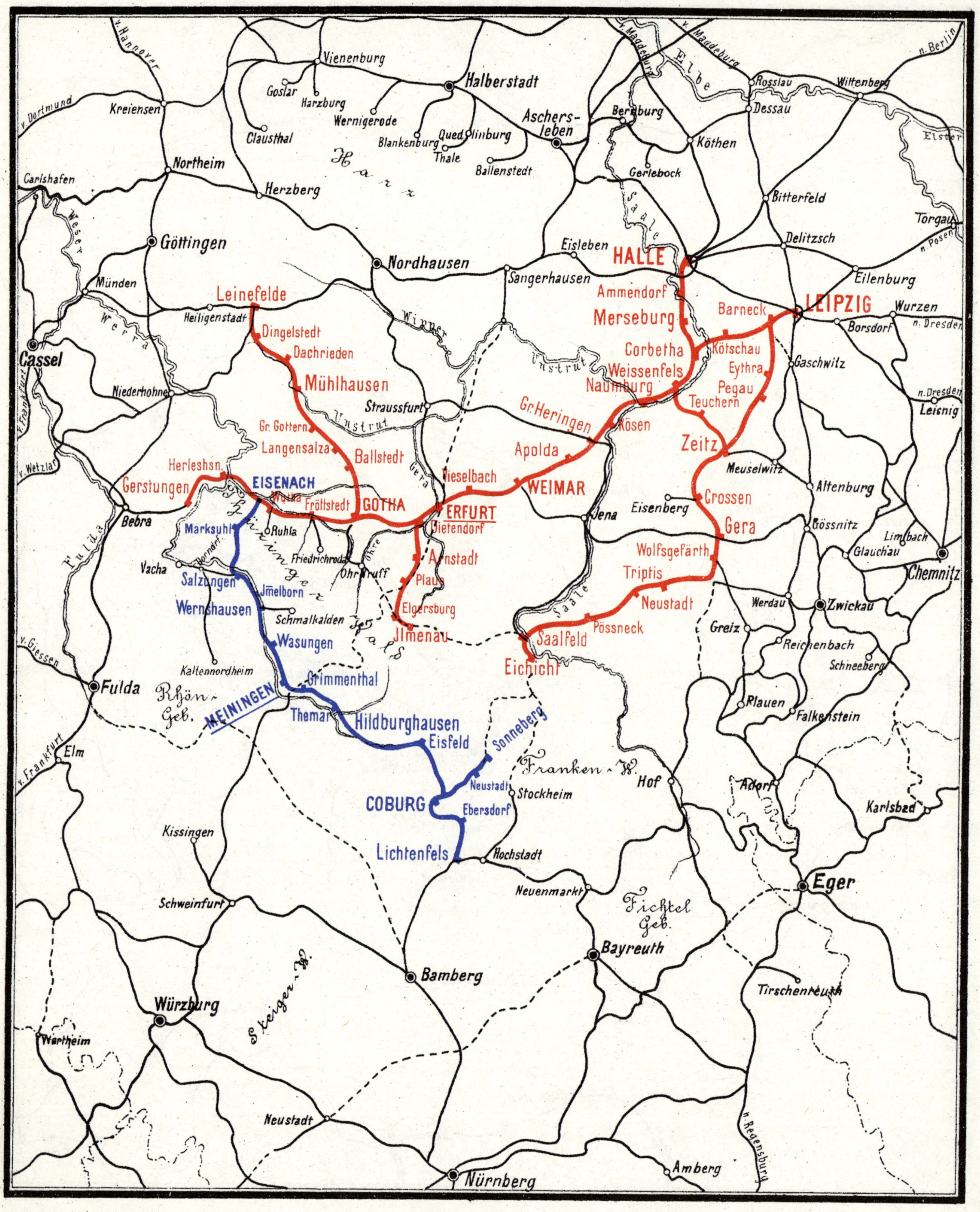

1:1250000

Thüringische Eisenbahn.

Das Unternehmen der Thüringischen Eisenbahn-Gesellschaft, Gesammtlänge 502,64 km, dessen Direction in Erfurt domicilirt ist, umfasst zunächst die Stammlinie Halle-Gerstungen.

Dieselbe beginnt in Halle, daselbst Anschluss an die Linie von Berlin, Sorau-Guben, Leipzig und Magdeburg, und führt über Merseburg, Corbetha, Weissenfels, Naumburg, Kösen, Erfurt, Gotha und Eisenach nach Gerstungen (Anschluss an die Bergisch-Märkische Bahn). Diese Linie, bei welcher nahezu auf den meisten ihrer Stationen Anschlüsse fremder Bahnen bezw. Abtrennungen eigener Zweigbahnen stattfinden, führt fast durchweg durch fruchtbare, theilweise romantische und industriereiche Gegenden, überschreitet mehrfach die Saale, Ilm, Gera, Werra und tritt bei Dietendorf an die Vorberge des Thüringer Waldes heran.

Ferner kommt in Betracht die Linie Corbetha-Leipzig; an derselben befindet sich das grosse Salzwerk Dürrenberg an der Saale sowie bedeutende Braunkohlengruben auf Station Kötschau.

Von Weissenfels zweigt sich eine Linie nach Zeitz (Knotenpunkt einer von Leipzig einlaufenden Route), Gera, Saalfeld und Eichicht ab. Dieselbe durchschneidet unter Anderen bedeutende Braunkohlenfelder, die Veranlassung zur Anlage verschiedener Etablissements für Fabrikation von Erdölen und Paraffinen etc. geboten haben. Auch hat in Folge der vorkommenden Eisensteingruben mehrfach die Anlage von Hüttenwerken stattgefunden.

Eichicht ist gleichzeitig Stapelplatz für den Versandt des bei Lehesten im Thüringer Walde aufbereiteten Schiefers, und Saalfeld der Versandtort für Industrieartikel des Thüringer Waldes (Porzellan, Spielwaaren u. s. w.). Schliesslich sind noch zu erwähnen die Linien Dietendorf-Ilmenau und Gotha-Leinefelde. An letzterer Strecke liegen die Orte Langensalza und Mühlhausen mit bedeutenden Fabriken für Tuche und wollene Waaren, sowie mit grossen Gerbereien.

Die Thüringische Bahn vermittelt einen äusserst regen Personen- und Güterverkehr. Im localen Verkehr ist der Personenverkehr vorherrschend, während im Allgemeinen und zwar speciell im Durchgangs- und indirecten Verkehre der Güterverkehr der überwiegende ist.

Anlagecapital.	Nominal-werth in Mark.	Grösse der Stücke Mark.	Zinsen pCt.	Zahlungs-termin.	Verloosung.	Dividenden in den Jahren 1870 bis 1879:	Course am Ende der Jahre 1870 bis 1879:
a. Stamm-Actien Lit. A.	45,000,000	300		1. Mai.		9, $10\frac{1}{2}$, 9, $7\frac{1}{4}$, $7\frac{1}{2}$, $8\frac{1}{2}$, $9\frac{1}{4}$, $7\frac{1}{2}$, 8, $8\frac{1}{2}$ %.	132, $165\frac{1}{4}$, 156, 134, 117, $115\frac{6}{10}$, $134\frac{4}{10}$, 119, $112\frac{6}{10}$, $160\frac{1}{2}$ %.
do. Lit. B. Ser. A.	13,911,300	300	(4)	do.		stets 4 %.	$77\frac{1}{2}$, 90, $85\frac{3}{8}$, $87\frac{3}{4}$, 90, $88\frac{3}{10}$, $88\frac{9}{10}$, $89\frac{3}{10}$, $90\frac{1}{2}$, 96 %.
do. Lit. B. Ser. B.	1,500,000	600		do.		—, —, —, —, $\frac{3}{10}$, $\frac{7}{10}$, $\frac{9}{10}$, $\frac{4}{5}$, $1\frac{1}{5}$, 1,23 %.	
do. Lit. B. Ser. C.	1,059,000	3000		do.		—, —, —, —, —, $\frac{4}{5}$, $\frac{2}{5}$, $\frac{2}{5}$, $1\frac{2}{5}$, 1,23 %.	
do. Lit. C.	17,982,000	300	($4\frac{1}{2}$)	do.		stets $4\frac{1}{2}$ %.	$84\frac{1}{4}$, 99, $98\frac{1}{2}$, $97\frac{3}{4}$, $99\frac{1}{2}$, 99, $99\frac{3}{4}$, $99\frac{3}{4}$, $100\frac{8}{10}$, $103\frac{9}{10}$ %.
b. Prioritäts-Obligationen							
I. Serie von 1848	12,000,000	versch.	4	$\frac{1}{1}$ $\frac{1}{7}$	im April auf 1. Juli.		$82\frac{1}{4}$, $91\frac{3}{4}$, 89, 82, 93, $92\frac{3}{4}$, $95\frac{1}{2}$, $95\frac{3}{4}$, 95, 98 %.
II. „ „ 1851	3,000,000	do.	$4\frac{1}{2}$	$\frac{1}{1}$ $\frac{1}{7}$	do.		$90\frac{3}{4}$, 100, $98\frac{1}{2}$, 100, 101, 101, 100, $100\frac{1}{4}$, $100\frac{1}{2}$, 102 %.
III. „ „ 1855	9,000,000	do.	4	$\frac{1}{1}$ $\frac{1}{7}$	do.		$82\frac{1}{4}$, $91\frac{1}{2}$, 89, $91\frac{1}{2}$, 93, 92, $95\frac{1}{2}$, $95\frac{3}{4}$, 95, 98 %.
IV. „ „ 1857	11,700,000	do.	$4\frac{1}{2}$	$\frac{1}{1}$ $\frac{1}{7}$	do.		$90\frac{3}{4}$, 100, $98\frac{1}{2}$, $99\frac{7}{8}$, 100, $100\frac{1}{4}$, 100, $100\frac{1}{4}$, $100\frac{1}{2}$, 102 %.
V. „ „ 1870	8,400,000	do.	$4\frac{1}{2}$	$\frac{1}{1}$ $\frac{1}{7}$	do.		1871 bis 1879: $99\frac{1}{4}$, $98\frac{1}{2}$, $99\frac{7}{8}$, 100, $99\frac{1}{2}$, 100, 100, $100\frac{1}{2}$, 102 %.
VI. „ „ 1874	13,500,000	do.	$4\frac{1}{2}$	$\frac{1}{1}$ $\frac{1}{7}$	do.		1875 bis 1879: $99\frac{3}{10}$, 100, 100, $100\frac{1}{2}$, 102 %.
Gesammtsumme der Oblig.	57,600,000						

Den Stamm-Actien Lit. B Ser. A ist eine Zinse von 4 %, den Stamm-Actien Lit. C eine Zinse von $3\frac{1}{2}$ % staatlicherseits garantirt, letztere erhalten ausserdem 1 % also zusammen $4\frac{1}{2}$ % vorweg aus dem Reinertrage.

Werra-Eisenbahn.

Die Werra-Eisenbahn mit dem Sitze der Direction in Meiningen ist im Wesentlichen eine jener Verbindungslinien, welche die Districte Norddeutschlands mit denjenigen Süddeutschlands in nähere Verbindung bringen. Dieselbe umfasst die Strecke Eisenach-Lichtenfels mit der Zweigbahn Coburg-Sonneberg in einer Gesammtlänge von 172 km, hiervon ist jedoch die Strecke Coburg-Lichtenfels für Rechnung der Königlich Bayerschen Regierung gebaut und nur von der letzteren an die Werrabahn-Gesellschaft gegen eine vierprocentige Verzinsung des Anlagecapitals verpachtet. Die Werrabahn, welche die vier Staatsgebiete von Weimar, Meiningen, Coburg und Bayern berührt, wurde im Jahre 1859 eröffnet. Dieselbe erstreckt sich, wie schon ihr Name erkennen lässt, zumeist dem Thale des Werraflusses entlang. Sie wird ostwärts begrenzt von den Vorbergen des Thüringer Waldes, westlich aber von Marksuhl bis Meiningen von den Ausläufern des basaltigen Rhöngebirges und ist in ihrem ganzen Verlaufe reich an landschaftlicher Schönheit.

Von ihrem Anfangspunkte, dem Bahnhofe der Thüringischen Eisenbahn zu Eisenach (Wartburg) in südlicher Richtung auslaufend, durchbricht sie den nordwestlichen Theil des Thüringer Waldes mittelst eines Tunnels und führt, den Character einer Gebirgsbahn tragend, zunächst nach Marksuhl, dann nach Salzungen, wo die schmalspurige Feldabahn anschliesst. In ihrem weiteren Verlaufe berührt sie die Städte Meiningen (mit reizender Umgebung), Hildburghausen und erreicht sodann Coburg, von welchem Orte die Bahn nach Sonneberg abzweigt. Von Coburg führt die Hauptbahn weiter nach Lichtenfels unter Einmündung in die Bayersche Staatsbahn (nach Bamberg, Nürnberg und München).

Die Bahn berührt im Allgemeinen nur Gegenden mit verhältnissmässig geringer Bevölkerung; auch fehlt es an grösseren Städten mit Grossindustrie. Dagegen blüht an den berührten Orten die Kleinindustrie, das Gewerbe sowie der Ackerbau, und tritt namentlich Sonneberg durch seine vortrefflich entwickelte Industrie und den nach fast allen Ländern der Erde ausgebreiteten Exporthandel ganz besonders hervor. Ueberhaupt entwickelt sich in den südlichen Districten der Werrabahn ein Industrieleben, welches seiner Eigenartigkeit wegen hervorzuheben ist. Es herrscht in jener Gegend auf dem sogenannten Walde eine weitverzweigte Hausindustrie, deren Ausfuhr einen bedeutenden Werth repräsentirt. Die Erzeugnisse des „Waldes" sind folgende: Porcellanwaaren, Glaswaaren aller Art, Schiefertafeln, Griffel, Perlen, Holz-, Korb- und Spielwaaren.

Die Bahn transportirt Personen und Güter, sowohl im localen als auch im directen Verkehr und kommen hauptsächlich zum Transport ausser den vorbenannten Erzeugnissen des Waldes: Holz, Kohlen, Steine, Getreide, Taback, Schneidemühlenfabrikate, Leder u. s. w.

Anlagecapital.	Nominal-werth in Mark.	Grösse der Stücke Mark.	Zinsen pCt.	Zahlungs-termin.	Verloosung.	Dividenden in den Jahren 1870 bis 1879:	Course am Ende der Jahre 1872 bis 1879:
a. Stamm-Actien	15,020,700	300		1. Juli.		1, 3, $2\frac{2}{3}$, 1, 0, 1, $\frac{2}{3}$, $1\frac{1}{3}$, $1\frac{2}{3}$, 2 %.	66, 53, 36, 22, 25, $13\frac{1}{2}$, $27\frac{3}{4}$, $44\frac{3}{4}$ %.
b. Prioritäts-Obligationen	9,750,000	1500 600 300	$4\frac{1}{2}$	$\frac{1}{1}$ $\frac{1}{7}$	von 1881 an.		$100\frac{1}{2}$, 99, 96, $88\frac{1}{2}$, 88,15, $87\frac{6}{10}$, $89\frac{9}{10}$, $96\frac{9}{10}$ %.

Feldabahn.

Die Feldabahn (43,9 km lang), deren Betrieb ein Privatunternehmer auf einen Zeitraum von 12 Jahren übernommen hat, ist Grossherzoglich Weimarische Staatsbahn. Der Sitz der Betriebsverwaltung ist Salzungen. Die Bahn, mit einem Baucapitale von 1,020,000 ℳ. ist schmalspurig, weshalb auf Station Salzungen der Werrabahn, woselbst die behandelte Bahn sich abzweigt, sämmtliche Güter umgeladen werden müssen. Dieselbe umfasst die Strecken von Salzungen über Dorndorf und Dermbach nach Kaltennordheim mit der Zweigbahn von Dorndorf nach Vacha.

Die Bahn, welche unter Benutzung der vorhandenen Chausseen im Werra- bezw. Feldathale sich hinzieht, hat lediglich den Zweck, dem Localverkehre zu dienen und das Eisenacher Oberland, dem bislang jede Verkehrsader fehlte, aufzuschliessen.

Gotha-Ohrdruffer Eisenbahn.

Der Betrieb und die Unterhaltung der von einer in Gotha domicilirenden Actien-Gesellschaft erbauten 17,3 km langen Zweigbahn Gotha-Ohrdruff, welche im Mai 1876 eröffnet wurde, wird von der Direction der Thüringischen Eisenbahn-Gesellschaft zu Erfurt geleitet. Die Bahn, welche im Herzogthum Sachsen-Coburg-Gotha gelegen ist, hat den Zweck, einen Theil des Thüringer Waldes (Suhl, berühmt durch Gewehrfabriken) aufzuschliessen. Dieselbe führt über Emleben und Georgenthal nach Ohrdruff und hat den Betrieb der Bahnen untergeordneter Bedeutung. Transportirt werden auf derselben Personen und Güter, wobei die Einnahmen aus dem ersteren Verkehre (hauptsächlich Localverkehr) bedeutender sind. Bei dem Güterverkehre wiegt der directe Verkehr über.

Es wird beabsichtigt, die Bahn bis zum Anschluss an die Bahnlinie Erfurt-Suhl-Ritschenhausen weiterzuführen.

Anlagecapital.	Nominal-werth in Mark.	Grösse der Stücke Mark.	Zinsen pCt.	Zahlungs-termin.	Verloosung.	Dividenden in den Jahren:	Course am Ende der Jahre:
a. Stamm-Actien	1,000,000	500		1. Juli.		bislang 0%.	
b. Prioritäts-Obligationen	1,000,000	1000 500 200	$4^1/_2$	$^1/_1$ $^1/_7$	im April zum 1. Juli.		

Die Verzinsung der Prioritäts-Obligationen ist von der Gothaischen Regierung so lange garantirt, bis 10 Jahre nach einander auf die Stamm-Actien eine Dividende von $4^1/_2$% entfallen ist.

Friedrichrodaer Eisenbahn.

Die Friedrichrodaer Eisenbahn, welche eine Länge von 10 km hat' zweigt in Fröttstedt von der Thüringer Stammbahn ab und führt über Waltershausen, einem kleinen gewerbreichen Städtchen, woselbst sich auch der Sitz der Betriebsverwaltung befindet, nach dem im Thüringer Walde reizend gelegenem und viel besuchtem Badeorte Friedrichroda. Die Bahn, auf welcher secundärer Betrieb stattfindet, ist eine Localbahn und erfreut sich sowohl eines regen Güterverkehrs als auch namentlich in den Sommermonaten eines sehr starken Personen-(Touristen-)Verkehrs.

Die Bahn ist Eigenthum des Staates Sachsen-Coburg-Gotha und ist der Betrieb auf 10 Jahre an einen Unternehmer verpachtet.

Wernshausen-Schmalkaldener Eisenbahn.

Die vorbezeichnete Eisenbahn, welche eine Länge von 7 km hat, wird von der Direction der Werra-Eisenbahn zu Meiningen für Rechnung der Stadt Schmalkalden, als Eigenthümerin derselben, verwaltet und wurde im Jahre 1874 dem Betriebe übergeben. Dieselbe zweigt sich in Wernshausen (wichtiger Stapelplatz für den Holzhandel) von der Werra-Bahn ab und führt über Auehütte nach der kleinen aber betriebsamen Stadt Schmalkalden. Die Bahn hat den Zweck, letztere Stadt, in deren Nähe sich Eisenstein-Bergwerke befinden, dem allgemeinen Verkehrswege näher zu bringen resp. anzuschliessen und die nicht unbedeutenden Industrieerzeugnisse der berührten Gegenden, namentlich Schmiedearbeiten, welche weithin zum Transport gelangen, an sich zu ziehen und durch Vermittelung der Werrabahn weiter zu befördern.

Transportirt werden Personen und Güter; letztere Transporte sind erheblicher als die ersteren.

Ruhlaer Eisenbahn.

Mit dem Bau der Ruhlaer Eisenbahn, deren Gesellschaftsvorstand in Ruhla (Weimarischen Antheils) domicilirt ist, wurde im März 1880 begonnen.

Die Bahn, welche eine Länge von 8 km erhält, beginnt bei der Station Wutha der Thüringischen Stammbahn und führt über Thal nach dem Städtchen Ruhla im Thüringer Walde. Sie soll dem Localverkehre Ruhla's sowohl, als auch besonders im Sommer dem nicht unbedeutendem Touristenverkehr dienen und hat hauptsächlich den Zweck, den industriellen Ort Ruhla mit den Hauptverkehrswegen in Verbindung zu setzen. Die Inbetriebsetzung der Bahn, welche normalspurig als Secundärbahn ausgebaut wird, erfolgte im Sommer 1880. Der Betrieb ist auf 12 Jahre an einen Privatunternehmer verpachtet.

Das Anlagecapital beträgt 360,000 ℳ. in Actien von 300 ℳ. Die Dividendenzahlung findet am 1. Mai statt. Von dem Anlagecapitale sind von Privatpersonen 240,000 ℳ. gezeichnet worden, während die restirenden 120,000 ℳ. von den beiden betheiligten Staatsregierungen Weimar's und Gotha's und zwar 12 Jahre à fond perdu gedeckt wurden.

Felda-Eisenbahn. Gotha-Ohrdruffer Eisenbahn.

Friedrichrodaer-E. Wernshausen-Schmalkaldener E. Ruhlaer Eisenb.

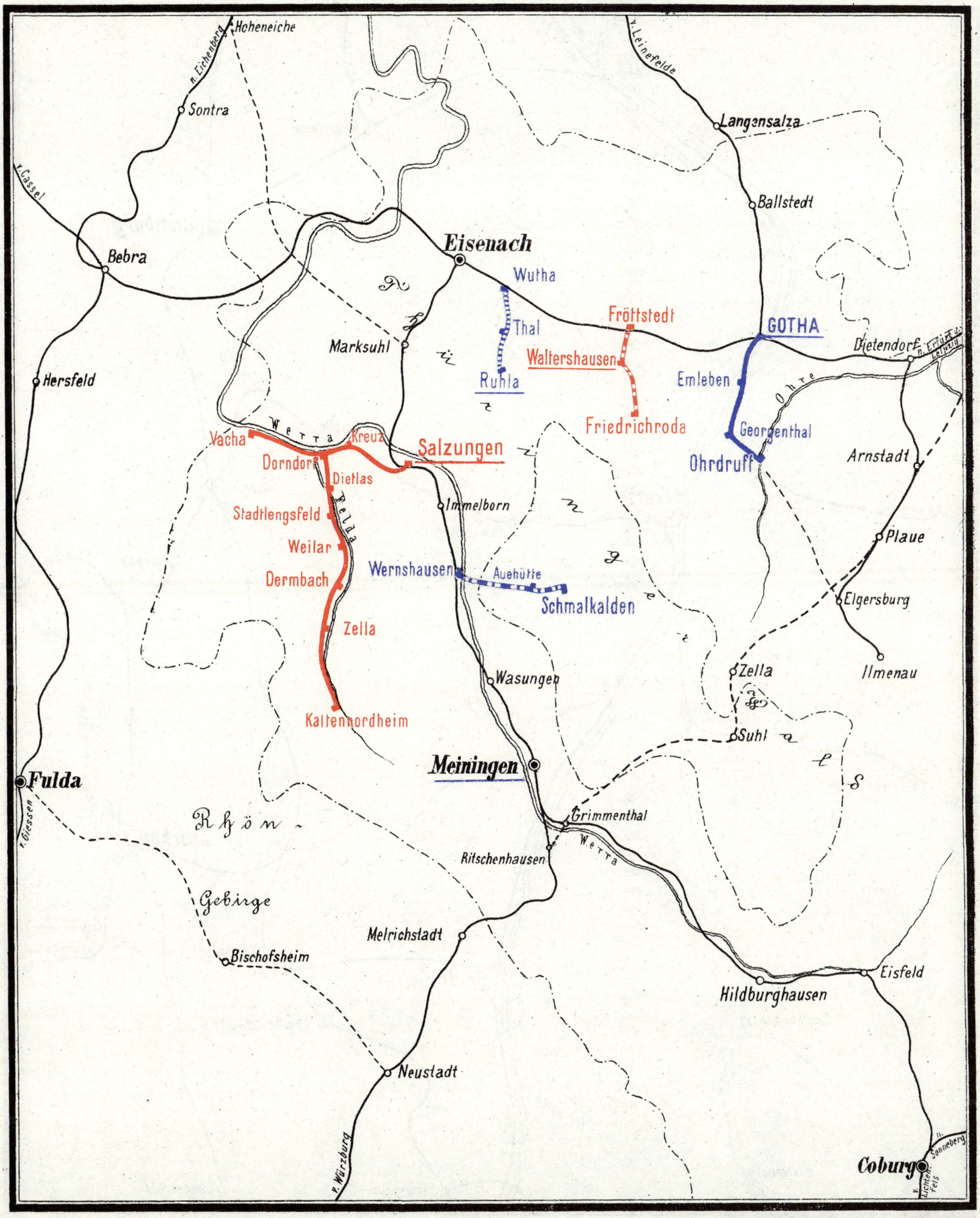

1:450000

Sächsisch - Thüringische Ostwestbahn.

Eisenberg - Crossener Eisenbahn. Bockwaer Eisenbahn.

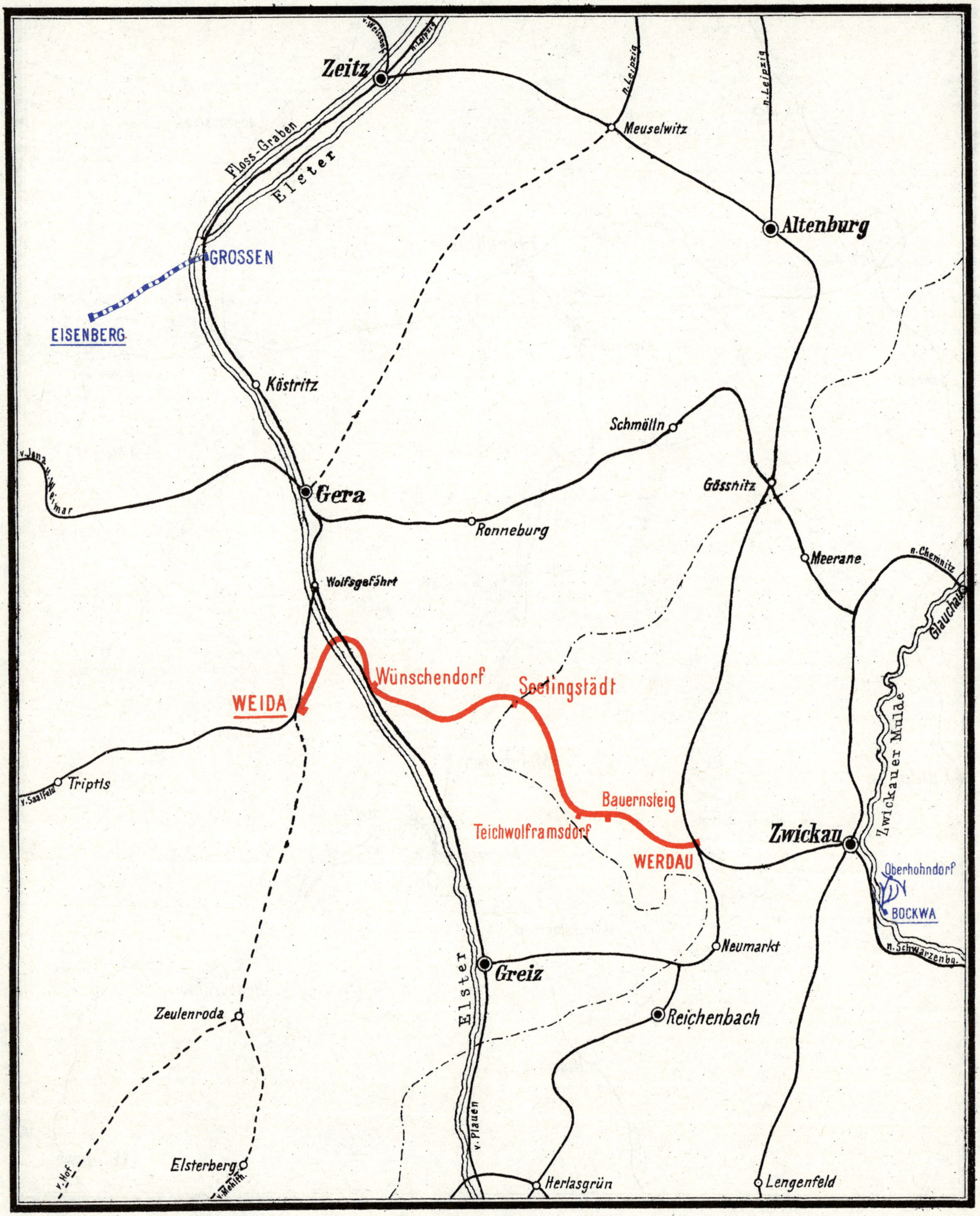

1:250000

Sächsisch-Thüringische Ostwestbahn.

Die Sächsisch-Thüringische Ostwestbahn (Zwickau-Weida) mit dem Sitze der Gesellschaft in Weida (Grossherzogthum Weimar) hat eine Länge von 33,15 km und wurde im Jahre 1876 eröffnet. Dieselbe führt von Weida, Station der zur Thüringischen Eisenbahn gehörigen Strecke Leipzig-Eichicht, nach Ueberschreitung der Elster über Wünschendorf (gleichzeitig Station der Bahn von Gera nach Greiz), Seelingstädt und Teichwolframsdorf nach Werdau zum Anschluss an die Sächsischen Staatsbahnstrecken nach Zwickau, Gössnitz u. s. w.

Die berührten Orte haben theilweise lebhafte Industrie, namentlich Webereien und Spinnereien. Es findet Personen- und Güterverkehr statt; ersterer Verkehr, bei welchem der locale vorherrscht, ist der bedeutendere. Beim Güterverkehre überwiegt dagegen der directe bezw. der Durchgangsverkehr und gelangen hauptsächlich zum Transport: Kohlen, Cokes, Roheisen und Schiefer.

Anlagecapital.	Nominal-werth in Mark.	Grösse der Stücke Mark	Zinsen pCt.	Zahlungs-termin.	Verloosung.	Dividenden in den Jahren:	Course am Ende der Jahre:
a. Stamm-Actien	4,200,000	300		1. October.		bislang 0 %.	
b. Stammprioritäts-Actien	6,300,000	600		do.		bislang 0 %.	

Die Stammprioritäts-Actien erhalten 5 % Dividende vor den Stamm-Actien; wird diese Dividende nicht oder nicht voll bezahlt, so findet aus dem Reinertrage der folgenden Jahre eine Nachzahlung statt. Das laufende Jahr hat indessen stets den Vorzug vor den früheren Jahren.

Eisenberg-Crossener Eisenbahn.

Die vorbezeichnete Bahn hat eine Länge von 9 km und wurde im Jahre 1880 eröffnet. Der Sitz der Gesellschaft ist das Sachsen-Altenburgische Städtchen Eisenberg. Dieselbe führt von Crossen, Station der Thüringischen Eisenbahnlinie Leipzig-Eichicht in westlicher Richtung nach Eisenberg. Den Betrieb der Bahn, welcher ein secundärer ist, hat auf eine Reihe von Jahren ein Privatunternehmer gepachtet. Es findet Güter- und Personenverkehr statt.

Anlagecapital.	Nominal-werth in Mark.	Grösse der Stücke Mark.	Zinsen pCt.	Zahlungs-termin.	Verloosung.	Dividenden in den Jahren:	Course am Ende der Jahre:
Stamm-Actien Lit. A.	200,000	500		1. April.			
Lit. B.	200,000	500		do.			

Die Stamm-Actien Lit. A haben einen Anspruch von 4 % Dividende vor den Stamm-Actien Lit. B. Werden diese 4 % bei den Actien Lit. A nicht voll bezahlt, so findet eine Nachzahlung aus den Erträgnissen der folgenden Jahre nicht statt.

Bockwaer Eisenbahn.

Die Bockwaer Eisenbahn mit dem Sitze der Gesellschaft in Bockwa bei Zwickau hat eine Länge von 18,3 km und wurde theilweise im Jahre 1861 eröffnet.

Die Bahn hat lediglich den Zweck, die mit der Eisenbahn zu versendenden Kohlen von den am rechten Muldeufer in der Bockwaer, theilweise auch in der Oberhohndorfer Flur gelegenen Kohlenwerken bis zur Stelle der Uebergabe an die Königlich Sächsische Staatseisenbahn auf Bahnhof Bockwa zu befördern, sowie die Grubenbedürfnisse den Werken zuzuführen. Dieselbe zweigt in der Nähe der Haltestelle Cainsdorf von der Sächsischen Staatsbahnlinie Zwickau-Schwarzenberg ab und überzieht mit weitverzweigtem Netze das in Rede stehende Kohlenrevier.

Anlagecapital.	Nominal-werth in Mark.	Grösse der Stücke Mark.	Zinsen pCt.	Zahlungs-termin.	Verloosung.	Dividenden in den Jahren 1870 bis 1879:	Course am Ende der Jahre 1875 bis 1878:
a. Stamm-Actien	300,000	300		1. Februar.		42, 61, 65, 76, 63, 60, 46⅔, 40, 30, 30 %.	1480, 1230, —, 1250 ℳ pro Stück.

Mehltheuer-Weidaer Eisenbahn.

Karte Seite 33.

Das Unternehmen der Mehltheuer-Weidaer Eisenbahngesellschaft umfasst die Strecke Mehltheuer-Zeulenroda-Weida und hat eine Länge von 34,5 km. Die Bahn, welche in Mehltheuer Anschluss an die Sächsische Staatsbahnlinie Dresden-Hof und in Weida an die Thüringische Eisenbahn bezw. an die Sächsisch-Thüringische Ostwestbahn haben soll, ist zur Zeit in ihren Anlagen noch nicht zur Hälfte fertig gestellt, auch der Weiterbau sistirt worden, da die Gesellschaft im Jahre 1876 in Concurs gerathen und wegen Ablaufs der zur Vollendung festgesetzt gewesenen Zeit die Concession erloschen ist.

Wegen Fertigstellung der Bahn schweben zur Zeit Verhandlungen zwischen den betheiligten Gemeinden. Die Gesellschaft ist domicilirt in Plauen i. V., der Concurs-Verwalter ist der Rechtsanwalt Stimmel daselbst.

Anlagecapital.	Nominal-werth in Mark.	Grösse der Stücke Mark.	Zinsen pCt.	Zahlungs-termin.	Verloosung.	Dividenden in den Jahren:	Course am Ende der Jahre:
a. Stamm-Actien	5,250,000	300				bis 1873 5% Bauzins., seitdem 0%.	
c. Prioritäts-Obligationen	5,250,000	300	5	1/1 1/7			

Altenburg-Zeitzer Eisenbahn.

Die Altenburg-Zeitzer Eisenbahn, deren secundärer Betrieb durch die General-Direction der Königlich Sächsischen Staatsbahnen zu Dresden geleitet wird, führt von der Stadt Altenburg, Sitz der Gesellschaft, in einer Länge von 25,15 km nach Zeitz und berührt die kleine Stadt Meuselwitz. Sie durchschneidet ein grosses Braunkohlenrevier und dient hauptsächlich dem Zwecke, die dortselbst gewonnenen Kohlen nach der Königlich Sächsischen Staatsbahnlinie Leipzig-Hof sowie nach der Thüringischen Bahn zu befördern, von welchen Bahnen ihr auch ein verhältnissmässig geringer Durchgangsverkehr zugeführt wird. Ausserdem hat sie noch den Betrieb auf 19 Kohlenzechenbahnen, welch' letztere der Altenburg-Zeitzer Bahn ihre Kohlen zur Weiterverfrachtung zuführen. Der vorhandene Personenverkehr kann nur ein localer genannt werden.

Anlagecapital.	Nominal-werth in Mark.	Grösse der Stücke Mark.	Zinsen pCt.	Zahlungs-termin.	Verloosung.	Dividenden in den Jahren 1870 bis 1879:	Course am Ende der Jahre 1870 bis 1879:
a. Stamm-Actien	1,905,000	300		i. II. Quart.		5, 5, $2\frac{5}{6}$, $\frac{2}{3}$, $8\frac{1}{6}$, $6\frac{1}{4}$, 6, $4\frac{19}{30}$, $5\frac{4}{15}$, $6\frac{1}{2}$ %.	—, —, —, —, $99\frac{3}{4}$, $107\frac{1}{2}$, $96\frac{3}{4}$, 72, 73, $102\frac{1}{2}$ %.
b. Stammprioritäts-Actien	2,205,000	300		do.		5, 5, 5, 5, $6\frac{4}{6}$, $5\frac{2}{3}$, $5\frac{5}{12}$, 5, 5, $5\frac{13}{15}$ %.	$80\frac{3}{4}$, $87\frac{1}{4}$, $98\frac{3}{4}$, 90, 106, 105, 103, $92\frac{3}{4}$, $94\frac{1}{2}$, 104 %.
c. Prioritäts-Obligationen wovon nur emitt.	4,500,000 1,230,000	300	$4\frac{1}{2}$	$\frac{1}{1}$ $\frac{1}{7}$	im Juli auf 2. Januar.		1874 bis 1879: $99\frac{3}{4}$, $99\frac{3}{4}$, $99\frac{3}{4}$, $99\frac{1}{2}$, 100, $101\frac{6}{10}$ %.

Die Stammprioritäts-Actien haben ein Anrecht auf 5 % Dividende vor den Stamm-Actien; eventuell findet aus den Erträgnissen der folgenden Jahre eine Nachzahlung statt. Bei Auflösung der Gesellschaft haben beide Actiengattungen gleiche Rechte.

Leipzig-Gaschwitz-Meuselwitzer Eisenbahn.

Die Leipzig-Gaschwitz-Meuselwitzer Eisenbahn, deren Gesellschaftssitz Leipzig ist, steht im Betriebe der Königlich Sächsischen Staatsbahnen. Dieselbe hat eine Länge von 27,7 km und wurde im Jahre 1874 eröffnet.

Die Bahn beginnt in Gaschwitz, Station der Königlich Sächsischen Staatsbahn und führt über Zwenkau, Groitzsch und Lucka nach Meuselwitz, Station der Altenburg-Zeitzer Eisenbahn. Dieselbe vermittelt hauptsächlich den Transport der Meuselwitzer und Rositzer Braunkohlen in der Richtung nach Leipzig und darüber hinaus. Durch die kürzlich eröffnete sächsische Strecke Gaschwitz-Plagwitz-Lindenau ist ferner ein Anschluss mit der Thüringischen Eisenbahn hergestellt.

Es herrscht Personen- und Güterverkehr, letzterer überwiegt bedeutend; an Transportartikeln sind zu nennen: Kohlen, Holz, Colonialwaaren, Feldfrüchte etc.

Anlagecapital.	Nominal-werth in Mark.	Grösse der Stücke Mark.	Zinsen pCt.	Zahlungs-termin.	Verloosung.	Dividenden in den Jahren:	Course am Ende der Jahre 1872 bis 1879:
a. Stamm-Actien	1,560,000	300		1. Juli.		bis 1874 5% Bauzinsen dann 0%.	
b. Stammprioritäts-Actien	2,340,000	600		do.		bis 1874 5 % Bauzinsen. 1875 bis 1879: 2, $1\frac{1}{3}$, $\frac{6}{10}$, $2\frac{1}{2}$, $3\frac{1}{12}$%.	88, $74\frac{1}{2}$, $74\frac{1}{2}$, $65\frac{1}{2}$, $57\frac{1}{2}$, 29, 28, 80 %.
c. Prioritäts-Obligationen	1,500,000	300	$4\frac{1}{2}$	$\frac{1}{1}$ $\frac{1}{7}$	im Juli auf 2. Januar.		1875 bis 1879: $92\frac{3}{4}$, $92\frac{1}{2}$, 90, $98\frac{1}{4}$, 99 %.

Die Stammprioritäts-Actien haben ein Anrecht auf 5 % Dividende vor den Stamm-Actien; eine Nachzahlung aus den Erträgnissen folgender Jahre findet indessen nicht statt.

Zittau-Reichenberger Eisenbahn.

Die vorbezeichnete Bahn, deren Betrieb für Rechnung der Gesellschaft durch die Königlich Sächsische Staatsbahnverwaltung erfolgt, führt von Zittau in Sachsen, Sitz der Gesellschaft, nach Reichenberg in Böhmen.

Dieselbe wurde im Jahre 1859 eröffnet, hat eine Länge von 26,73 km und liegt zum grössten Theile bereits auf österreichischem Gebiete. Dieselbe beginnt in Zittau im Anschluss an das Netz der Sächsischen Staatsbahn und führt im Neissethal aufwärts über Grottau und Kratzau nach Reichenberg, der zweiten Stadt Böhmens, woselbst sie an die Südnorddeutsche Verbindungsbahn anschliesst.

Dieselbe hat Personen- und Güterverkehr, die Einnahmen des letzteren sind bedeutender als diejenigen des ersteren. An Gütern gelangen, der Industrie der berührten Bezirke entsprechend, hauptsächlich zum Transport: Garn, Flachs, Baumwolle, Maschinen, Holz etc.

Anlagecapital.	Nominal-werth in Mark.	Grösse der Stücke Mark.	Zinsen pCt.	Zahlungs-termin.	Verloosung.	Dividenden in den Jahren:	Course am Ende der Jahre:
a. Stamm-Actien I. Serie	7,500,000	300					
II. Serie	3,750,000	150					

* Den im Privatbesitze befindlichen Actien (der grösste Theil ist im Besitze des Sächsischen Staates) ist von Sachsen und Oesterreich eine Dividende von 4 % garantirt.

Chemnitz-Würschnitzer Eisenbahn.

Die 12,2 km lange Strecke der Chemnitz-Würschnitzer Eisenbahn, deren Sitz in Chemnitz ist, wird von der General-Direction der Königlich Sächsischen Staatsbahnen zu Dresden auf Rechnung der vorbezeichneten Gesellschaft betrieben.

Dieselbe wurde im Jahre 1858 eröffnet, um dem Lugauer Kohlenreviere einen Anschluss an das sächsische Staatsbahnnetz zu vermitteln, und führt von der sächsischen Staatsbahnstation Wüstenbrand nach Lugau, woselbst sie sich an die sächsische Staatsbahnstrecke Stollberg-St. Egidien anschliesst.

Der Betrieb ist ein secundärer und werden sowohl Personen als auch Güter transportirt; letzterer Verkehr ist überwiegend.

Anlagecapital.	Nominal-werth in Mark.	Grösse der Stücke Mark.	Zinsen pCt.	Zahlungs-termin.	Verloosung.	Dividenden in den Jahren 1870 bis 1879:	Course am Ende der Jahre 1870 bis 1879:
a. Stamm-Actien	1,200,000	300		1. Juli.		$7\frac{1}{4}$, $8\frac{1}{2}$, $7\frac{1}{2}$, 10, $10\frac{1}{2}$, $11\frac{3}{4}$, $16\frac{1}{6}$, $16\frac{1}{3}$, $13\frac{2}{3}$, $6\frac{1}{2}$ %.	130, 152, 135, $139\frac{1}{2}$, $150\frac{1}{2}$, $156\frac{3}{4}$, 191, 160, 133, $144\frac{1}{2}$ %.
b. Prioritäts-Obligationen	450,000	300	4	$\frac{1}{1}$ $\frac{1}{7}$	unbestimmt.		76, $85\frac{1}{2}$, —, $88\frac{3}{4}$, 90, 89, 95, $93\frac{3}{4}$, 96, 97 %.

Mehltheuer-Weidaer Eisenbahn

siehe Seite 32.

Altenburg - Zeitzer Eisenb. Leipzig - Gaschwitz - Meuselwitzer Eisenb.

Zittau - Reichenberger E. Chemnitz - Würschnitzer E. Mehltheuer - Weidaer E.

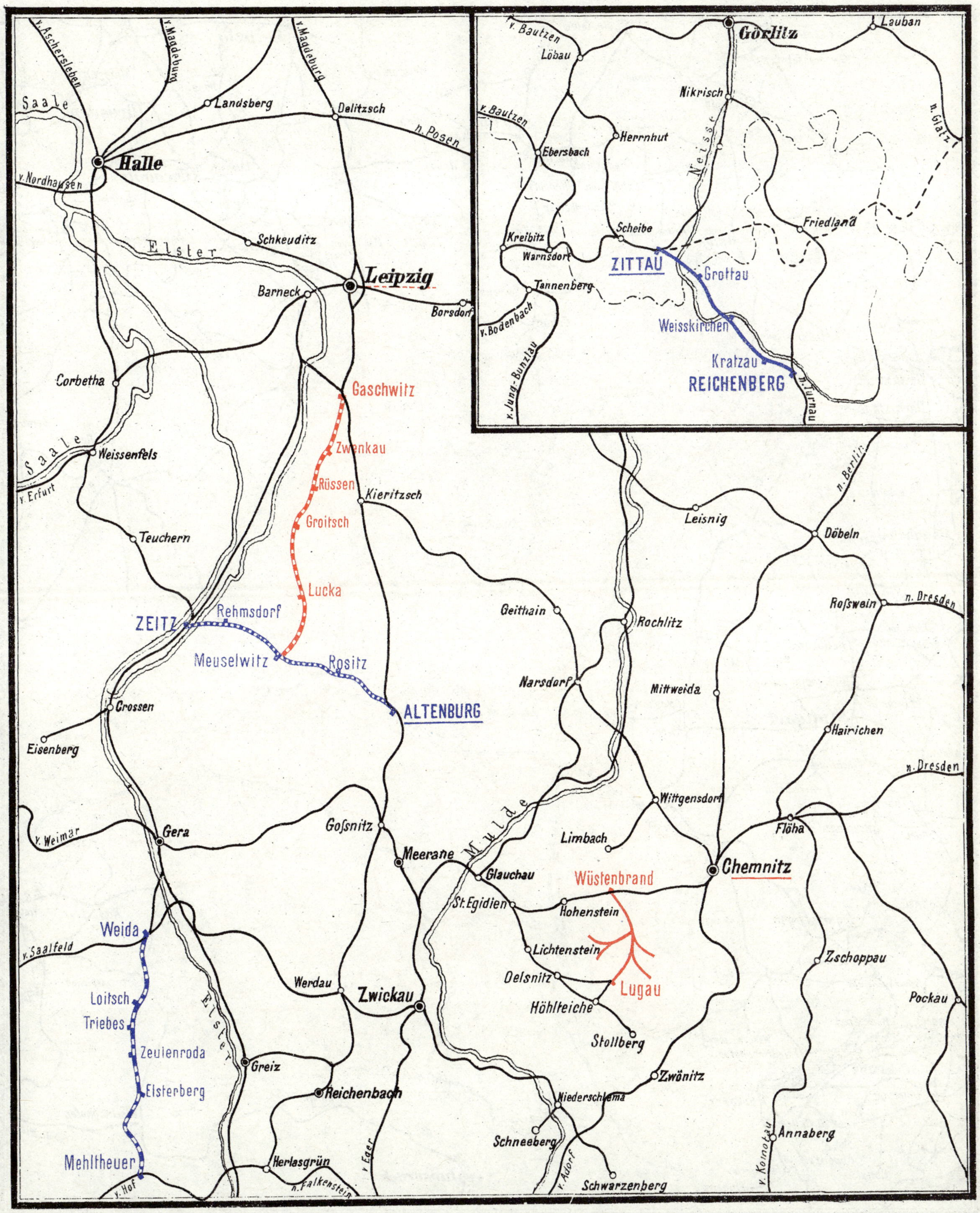

1:500000

Bayerische Staats-Eisenbahnen.

Ludwigsbahn.

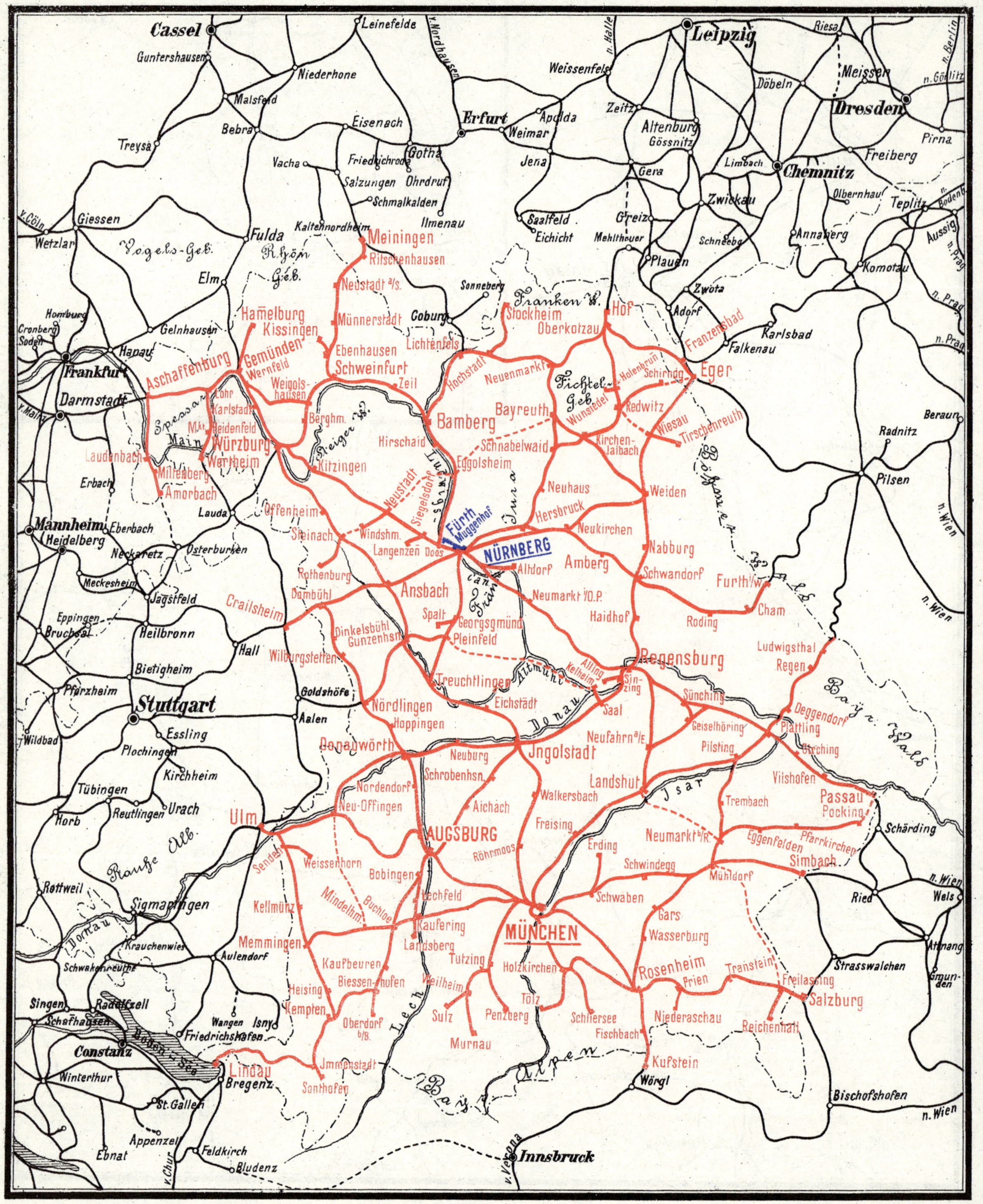

1:2000000

Königlich Bayerische Staatseisenbahnen.

Die Bayerischen Staatseisenbahnen, deren Betriebslänge im Ganzen 4190 km beträgt, werden von der General-Direction der Königlich Bayerischen Verkehrsanstalten zu München verwaltet. Dieselben breiten sich in einem äusserst verzweigtem Netze über das ganze Königreich Bayern excl. Rheinbayern aus und vermitteln den Verkehr dieser Landestheile unter sich sowie mit den benachbarten Ländern Sachsen, Thüringen, Preussen, Hessen-Darmstadt, Baden, Würtemberg, der Schweiz und Oesterreich. Zahlreiche Anschlüsse fremder Verwaltungen vermitteln den letzteren Verkehr.

Als Hauptrouten des Bahnnetzes kommen in Betracht bezüglich des aus dem nordwestlichen Deutschland, Holland etc. über Frankfurt kommenden Verkehrs die Linie von Aschaffenburg über Gemünden, Würzburg, Ansbach, Ingolstadt, München, Rosenheim nach Tirol und weiter nach Italien bezw. über Salzburg nach Wien; sowie für den Verkehr nach dem westlichen Theile von Oesterreich diejenige von Aschaffenburg über Kitzingen, Nürnberg, Regensburg und Passau nach Schärding (Station der Kaiserin Elisabethbahn). Der Verkehr aus dem nördlichen und nordöstlichen Deutschland zieht sich hauptsächlich über Leipzig und berührt die Route von Hof über Lichtenfels (Aufnahme des Verkehrs aus dem mittleren Deutschland) Bamberg, Nürnberg nach Treuchtlingen, woselbst Anschluss an die Route Aschaffenburg - München stattfindet. Für den Verkehr von Osten nach Westen und umgekehrt dienen hauptsächlich die Routen von Furth i. W. (Böhmische Westbahn) über Schwandorf, Nürnberg, Ansbach nach Crailsheim zum Anschluss an die Würtembergischen Bahnen, sowie für den Verkehr von Oesterreich nach Frankreich die Linie von Simbach über München und Augsburg nach Ulm. Dem Verkehre nach und von der Schweiz dient die Linie von München über Buchloe und Immenstadt nach Lindau am Bodensee.

Der das Königreich Bayern durchziehende Donaustrom sowie dessen Nebenflüsse, die Lech, die Altmühl, die Isar werden vielfach überschritten, desgleichen im nördlichen Theile Bayerns der Mainstrom. Die Gebirge Bayerns (Fichtelgebirge, Böhmischer und Bayerischer Wald, Fränkische Jura) werden gleichfalls berührt und erstrecken sich die südlichen Ausläufer des Bahnnetzes weit hinein in die Gebirgszüge der Bayerischen Alpen.

Von den bedeutenderen an der Bahn liegenden Orten sind ausser den bereits erwähnten noch zu nennen: Bayreuth, Donauwörth, Eger, Fürth, Hof, Kissingen, Kempten, Nördlingen, Schweinfurt u. s. w.

Die gesammten Bahnstrecken dienen sowohl dem Personen- als auch dem Güterverkehre. Der Verkehr in der Personenbeförderung, dessen Erträgnisse gegen die des Güterverkehrs zurückbleiben, ist mehr ein localer, beim Güterverkehre findet auch ein erheblicher directer bezw. Transitverkehr statt. Als Haupttransportartikel im letzteren Verkehre sind zu nennen: Getreide, Holz, Kohlen, Hopfen, Bier, Salz, Steine, Düngmittel u. s. w.

Die Bahnstrecken, deren erste Theilstrecke im Jahre 1839 eröffnet wurde, sind zum grössten Theile Eigenthum des Bayerischen Staates, doch sind unter den verwalteten Strecken einzelne Bahnen, welche ursprünglich durch Private und Gemeinden erbaut, jedoch sofort nach der Bauvollendung vom Staate gegen Zinsvergütung und Amortisation des aufgewendeten Anlagecapitals definitiv übernommen worden sind, weshalb dieselben vollständig als Staatsbahnen betrachtet werden können.

Es sind dieses die Linien:

1) von Pasing (München) nach Sulz
   $4^1/_2$ % Obligationen in Stücken von 500 fl., Zinstermine 1. Januar und 1. Juli;
2) von Tutzing nach Penzberg
   $4^1/_2$ % Obligationen in Stücken von 500 fl., Zinstermine 15. Juni und 15. December;
3) von Hochstadt nach Stockheim
   $4^1/_2$ % Obligationen in Stücken von 500 fl., Zinstermine 15. April und 15. October;
4) von Regensburg nach Augsburg;
5) von Ulm nach Kempten (Illerbahn)
   $4^1/_2$ % Obligationen in Stücken von 500 fl., Zinstermine 1. April und 1. October;
6) von Oberkotzau nach Eger
   4 % Obligationen in Stücken von 500 fl., Zinstermine 15. März und 15. September;
7) von Holzkirchen nach Schliersee bezw. nach Tölz
   $4^1/_2$ % Obligationen in Stücken von 500 fl., Zinstermine 15. April und 15. October;
8) von Bayreuth nach Neuenmarkt
   $4^1/_2$ % Obligationen in Stücken von 500 fl., Zinstermine 1. März und 1. September.

Als eine Erweiterung des Complexes ist die Herstellung der sogenannten **Fichtelgebirgsbahn** in Ausführung begriffen. Dieselbe führt von Redwitz über Schirnding nach Eger, woselbst sie an die Buschtehrader Eisenbahn anschliesst.

Ludwigs - Eisenbahn (Nürnberg - Fürth).

Die von Nürnberg nach Fürth führende 6,04 km lange Eisenbahn wurde bereits im Jahre 1835 eröffnet und ist somit die älteste Eisenbahn Deutschlands. Die Bahn steht unter eigener Verwaltung, deren Directorium in Nürnberg domicilirt ist, und vermittelt im Wesentlichen den nicht unbedeutenden Verkehr der beiden Orte Nürnberg und Fürth. An der fraglichen Strecke befindet sich ferner noch die Haltestelle Muggenhof.

Anlagecapital.	Nominal-werth in Mark.	Grösse der Stücke Mark.	Zinsen pCt.	Zahlungs-termin.	Verloosung.	Dividenden in den Jahren 1870 bis 1879:	Course am Ende der Jahre:
Stamm-Actien = Südd. Fl.	303,428 177,000	171,43 =Fl.100		am 1/7 7 % Superdivid. 31/1.		20, 20, 20, 20, 20, 20, 21, 21, 21, 21 %.	

Grossherzoglich Badische Staatseisenbahnen.

Die Verwaltung der Grossherzoglich Badischen Staatseisenbahnen wird durch eine in Karlsruhe domicilirende Generaldirection wahrgenommen, die letztere Behörde leitet auch den Betrieb der im Grossherzogthume vorhandenen, weiter unten aufgeführten kleineren Privatbahnen.

Die Gesammtlänge der hiernach im Betriebe befindlichen Strecken beträgt 1313 km.

Die Hauptbahn, welche dem Laufe des Rheinstromes aufwärts und in ihrer ganzen Länge folgt, beginnt in Mannheim und führt über Heidelberg, Bruchsal, Durlach, Karlsruhe, Rastadt, Offenbnrg, Freiburg, Mühlheim nach Basel, und sodann in östlicher Richtung, theilweise Schweizer Gebiet durchschneidend, über Säckingen, Waldshut, Schaffhausen, Singen und Radolfzell nach Constanz am Bodensee. Von den Zweigbahnen ist hervorzuheben die wegen ihrer grossartigen Bauten berühmte Schwarzwaldbahn, welche in Offenburg von der Hauptlinie sich abtrennt und über Hausach, Hornberg, Triberg, Villingen, Donaueschingen nach Singen führt, woselbst dieselbe wiederum an die Hauptbahn anschliesst. Ferner sind an bedeutenderen Zweiglinien zu nennen: die Rheinbahn (von Mannheim über Schwetzingen nach Karlsruhe), die Bahnen von Heidelberg über Neckaretz nach Mergentheim, von Meckesheim nach Jagstfeld, von Lauda nach Wertheim bezw. Würzburg, von Bruchsal nach Rheinsheim, von Durlach nach Mühlacker, von Appenweier nach Kehl, von Radolfzell nach Mengen u. s. w.

Von den an der Bahn liegenden Orten sind ausser den bereits erwähnten noch nachfolgende Orte zu nennen: Alt-Breisach, Baden-Baden, Bretten, Ebersbach, Eppingen, Messkirch, Neckargemünd, Pforzheim, Pfullendorf, Tauberbischofsheim und Weizen.

Die Badischen Staatseisenbahnen haben Anschluss an die Pfälzer, Würtembergischen, Bayerischen, Elsässischen, Schweizer Bahnen sowie an die Main-Neckarbahn.

Dieselben vermitteln den localen Verkehr des Grossherzogthums Baden und ausserdem nach allen Richtungen einen nicht unbedeutenden Durchgangsverkehr, wobei die Einnahmen des Güterverkehrs sich gegen diejenigen des Personenverkehrs höher stellen.

Badische Privatbahnen (sämmtlich unter Staatsverwaltung).

I. Heidelberg-Speyerer Eisenbahn (Sitz der Gesellschaft Heidelberg).

Diese 22,1 km lange von Heidelberg über Schwetzingen nach Altlussheim (Mitte Rheinbrücke) führende Bahn hat zum Zwecke die Herstellung einer directen Verbindung der Bayerischen Rheinfalz mit der Badischen Pfalz und Würzburg sowie die Hebung des Localverkehrs zwischen den Städten Heidelberg, Schwetzingen, Speyer und den Pfälzischen Landorten. Die Bahn wurde im Jahre 1873 eröffnet. Bezüglich der finanziellen Angelegenheiten siehe weiter unten die sämmtliche Badische Privatbahnen umfassende Tabelle.

II. Karlsruher Rheinbahn.

Diese 9,7 km lange von Karlsruhe nach Maxau führende Bahn ist Eigenthum der Stadt Karlsruhe. Das Anlagecapital derselben beträgt 1,243,418 *M.* Sie hat den Zweck der Herstellung einer billigeren Zufahrtsstrasse aus den Kohlendistricten der Saar und im Weiteren die Herstellung des Verkehrs mit dem Rheinhafen in Maxau. — Die Stadtgemeinde erhält den wirklichen Reinertrag derselben. Eröffnet wurde dieselbe im Jahre 1862

III. Murgthal-Eisenbahn (Sitz der Gesellschaft Gernsbach).

Diese Bahn ist 14,9 km lang und führt von Rastatt nach Gernsbach. Sie hat den Zweck die forst-, landwirthschaftlichen und industriellen Producte des Murgthals an sich zu ziehen und der Staatsbahn zur Weiterbeförderung zuzuführen. Die Bahn wurde im Jahre 1861 eröffnet.

IV. Renchthal-Eisenbahn (Sitz der Gesellschaft Oberkirch).

Dieselbe führt mit einer Länge von 18,4 km von Appenweier über Oberkirch nach Oppenau. Dieselbe dient z. Z. als Localbahn zur Ausfuhr von Brenn- und Nutzholz, Borke, Harzen u. s. w. Von besonderer Bedeutung sind auch für dieselbe die umliegenden Bade- und Luftcurorte, deren Besuch den Personenverkehr im Sommer zu einem recht lebhaften gestaltet. Die Bahn wurde wurde im Jahre 1876 eröffnet.

V. Lahrer Eisenbahn (Sitz der Gesellschaft Lahr).

Diese 4 km lange Bahn führt von Dinglingen nach Lahr und dient dem Localverkehre der Stadt Lahr.

VI. Elzthal-Eisenbahn.

Die 7,1 km lange Elzthal-Eisenbahn ist Eigenthum der Stadt Waldkirch und führt von Denzlingen nach Waldkirch. Sie dient dem Localverkehre des holzreichen und industriellen Elzthales und wurde im Jahre 1875 dem Betriebe übergeben. Das Anlagecapital beträgt 754,408 *M.*

VII. Wiesenthal-Eisenbahn (Sitz der Gesellschaft Lörrach).

Die Bahn ist 19,9 km lang und führt von Basel über Lörrach nach Schopfheim, wo sich die hintere Wiesenthalbahn (siehe VIII.) anschliesst. Im Wiesenthale befinden sich bedeutende Baumwoll- und Seidenspinnereien, deren Producte die im Jahre 1862 eröffnete Bahn befördert.

VIII. Schopfheim-Zeller Eisenbahn (Sitz der Gesellschaft Zell im Wiesenthal).

Die 7,2 km lange Bahn schliesst in Schopfheim an die Wiesenthal-Eisenbahn an und führt nach Station Zell i. W. Sie wurde im Jahre 1876 eröffnet und hat denselben Zweck wie die Bahn ad VII.

Name der Eisenbahn.	Anlagecapital.	Nominalwerth in Mark.	Grösse der Stücke Mark	Zinsen pCt.	Zahlungstermin.	Dividenden und Staatsgarantie.	Course am Ende der Jahre 1874 bis 1879:
I. Heidelberg-Speyerer Eisenbahn.	Stamm-Actien	2,250,000	300		unbestimmt.	bis Ende 1873 Bauzinsen, 1874 bis 1876 0 %, 1877 *M.* 2,70, 1878 *M.* 2,10, 1879 *M.* 4 per Actie.	$69^3/_4$, —, 43, 35, 30, $46^3/_8$ %.
III. Murgthal-Eisenbahn.	Stamm-Actien	1,050,000	2000 1000 800 200		2% am 1/1 Rest „ 1/7	bislaug die von der Badischen Staatsregierung bis zum Jahre 1884 garantirten 4 % p. a.	
IV. Renchthal-Eisenbahn.	a. Stamm-Actien	1,318,200	300		unbestimmt.	Von der Badischen Staatsregierung sind 50% der Roheinnahmen garantirt, bis die Rentabilität $4^1/_2$ % überschreitet.	
	b. Prioritäts-Obligationen	633,000	3000 1500 300				
V. Lahrer-Eisenbahn	Stamm-Actien	279,600	171,43		i. II. Sem.	1874 *M.* 7., 1875 *M.* 7., 1876 *M.* 8., 1877 *M.* 9., 1878 *M.* 10 pr. Actie.	
VII. Wiesenthal-Eisenbahn.	a. Stamm-Actien = Südd. Fl.	1,371,428 800,000	Fl. 250		1/3 1/9	1870 bis 1879: $2^9/_{10}$, 4, $4^6/_{10}$, 5, 5, $5^{55}/_{100}$, 4, 4, $4^8/_{10}$, $5^{27}/_{100}$ %.	
	b. Prioritäts-Obligationen = Südd. Fl.	1,285,714 750,000	Fl. 250		1/3 1/9		
VIII. Schopfheim-Zeller-Eisenbahn.	a. Stamm-Actien	440,100	450		1. April.	Die Badische Staatsregierung garantirt bis zum Jahre 1896 eine 4 % Verzinsung des Anlagecapitals.	
	b. Prioritäts-Obligationen	420,000	450	4	do.		

Würtembergische Staatsbahnen und Privatbahnen

siehe Seite 36.

Badische Staatsbahnen. Würtembergische Staatsbahnen.

„ Privatbahnen. „ Privatbahnen.

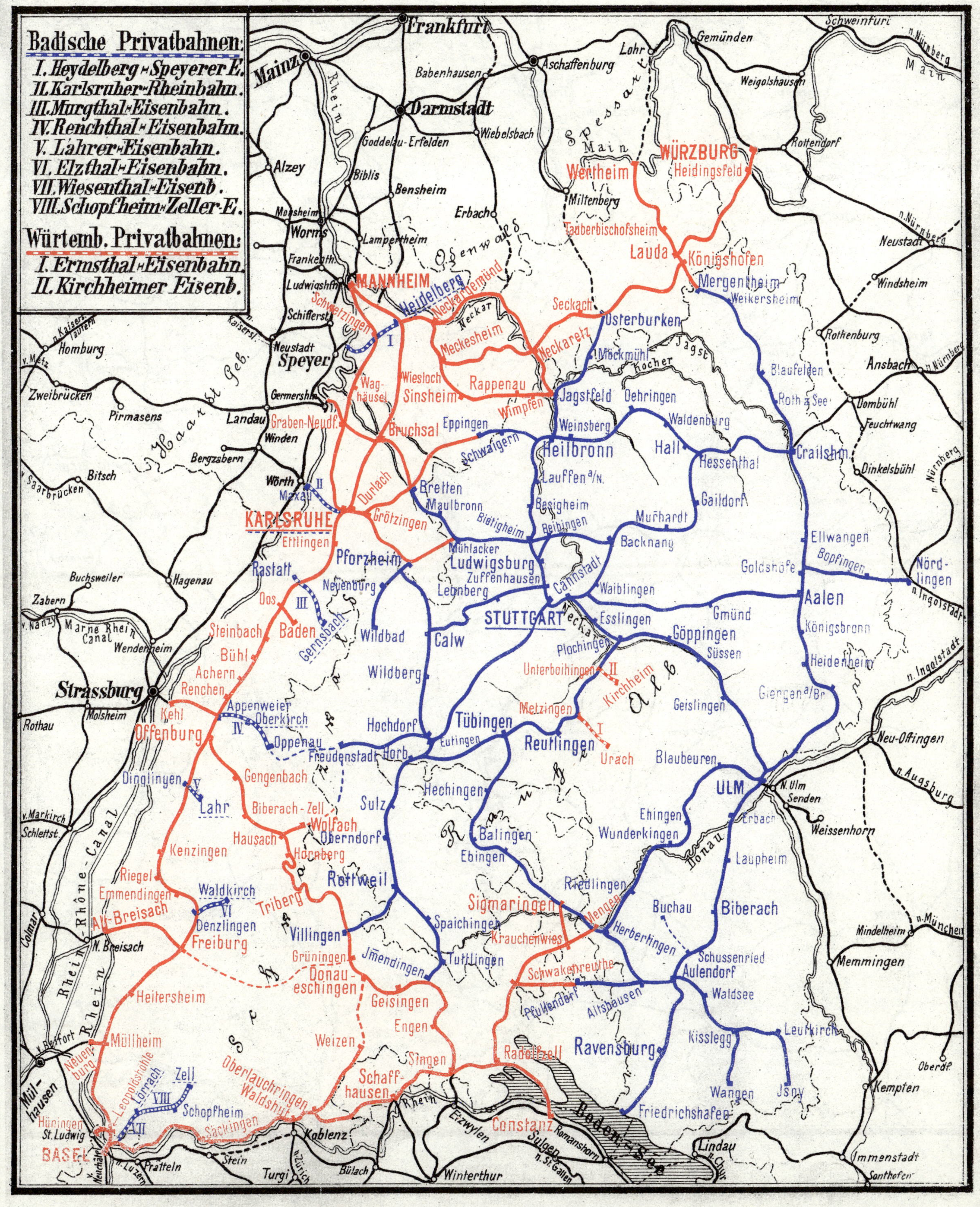

1: 1250000.

Elsass-Lothringische Eisenbahn.

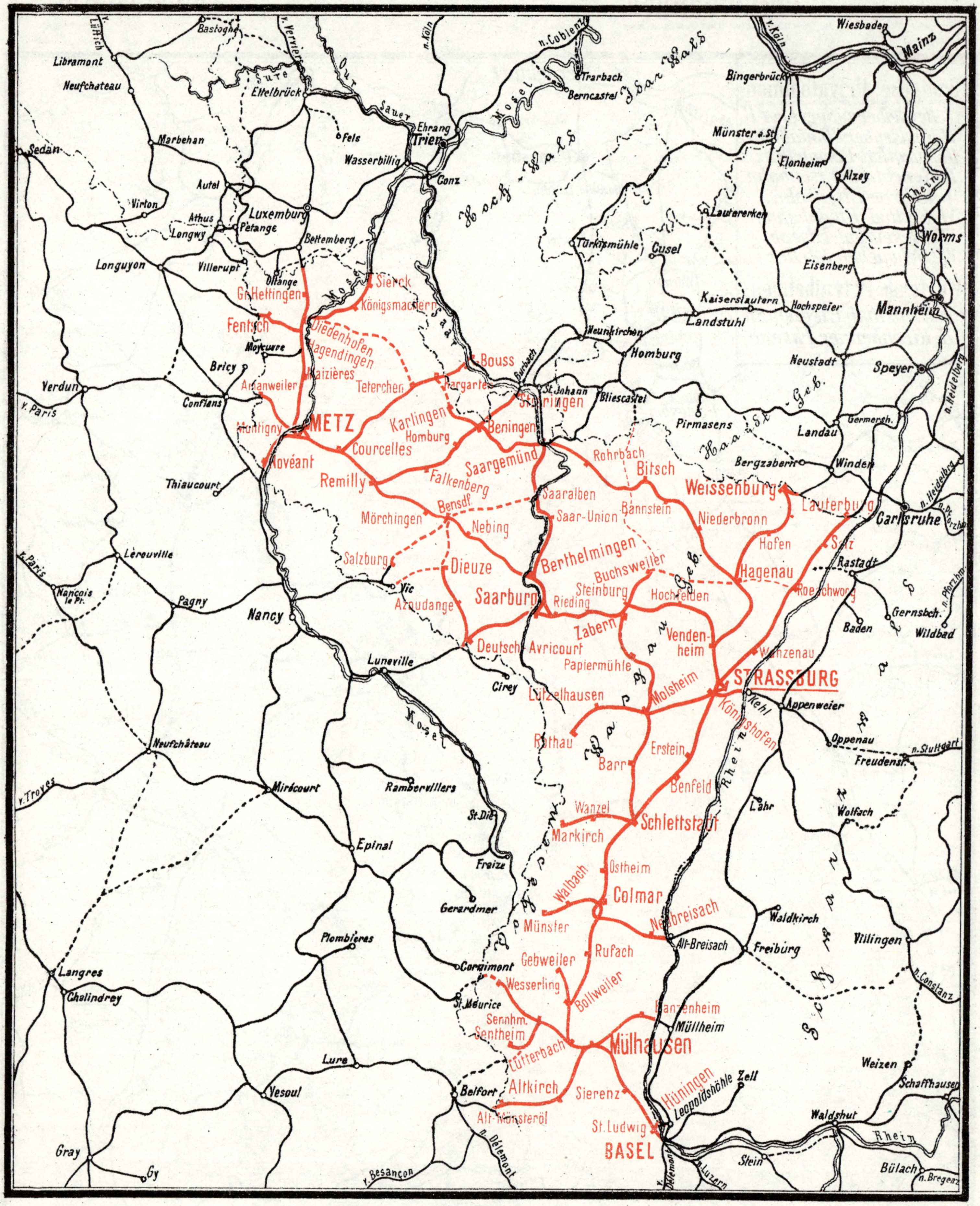

Königlich Würtembergische Staatseisenbahnen.

Karte Seite 35.

Die Würtembergischen Staatseisenbahnen, von welchen die erste Theilstrecke im Jahre 1845 eröffnet wurde, werden von der Königlich Würtembergischen Eisenbahn-Direction in Stuttgart verwaltet und haben eine Betriebslänge von 1502 km.

Dieselben erstrecken sich über das ganze Königreich Würtemberg sowie über die Preussischen Enclaven Hohenzollern-Sigmaringen und Hechingen und vermitteln den Verkehr der einzelnen Landestheile unter sich sowie mit den benachbarten Ländern Baden, Bayern und der Schweiz.

Als Hauptverkehrswege sind zu bezeichnen: die in Bretten an die Badische Staatsbahn anschliessende südlich führende Linie über Mühlacker, Stuttgart, Göppingen, Ulm, Biberach, Aulendorf und Ravensburg nach Friedrichshafen am Bodensee, welche Linie bis Ulm auch für den Verkehr von Westen nach Osten bezw. umgekehrt (zwischen Frankreich und Oesterreich) in Betracht kommt. Eine fernere wichtigere Linie ist diejenige von Mergentheim (Anschluss von Würzburg bezw. Wertheim) über Crailsheim und Aalen nach Ulm zum Anschluss an die oben bereits erwähnte südliche Hauptroute resp. zur Weiterführung über Ehingen nach Mengen zum Anschluss an die Badischen Staatsbahnlinien nach Radolfzell bezw. Basel. Der Verkehr von Osten nach Westen bewegt sich meistentheils über die Linien Crailsheim-Heilbronn-Bretten bezw. Crailsheim-Bietigheim-Bretten.

Ferner ist noch zu erwähnen die Schwarzwaldbahn von Stuttgart über Calw, Hochdorf, Rottweil nach Villingen zum Anschluss an die Badische Schwarzwaldbahn.

Das Bahnnetz durchstreift die Gebiete der Donau, des Neckars sowie der Kocher und Jagst und dringt mit mehrfachen Armen in die Höhenzüge des Schwarzwaldes ein. Die eigentlichen Berge Würtembergs, die Rauhe- und Schwäbische Alb werden vielfach durchschnitten.

Ausser den bereits erwähnten berührten Orten sind noch folgende zu nennen: Cannstadt, Ellwangen, Esslingen, Göppingen, Hechingen, Ludwigsburg, Nördlingen, Pforzheim, Reutlingen, Sigmaringen, Tübingen, Wildbad und Weinsberg.

Transportirt werden Personen und Güter; die Einnahmen des letzteren Verkehrs betragen ungefähr das Doppelte der Einnahmen aus dem Personenverkehre. Im Güterverkehre gelangen hauptsächlich zum Transport: Steinkohlen, Holz, Getreide, Bier, Wein, Most, Mühlenfabrikate etc.

Würtembergische Privatbahnen.

Ermsthaleisenbahn.

Diese 10,4 km lange Bahn, Eigenthum einer in Urach domicilirenden Actiengesellschaft, führt von Metzingen über Neuhausen und Dettingen nach Urach und wurde im Jahre 1873 eröffnet. Sie dient sowohl dem Güter- als auch dem Personenlocalverkehre der berührten Gegenden.

Anlagecapital.	Nominalwerth in Mark.	Grösse der Stücke Mark.	Zinsen pCt.	Zahlungstermin.	Verloosung.	Dividenden in den Jahren 1874 bis 1879:	Course am Ende der Jahre:
a. Stamm-Actien	780,000	600		unbestimmt.		stets 2 %.	
b. Prioritäts-Obligationen	768,000	600 300 150	$4^1/_2$	$^1/_1$ $^1/_7$	im October auf 1. Januar.	Verzinsung und Amortisation sind von der Stadt Urach und der Amts-Korporation das. garantirt.	

Kirchheimer Eisenbahn.

Diese 7 km lange im Besitze einer Actiengesellschaft befindliche Eisenbahn führt von Unterboihingen über Oethlingen nach Kirchheim unter Teck und wurde im Jahre 1864 eröffnet. Der Sitz der Verwaltung der Gesellschaft befindet sich in Kirchheim. Die Bahn dient zur Personen- und Güterbeförderung der berührten Gegenden.

Anlagecapital.	Nominalwerth in Mark.	Grösse der Stücke Mark.	Zinsen pCt.	Zahlungstermin.	Verloosung.	Dividenden in den Jahren 1870 bis 1879:	Course am Ende der Jahre:
a. Stamm-Actien = Südd. Fl.	421,286 245,750	857 500		unbestimmt.		4, 4, 4, 5, 5, 5, 4, $4^1/_{12}$, $4^1/_{12}$, $4^1/_{12}$%.	
b. Prioritäts-Obligationen	166,343						

Elsass-Lothringische Eisenbahnen.

Die Elsass-Lothringischen Eisenbahnen haben eine Betriebslänge von 1143 km und werden von der Kaiserlich Deutschen Generaldirection der Eisenbahnen in Elsass und Lothringen zu Strassburg i. E. verwaltet. Dieselben sind Eigenthum des Deutschen Reiches und kommen die Erträgnisse derselben der Reichskasse zu. In weitverzweigtem Netze über die Reichslande Elsass und Lothringen sich erstreckend vermitteln dieselben den Localverkehr dieser Provinzen sowie einen ziemlich bedeutenden Durchgangsverkehr bezw. directen Verkehr mit den benachbarten Ländern.

Die Hauptroute für den Verkehr von Norden nach Süden und umgekehrt bildet die dem Rheinstrome nahezu parallel laufende Linie Weissenburg-Basel. Dieselbe, ein wichtiges Glied der Route Cöln-Basel, beginnt in Weissenburg im Anschluss an die pfälzischen Eisenbahnen und führt zunächst über Hagenau nach Strassburg und sodann, von den Bergzügen der Vogesen begleitet, über Erstein, Benfeld, Schlettstadt, Rappoltsweiler, Colmar (woselbst eine Zweigbahn nach Neu- bezw. Altbreisach sich abtrennt), Mühlhausen (berühmt durch seine grossartige Industrie) und St. Ludwig nach Basel, dem Hauptausgangspuncte für den Verkehr nach der Schweiz.

Eine fernere Hauptroute, welche als Durchgangsroute für den Verkehr zwischen Oesterreich-Ungarn und Frankreich zu betrachten ist, führt von Kehl (Station der Badischen Staatseisenbahnen) über Strassburg, Vendenheim, Zabern und Saarburg bis zur Reichsgrenze bei Deutsch-Avricourt, woselbst Anschluss an die Französische Ostbahn in der Richtung nach Nancy, Chalons und Paris stattfindet. Von der letzteren Route trennt sich bei Rieding die über Mörchingen nach Metz führende Strecke ab, welche lediglich zur Verbindung der beiden Hauptstädte Strassburg und Metz dient. Eine fernere Hauptroute beginnt in Sierck als Fortsetzung der Linie Berlin-Wetzlar-Reichsgrenze und führt über Diedenhofen nach Metz; die Strecke von Stieringen bis Remilly bildet ferner ein Glied der alten Route Frankfurt a. M.-Paris.

Von sonstigen an der Bahn liegenden Orten sind noch zu nennen: Barr, Bitsch, Buchsweiler, Bollweiler, Forbach, Lauterburg, Molsheim, Münster, Reichshofen, Rothau, Saargemünd, Thann und Wesserling.

Die Bahnen, welche theilweise aus strategischen Rücksichten erbaut sind, dienen sowohl dem Personen- als auch dem Güterverkehre; die Einnahmen des letzteren Verkehrs sind bedeutender als diejenigen des ersteren. Im Bau begriffen sind Linien von Diedenhofen nach Teterchen, von Hargarten nach Karlingen, von Saaralben nach Dieuze bezw. Chateau-Salins und von Buchsweiler nach Hagenau.

Die Generaldirection in Strassburg leitet ausserdem noch die Verwaltung und den Betrieb der Wilhelm-Luxemburger Eisenbahn.

Königlich Preussische Staatsbahnen.

Die Königlich Preussischen Staats- und unter Staatsverwaltung stehenden Privatbahnen, von denen die in den Jahren 1879 und 1880 verstaatlichten Bahnen sämmtlich bereits im vorliegenden Werke speciell behandelt sind, umfassen nach der am 1. April 1880 erfolgten Neuorganisation der Staatbahnen die weiter unten aufgeführten Bezirke Königlicher Eisenbahn-Directionen. Unter den letzteren Behörden fungiren Eisenbahn-Betriebsämter für die specielle Verwaltung einzelner Theilstrecken eines Bezirks. Zur Zeit bestehen die Directionsbezirke:

1) Berlin: Niederschlesisch-Märkische Eisenbahn, Berliner Ringbahn, Berliner Nordbahn, Berlin-Dresdener Bahn und Halle-Sorau-Gubener Bahn.
2) Bromberg: Preussische Ostbahn, Pommersche Centralbahn und Hinterpommersche Eisenbahn.
3) Hannover: Hannoversche Staatsbahn, Westfälische Eisenbahn, Main-Weser Bahn, Münster-Enscheder Bahn.
4) Frankfurt a. M.: Frankfurt-Brebaer Bahn, Berlin-Wetzlar, Homburger Bahn, Halle-Casseler Bahn, Taunus-Bahn, Nassauische Bahn, Rhein-Nahe Bahn und Saarbrücker Bahn.
5) Breslau: Oberschlesische Eisenbahn.
6) Elberfeld: Bergisch-Märkische Eisenbahn.
7) Stettin: Berlin-Stettiner Bahn.
8) Magdeburg: Magdeburg-Halberstädter und Hannover-Altenbekener Eisenbahn sowie Berlin-Potsdam-Magdeburger Eisenbahn.
9) Cöln: Cöln-Mindener Bahn.
10) Cöln: Rheinische Bahn.

Die Gesammtbetriebslänge der sub. 1—4 und 7—10 ausgeführten Bahnen, soweit solche Königlich Preussisches Eigenthum sind bezw. auf Rechnung des Königlich Preussischen Staates betrieben werden, beträgt 11473 km. Ferner gehören noch dem Preussischen Staate die Heppens-Oldenburger Bahn, ein Antheil an der Main-Neckar Bahn sowie die im Bau begriffene Berliner Stadteisenbahn.

Directionsbezirk Berlin.

Der Eisenbahn-Directionsbezirk Berlin umfasst zunächst das vom Preussischen Staate seit dem Jahre 1852 gegen Gewährung einer festen Rente erworbene Unternehmen der **Niederschlesisch-Märkischen Eisenbahn** mit den Strecken von Berlin über Frankfurt a. d. Oder nach Breslau nebst der Zweigbahn von Kohlfurt über Görlitz bis zur Sächsischen Landesgrenze, wovon die erste Theilstrecke (von Berlin nach Frankfurt a. d. Oder) bereits im Jahre 1842 eröffnet wurde. Ferner sind dem Bezirke zugetheilt die direct vom Preussischen Staate erbauten bezw. erworbenen Strecken der Schlesischen Gebirgsbahn, der Abkürzungslinie Gassen-Arnsdorf, der Berliner Ringbahn und der Berliner Nordbahn. Endlich leitet die Königliche Eisenbahn-Direction für Rechnung der betreffenden Gesellschaften die Verwaltung und den Betrieb der Halle-Sorau-Gubener sowie der Berlin-Dresdener Eisenbahn. Bezüglich der letzteren Bahnen wird auf Karte 13 dieses Atlas verwiesen.

Nach der am 1. April 1880 vorgenommenen Neuorganisation der preussischen Staatsbahnen sind der Direction zu Berlin 6 Betriebs-Aemter (zwei in Berlin und je eins in Breslau, Görlitz, Stralsund und Halle a. d. Saale) unterstellt, welchen die specielle und locale Verwaltung der einzelnen Strecken übertragen ist.

Die Hauptbahn (ehemals Niederschlesisch-Märkische Eisenbahn) beginnt in Berlin und führt über Fürstenwalde nach Frankfurt a. d. Oder. Von letzterer Stadt zieht sie sich in südlicher Richtung im Oder- und Neissethale nach Guben, berührt Sommerfeld, Sorau, Kohlfurt, Bunzlau, Liegnitz und endet in dem auf dem westlichen Stadtende belegenen Niederschlesisch-Märkischen Bahnhofe Breslau.

Die oben erwähnte von Kohlfurt abführende Zweigbahn überschreitet mehrere Gewässer, tritt sodann bei Penzig in das Thal der Neisse und überbrückt dasselbe nahe vor dem Görlitzer Bahnhofe vermittelst eines langen Viaducts.

Von den an den übrigen Strecken des Bahnbezirkes (excl. der Privatbahnen) belegenen Orten sind zu nennen: Sagan, Lauban, Hirschberg, Dittersbach, Glatz, ferner Oranienburg, Strelitz, Neubrandenburg, Demmin und Stralsund.

Die Bahn stellt eine unmittelbare Verbindung zwischen Breslau und Berlin her. Sie nimmt den Localverkehr eines Theils der Mark Brandenburg, Pommerns, der Ober- und Niederlausitz, sowie Niederschlesiens auf. Sie vermittelt durch die Zweigbahn von Kohlfurt nach Görlitz den Verkehr mit Sachsen und Böhmen; ferner durch die Schlesische Gebirgsbahn mit dem Riesengebirge, durch die Nordbahn mit der Ostsee und gewährt einen unmittelbaren Anschluss an die Niederschlesischen Kohlengruben im Waldenburger Reviere.

Durch ihre vielfachen Anschlüsse fremder Bahnen vermittelt sie einen grossen Theil des Verkehrs zwischen Nieder- und Oberschlesien, Galizien, Oesterreich-Ungarn einerseits und den Nord- und Ostseehafenplätzen sowie Mittel- und Westdeutschland andererseits.

Der Personenverkehr ist hauptsächlich ein localer, während im Güterverkehre, welcher überwiegend ist, der directe bezw. Durchgangsverkehr vorherrscht. Hauptsächlich werden transportirt: Steinkohlen, Getreide, Holz, Braunkohlen, Kartoffeln u. s. w.

Tabelle Seite 40a.

Altdamm-Colberger Eisenbahn.

Das Unternehmen der Altdamm-Colberger Eisenbahngesellschaft, deren Gesellschaftssitz Stettin ist, bezweckt den Ausbau einer 122,5 km langen Secundärbahn von Altdamm nach Colberg. Die Eröffnung der Bahn wird voraussichtlich im Sommer 1881 stattfinden.

Die Bahn beginnt bei Altdamm im Anschluss an die Berlin-Stettiner Eisenbahn, geht über die Städte Gollnow, Naugard, Plathe, Greifenberg, Treptow a. d. Rega und endet bei Colberg. Sie überschreitet die schiffbaren Flüsse Plöne, Rega und Persante und hat hauptsächlich den Zweck, die von ihr durchschnittene Gegend in einen geregelten Verkehr mit anderen Gegenden zu bringen und namentlich ihren bedeutenden Bodenerzeugnissen ein weiteres Absatzgebiet zu eröffnen; ihre Aufgabe findet sie deshalb hauptsächlich in der Vermittelung des Güterverkehrs.

Anlagecapital.	Nominalwerth in Mark.	Grösse der Stücke Mark.	Zinsen pCt.	Zahlungstermin.	
a. Stamm-Actien	3,150,000	500		1. April.	Hiervon übernahm der Preussische Staat 550,000 ℳ, die Provinz Pommern 407,500 ℳ, die verschiedenen Kreise 250,000 ℳ und die Städte 400,000 ℳ.
b. Stammprioritäts-Actien Lit. A.	2,000,000	500		do.	
do. Lit. B.	1,150,000	500		do.	Hiervon übernahm der Staat 550,000 ℳ und die Provinz 407,500 ℳ.

Die Stammprioritäten Lit. A. haben eine $4\frac{1}{2}$% Zinsgarantie Seitens der Kreise Naugard, Regenwalde und Greifenberg auf 10 Jahre.

Stargard-Cüstriner Eisenbahn.

Die Erbauung einer 95,8 km langen Verbindungslinie der beiden Städte Stargard und Cüstrin ist in Aussicht genommen. Die Bahn wird als normalspurige Secundärbahn ausgebaut.

Dieselbe beginnt in Stargard im Anschluss an die Stargard-Posener Eisenbahn und führt über Warnitz, Pyritz, Lippehne, Soldin, Neudamm und sodann nach Ueberschreitung der Mietzel nach Cüstrin.

Die Bahn hat den Zweck, den Kreisen Soldin und Pyritz eine Schienenverbindung mit den an ihren Grenzen sich hinziehenden Eisenbahnen zu verschaffen, da deren Production unter den gegenwärtigen Kommunicationsverhältnissen nicht zu derjenigen Entwickelung gelangen kann, zu welcher die beiden Kreise vermöge der Fruchtbarkeit des Bodens und der Betriebskraft ihrer Eingesessenen befähigt sind.

Das Anlagecapital wird 6,030,000 ℳ betragen, von welchem der Staat 1,000,000 ℳ in Stamm- und Stammprioritätsactien und die Provinzialfonds der berührten Provinzen Pommern und Brandenburg 639,000 ℳ übernommen haben.

Preussische Staatsbahn (Directionsbezirk Berlin).

Altdamm - Colberger Eisenbahn. Stargard - Cüstriner Eisenbahn.

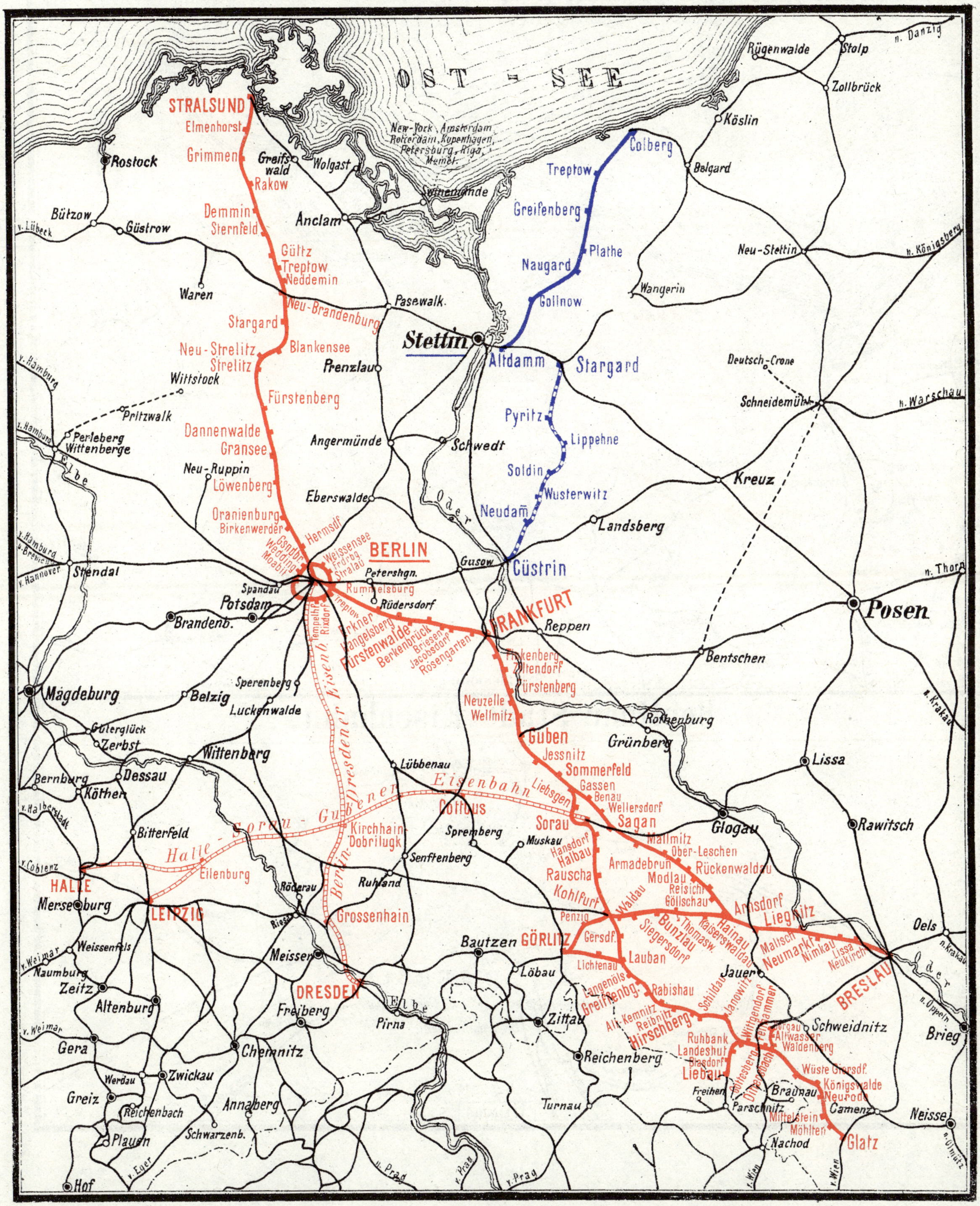

1:2600000

Preussische Staatsbahnen:

Directionsbezirk Bromberg. Militair-Eisenbahn.

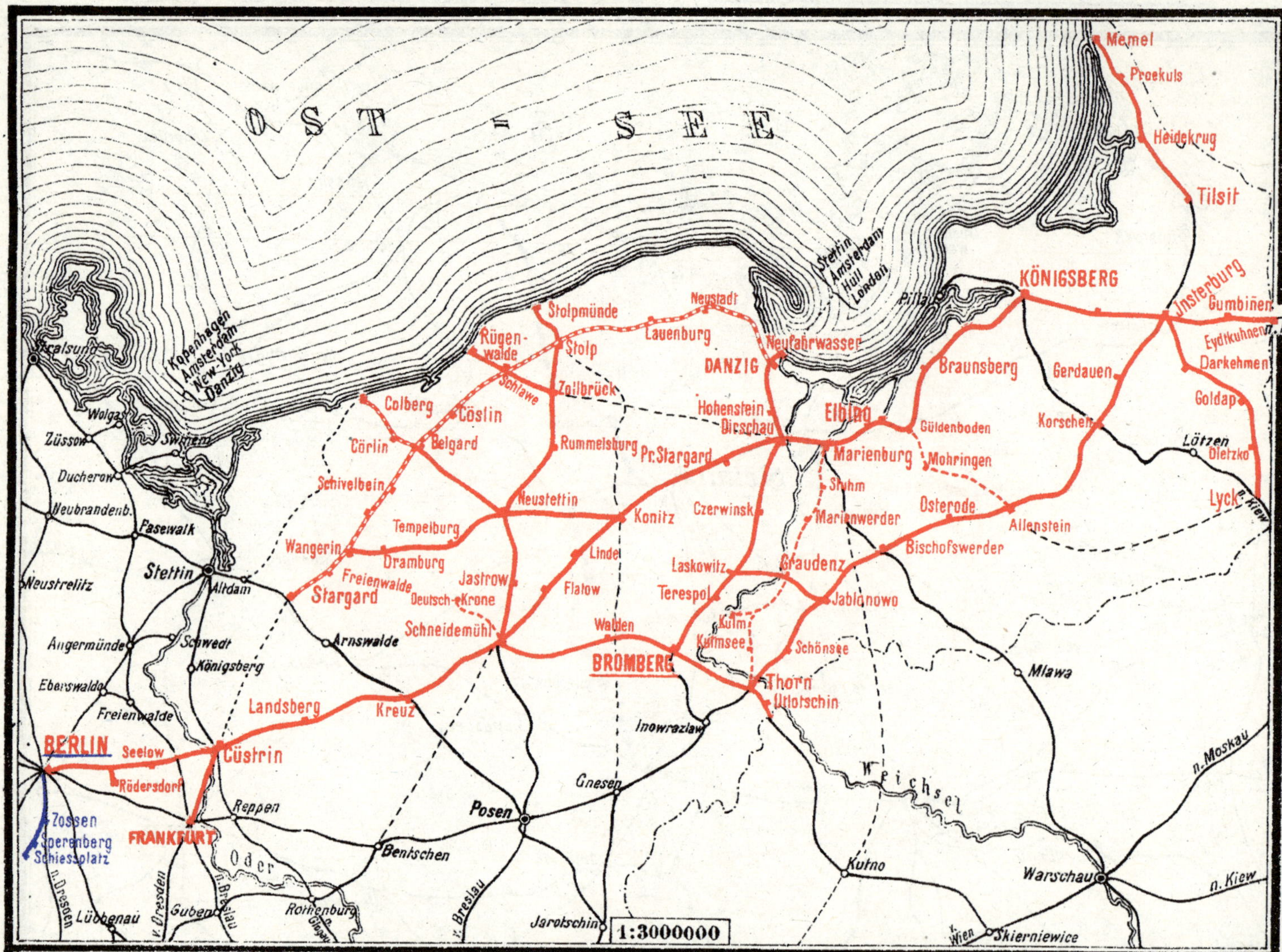

Berliner Stadt-Eisenbahn.

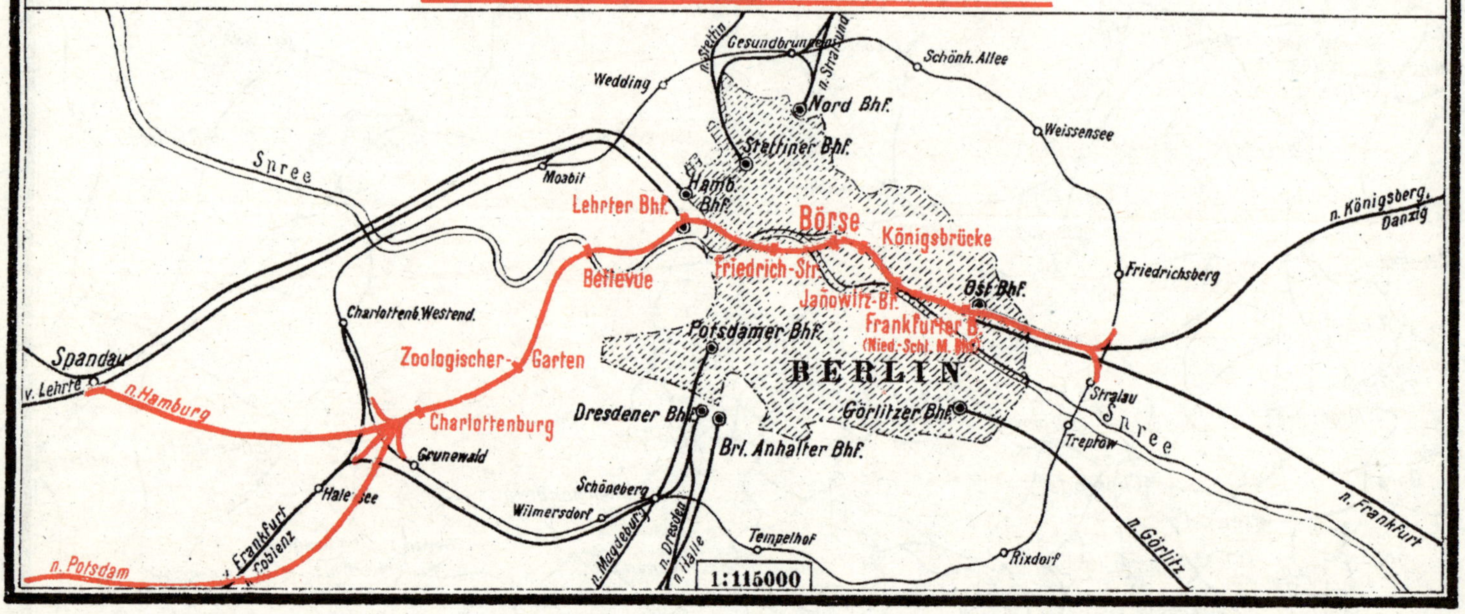

Preussische Staatsbahnen.

Directionsbezirk Bromberg.

Der Eisenbahn-Directionsbezirk Bromberg umfasst die Strecken der ehemaligen Preussischen Ostbahn, der Hinterpommerschen Eisenbahn und der Pommerschen Centralbahn. Die Gesammtlänge sämmtlicher Strecken, deren Localverwaltung den zu Berlin, Schneidemühl, Stolp, Danzig, Königsberg i. P., Bromberg, Thorn und Stettin domicilirenden Königlichen Eisenbahn-Betriebsämtern übertragen ist, beträgt 2593 km, von denen die erste Theilstrecke bereits im Jahre 1851 eröffnet wurde.

Die Hauptroute des Netzes, die Linie von Berlin nach Eydtkuhnen (die ehemalige Ostbahn) bildet den Hauptweg für den durchgehenden Verkehr von Deutschland nach Russland und umgekehrt. Dieselbe beginnt in Berlin im Anschluss an die daselbst einmündenden zahlreichen Bahnen und führt über Cüstrin, woselbst die Oder überschritten wird, Landsberg und Kreuz nach Schneidemühl. Hierselbst theilt sich die Route in 2 Theile, und führt die nördliche (alte) Route weiter über Dirschau (Ueberschreitung des Weichselstroms auf grossartiger Brücke), Elbing und Königsberg nach Insterburg, während die südliche Route über Bromberg, Thorn und Allenstein ebenfalls nach Insterburg führt. Die wieder vereinigten Routen führen sodann über Gumbinnen bis zur Grenzstation Eydtkuhnen bezw. zur russischen Station Wirballen zum Anschluss an die russische Linie nach Petersburg. Von Dirschau führt eine Zweigbahn nach der alten Handelsstadt Danzig und ebenso von Cüstrin eine Abzweigung nach Frankfurt a. d. Oder.

Die sogenannte Hinterpommersche Bahn, Eigenthum der Berlin-Stettiner Eisenbahngesellschaft, umfasst die Strecken von Stargard über Cöslin, Stolp nach Danzig bezw. von Belgard nach Colberg und ist seit dem Jahre 1878 in den Betrieb des Preussischen Staates übergegangen.

Die Pommersche Centralbahn umfasst die Strecke von Wangerin über Neustettin nach Konitz.

Die Bahn vermittelt einen grossen Theil des Verkehrs zwischen den beiden Staaten Deutschland und Russland sowie den Localverkehr der von ihr durchschnittenen Provinzen Brandenburg, Pommern, Posen und Preussen und hat Personen- und Güterverkehr, deren Einnahmen sich wie 1 : 2 verhalten. Der Personenverkehr ist hauptsächlich ein localer, während beim Güterverkehr auch der directe bezw. Durchgangsverkehr auch aus dem südlichen Russland sowie Polen nach den Ostseehäfen Danzig und Königsberg einen erheblichen Factor der Einnahme bildet. An Gütern gelangen hauptsächlich zum Transport: Getreide, Hülsenfrüchte, Steinkohlen, Cokes, Holz, Flachs etc.

Die Strecke Fredersdorf-Rüdersdorf ist Eigenthum der Königlichen Berginspection Rüdersdorf, und hat die behandelte Bahn nur die Verwaltung derselben. Ein Theil der Strecken, namentlich diejenigen der ehemaligen Pommerschen Centralbahn wird secundär betrieben.

Von den bedeutenderen an der Bahn liegenden Orten sind ausserdem noch zu nennen: Braunsberg, Dramburg, Deutsch-Eylau, Graudenz, Goldap, Jablonowo, Korschen, Lyck, Memel, Marienburg, Neufahrwasser, Stolpmünde, Stallupönen, Tilsit, Trakehnen, Wehlau und Wartenburg.

Eine Erweiterung des Bahncomplexes steht in Aussicht durch die Anlage der sogenannten Weichselstädtebahn, von Marienburg nach Thorn mit einer Abzweigung nach Kulm, sowie durch Herstellung der Linien von Güldenboden über Mohringen nach Allenstein bezw. von Schneidemühl nach Deutsch-Krone.

Militair-Eisenbahn.

Die Militair-Eisenbahn ist Eigenthum des Königlich Preussischen Militairfiskus und zum Zwecke der Ausbildung der Offiziere und Mannschaften des Eisenbahn-Regiments sowie zur Verbindung des Schiessplatzes der Königlichen Artillerie-Prüfungscommission mit Berlin erbaut. Dieselbe hat eine Betriebslänge von 45,9 km und wird von der Betriebs-Abtheilung in Schöneberg bei Berlin verwaltet.

Die Bahn führt von Berlin über Zossen und Sperenberg nach dem Schiessplatze in der Kunersdorfer Forst.

Die Strecke von Berlin bis Zossen dient ausschliesslich den Militärtransporten, während die Strecke von Zossen bis zum Schiessplatze auch dem öffentlichen Verkehre zugänglich ist, und auf derselben Personen und Güter transportirt werden.

Berliner Stadteisenbahn.

Die im Bau begriffene Berliner Stadteisenbahn ist Eigenthum des Preussischen Staates. Dieselbe durchzieht Berlin von Osten nach Westen. Sie beginnt im Osten Berlins im Niederschlesisch-Märkischen Bahnhofe und endet in dem am Südende der Schloss- und Wilmersdorfer-Strasse in Charlottenburg belegenen „westlichen Endbahnhofe“.

Die Stadtbahn soll zunächst dem Personenverkehre dienen. Sie erhält 4 Gleise, die beiden nördlichen für den Verkehr innerhalb der Stadt sowie mit den Stationen der Ringbahn und den sogenannten Vororten Berlins (insbesondere Potsdam, Spandau, Köpenick, Erkner u. s. w.); die beiden südlichen für den durchgehenden Verkehr der anschliessenden Bahnen. Es werden angelegt die Stationen: Oestlicher Endbahnhof, Jannowitzbrücke, Königsbrücke, Börse, Friedrichstrasse, Lehrter Bahnhof, Bellevue (Moabit), Zoologischer Garten und der Westliche Endbahnhof (Charlottenburg). Die Gesammtlänge der Bahn beträgt 11,2 km.

Der Hauptzweck der Stadtbahn ist, soweit sie dem Binnenverkehre dient, dem Publicum im Innern Berlins ein Verkehrsmittel zu gewähren, welches namentlich bei weiten Entfernungen vor den übrigen öffentlichen Fuhrwerken, einschliesslich der Pferdebahnen, den Vorzug grösserer Schnelligkeit und steter Zulänglichkeit auch bei dem stärksten Zudrange bietet, sowie den Verkehr mit den Vororten zu erleichtern, und soweit sie dem durchgehenden Verkehre dient, den Reisenden der Anschlussbahnen das Beginnen und Beendigen ihrer Reise an verschiedenen Punkten im Inneren der Stadt zu gestatten. Die Leitung des Baues steht unter einer in Berlin domicilirenden Königlichen Direction.

Preussische Staatsbahnen.

Directionsbezirk Hannover.

Der vorbezeichnete Bezirk umfasst nach der am 1. April 1880 erfolgten Neuorganisation der Preussischen Staatsbahnen die Bahnstrecken der ehemaligen Hannoverschen Staatsbahn, der Westfälischen sowie der Main-Weser Bahn mit folgenden Strecken:

a. von Emden über Rheine, Münster, Hamm und Paderborn nach Warburg;
b. von Welver über Dortmund nach Sterkrade nebst der Zweigbahn von Bodelschwingh nach Mengede;
c. von Altenbeken nach Holzminden (Grenze);
d. von Ottbergen über Northeim nach Nordhausen mit der Zweigbahn von Herzberg nach Badenhausen;
e. von Frankfurt a. M. über Giessen, Cassel, Göttingen, Hannover, Lüneburg nach Harburg (Hamburg);
f. von Lehrte nach Hildesheim;
g. von Lüneburg nach Lauenburg bezw. Hohnstorf;
h. von Rheine über Minden und Hannover bis zur Braunschweigischen Grenze bei Peine;
i. von Wunstorf über Bremen nach Geestemünde mit der Zweigbahn von Burg-Lesum nach Grohn-Vegesack;
k. von Goslar nach Vienenburg (an die Braunschweigische Eisenbahn verpachtet).

Die Gesammtlänge der im eigenthümlichen Besitze des Staates befindlichen Strecken einschliesslich derjenigen Strecken unter i, welche dem Staate Bremen mitangehören, beträgt 1571,8 km.

Die obere Leitung der Verwaltung liegt der Königlichen Eisenbahn-Direction zu Hannover ob, während die specielle und locale Verwaltung der einzelnen Bahnstrecken durch 7 Königliche Eisenbahn-Betriebs-Aemter (in Hannover, Bremen, Münster, Dortmund, Paderborn und Cassel, an letzterem Orte 2 Aemter) wahrgenommen wird.

Die Königliche Eisenbahn-Direction zu Hannover leitet ausserdem noch den Betrieb der Münster-Enscheder Eisenbahn sowie den Betrieb der dem Königlich Preussischen bezw. Fürstlich Schaumburg-Lippeschen Fiskus gehörenden Kohlenbahn von Stadthagen nach Osterholz (Obernkirchen).

Die in Frage kommenden Bahnstrecken liegen eines Theils im Bereiche der Norddeutschen Tiefebene, woselbst sie vielfach den Flussthälern der Ems, Weser, Elbe und Leine folgen, sodass hervorragende Anlageverhältnisse der Traçe hier nur vereinzelt vorkommen; anderen Theils, weiter nach Süden, durchbrechen sie die Höhenzüge des Wesergebirges, des Teutoburger Waldes sowie der Vorberge des Südharzes und erhalten stellenweise (namentlich auf der Strecke Paderborn-Warburg) den Character einer Gebirgsbahn. Ausser denjenigen der bereits oben erwähnten Flüsse berührt die Bahn noch die Gebiete der Lippe, Lahn, Werra und Fulda, der Aller u. s. w. Von den an der Bahn liegenden Orten sind zu nennen: Bückeburg, Bremen, Carlshafen, Cassel, Celle, Dortmund, Emden, Frankfurt a. M., Friedberg, Geestemünde (Bremerhafen), Göttingen, Giessen, Hannover, Harburg, Hildesheim, Höxter, Holzminden, Hamm, Leer, Lingen, Lippstadt, Lüneburg, Münster, Minden, Marburg, Nienburg, Nordhausen, Northeim, Nauheim, Osnabrück, Osterode, Paderborn, Soest, Uelzen und Verden.

Auf den Strecken der Verwaltung, mit Ausnahme derjenigen von Dortmund nach Sterkrade bezw. Mengede, auf welcher bei secundärem Betriebe z. Z. nur Güterverkehr stattfindet, werden Personen und Güter transportirt, wobei die Einnahmen des Güterverkehrs bedeutend überwiegen. Die Bahnen vermitteln ausser theilweise sehr lebhaftem Localverkehr der berührten Gegenden den Verkehr der Nordsee-Häfen Emden, Geestemünde (Bremerhafen) und Hamburg mit den Provinzen Westfalen, Hannover und Hessen-Nassau, sowie durch Anschlüsse an die benachbarten Bahnen den directen Verkehr mit dem grössten Theile der Bahnen Deutschlands und ausserdem den internationalen mit dem Auslande.

Eine Erweiterung des Netzes steht in Aussicht durch die Herstellung der sogenannten Ostfriesischen Küstenbahn, von Emden über Norden in der Richtung auf Jever mit einer Zweigbahn nach Aurich sowie einer von Cölbe (Linie Cassel-Frankfurt) abzweigenden Secundärbahn nach Laasphe (Biedenkopf).

Ferner sind folgende Linien projectirt: von Scharzfeld-Lauterberg nach Andreasberg, von Geestemünde nach Cuxhafen, von Lollar nach Gladenbach, von Salzwedel über Hitzacker nach Hohnstorf und von Lauenburg nach Altona, sowie von Hildesheim nach Braunschweig.

Oldenburgische Staatsbahn.

Die Oldenburgische Eisenbahn, Eigenthum des Grossherzogthums Oldenburg, hat incl. der dem Preussischen Staate gehörenden Strecke Oldenburg-Wilhelmshafen (Heppens-Oldenburger Bahn, 52,37 km lang) eine Länge von 346,4 km. Die erste Strecke der Bahn, deren Betrieb von der Grossherzoglichen Eisenbahn-Direction in Oldenburg geleitet wird, wurde im Jahre 1867 eröffnet. Dieselbe umfasst die Strecken von Bremen über Oldenburg nach Neuschanz, von Hude über Brake nach Nordenhamm, von Oldenburg nach Wilhelmshafen bezw. Jever und von Oldenburg über Quakenbrück nach Osnabrück.

Die Bahn vermittelt den Verkehr des Grossherzogthums und hat hauptsächlich Binnenverkehr. Die Einnahmen des Güterverkehrs überwiegen diejenigen des Personenverkehrs.

Uelzen-Langwedeler Bahn.

Die vorbezeichnete Bahn, welche Eigenthum des Staates Bremen ist, führt von Uelzen über Soltau nach Langwedel. Dieselbe hat eine Länge von 97,8 km und wird der Betrieb von der Königlich Preussischen Eisenbahn-Direction zu Magdeburg geleitet.

Preussische Staatsbahnen:

Directionsbezirk Hannover. **Heppens-Oldenburger Eisenbahn.**

Oldenburgische Staatsbahn. **Ülzen-Langwedeler Eisenbahn.**

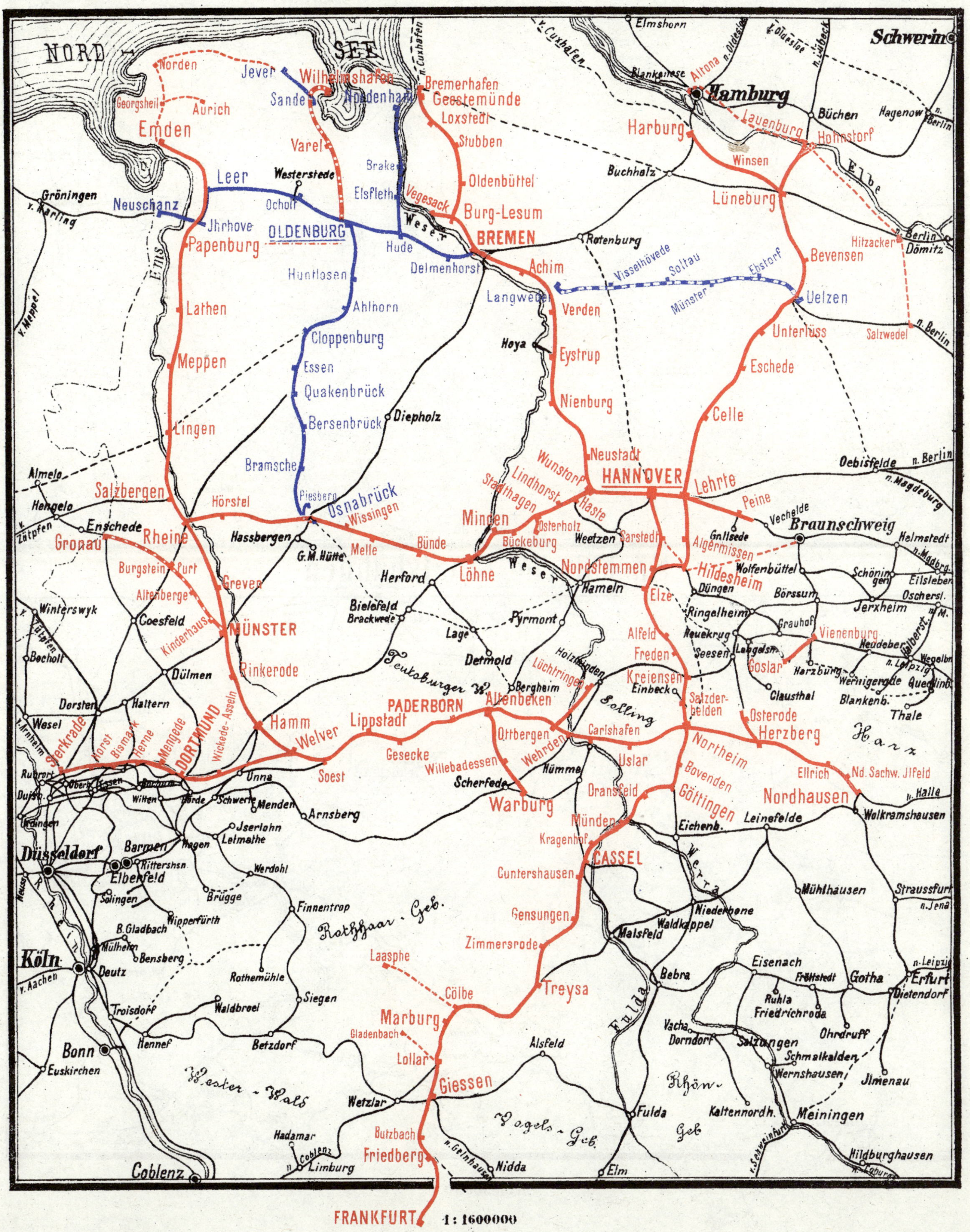

1 : 1600000

Preussische Staatsbahn (Directionsbezirk Frankfurt a. M.)

Main-Neckar Eisenbahn. Oberhessische Staatsbahn.

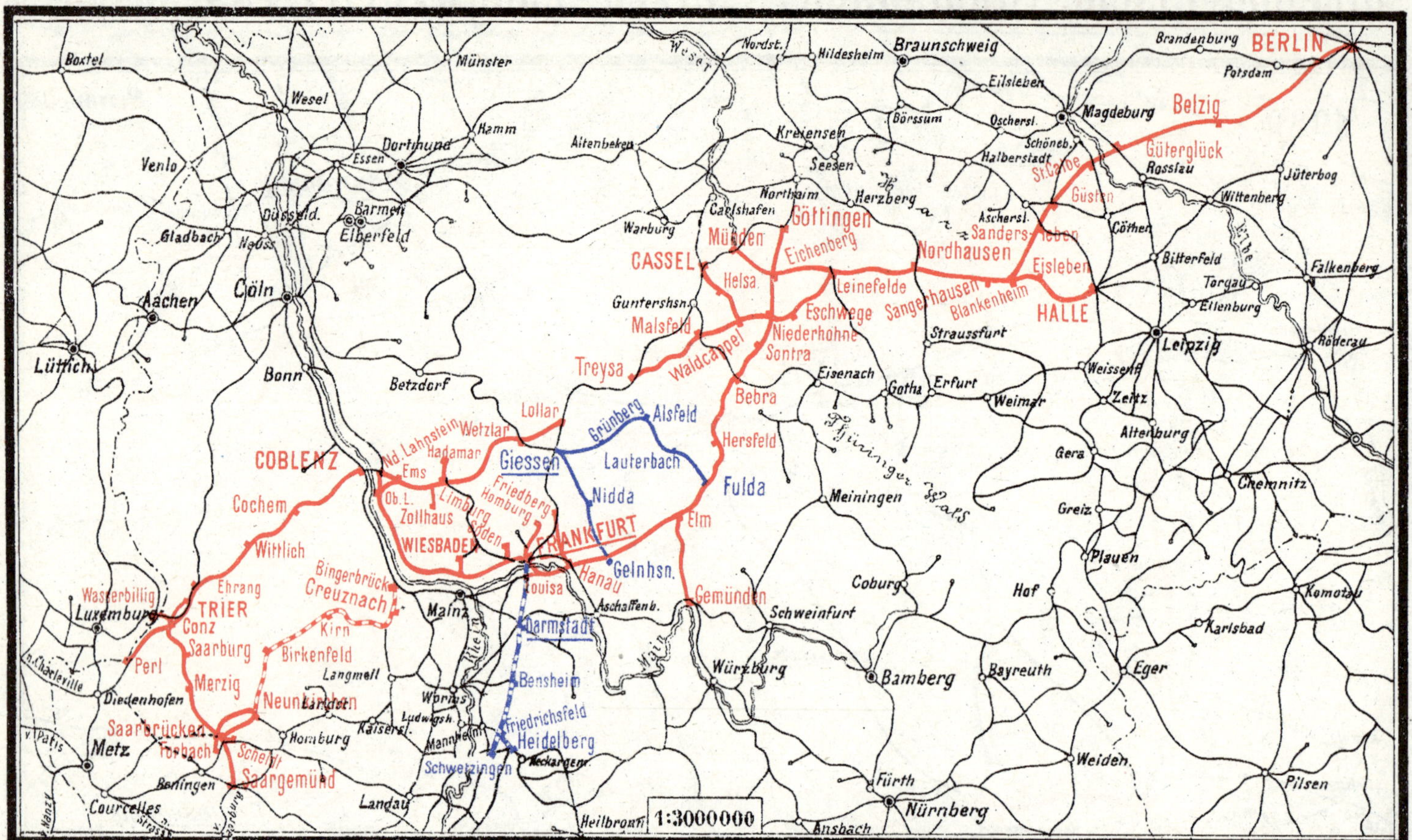

Sächsische Staatsbahnen

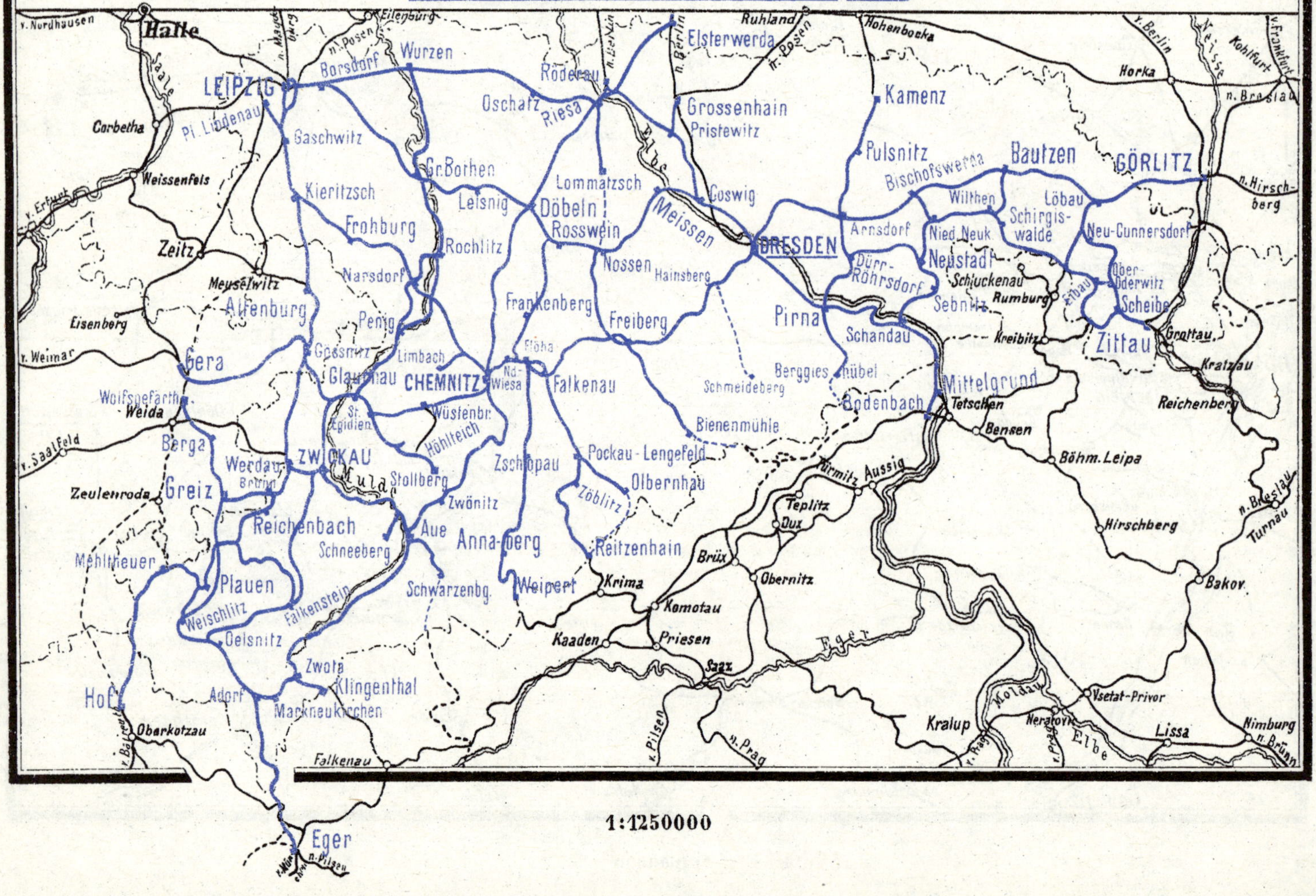

1:1250000

Preussische Staatsbahnen, Directionsbezirk Frankfurt a. M.

Der Königlichen Eisenbahn-Direction zu Frankfurt a. M. sind, wie bereits erwähnt (siehe Seite 37), die Strecken der vom Staate erbauten Frankfurt-Bebraer, Berlin-Wetzlarer, Saarbrücker und Nassauischen Bahn, ferner die durch Ankauf erworbenen Linien der Homburger, Halle-Casseler und Taunus-Bahn sowie die noch im Privatbesitze befindliche Rhein-Nahe-Bahn (siehe Seite 14) unterstellt. Unter der Direction fungiren für die Localbetriebsleitung sechs Betriebsämter und zwar in Berlin, Nordhausen, Wiesbaden, Trier, Saarbrücken und Frankfurt a. M. Die Betriebslänge sämmtlicher Strecken excl. der Rhein-Nahe-Bahn stellt sich auf 1570 km. Die erste Theilstrecke wurde bereits im Jahre 1839 eröffnet.

Die Hauptlinien des Bezirks sind folgende:

a. Die Berlin-Wetzlarer Bahn. Dieselbe beginnt in Berlin und führt über Güterglück, hinter welcher Station die Ueberschreitung der Elbe stattfindet, Calbe, Güsten, Sandersleben nach Blankenheim, von wo ab dieselbe theilweise auf der ehemaligen Halle-Casseler Bahn weitergeführt wird. Sodann werden berührt Sangerhausen, Nordhausen, Leinefelde und Niederhone, woselbst eine über Bebra, Fulda und Elm (Abzweigung nach Gemünden) nach Frankfurt a. M. führende Hauptroute, die Frankfurt-Bebraer Bahn sich abtrennt. Die erstere Route führt weiter über Waldcappel nach Treysa, von wo aus bis Station Lollar die Gleise der Main-Weserbahn mitbenutzt werden. Von letzterer Station ab führt die Bahn durch das Lahnthal über Wetzlar, Limburg, Ems, Lahnstein nach Coblenz (Ueberschreitung des Rheins) und sodann als Moselbahn über Cochem und Trier bis zur Landesgrenze bei Perl, woselbst Anschluss der Reichsbahnen in der Richtung auf Metz stattfindet.

b. Die Halle-Casseler Bahn beginnt in Halle a. d. S. und führt in westlicher Richtung über Eisleben, Nordhausen und Eichenberg nach Münden, von welcher Station ab bis Cassel die Gleise der Hannoverschen Staatsbahn mitbenutzt werden.

c. Die Nassauische und Taunus-Bahn von Frankfurt a. M. über Wiesbaden (Biebrich) und Rüdesheim nach Oberlahnstein.

d. Die Saarbrücker Bahn von Neunkirchen durch das an Kohlen so reiche Saarbecken nach Saarbrücken bezw. Trier; eine weitere Parallelbahn dieser Strecke führt die Bezeichnung Fischbachbahn.

e. Von Niederhone nach Göttingen, ein Glied der Route Hamburg-Bebra-Frankfurt a. M.

f. Die Homburger Bahn von Frankfurt a. M. nach Homburg.

Unter den von der Bahn berührten Plätzen sind ausser den bereits erwähnten noch zu nennen: Burbach, Castel, Conz, Dillingen, St. Goarshausen, Hanau, Heiligenstadt und Weilburg.

Die Bahn dient nicht nur den Interessen des Handels und der Industrie, sondern ist auch in strategischer Hinsicht von Wichtigkeit.

Dieselbe dient gleichmässig dem Personen- als auch dem Güterverkehre; die Einnahmen der Gütertransporte, namentlich im Bezirke der Saarbrücker Bahn, überwiegen bedeutend. Im Uebrigen findet sowohl localer als auch Durchgangsverkehr statt. Erweiterungslinien sind in Aussicht genommen von Walburg nach Grossalmerode, von Reil nach Traben und von Bernkastel nach Wengerohr.

Main-Neckar-Eisenbahn.

Die Main-Neckar-Bahn ist gemeinsames Eigenthum der drei Staaten Preussen, Hessen-Darmstadt und Baden. Dieselbe wird durch eine in Darmstadt domicilirende Direction, zu welcher jeder der drei genannten Staaten ein Mitglied bestellt, einheitlich betrieben bezw. verwaltet und hat excl. der Strecke Friedrichsfeld-Schwetzingen eine Länge von 87,5 km. Die Bahn wurde in ihrer ganzen Ausdehnung im Jahre 1846 dem Betriebe übergeben.

Dieselbe beginnt in Frankfurt a. M. und führt über Darmstadt, Bensheim, Weinheim, Friedrichsfeld nach Heidelberg bezw. nach Schwetzingen.

Die Bahn, welche Personen und Güter befördert, bildet ein wichtiges Glied der Route Hamburg-Basel und hat als solches einen äusserst lebhaften Verkehr; der locale Verkehr ist ebenfalls nicht unerheblich.

Oberhessische Staatsbahn.

Die Oberhessische Staatsbahn, ehemals Eigenthum einer Actiengesellschaft, gehört dem Staate Hessen-Darmstadt und wird der Betrieb derselben von der Grossherzoglichen Direction in Giessen geleitet.

Dieselbe umfasst die beiden Strecken:

a. von Fulda über Lauterbach, Alsfeld, Grünberg nach Giessen und

b. von Gelnhausen über Büdingen, Stockheim, Nidda, Langsdorf nach Giessen,

mit einer Gesammtlänge von 175,73 km. Die Bahn wurde im Jahre 1869 theilweise und im Jahre 1871 in ihrer ganzen Ausdehnung dem Betriebe übergeben.

Dieselbe befördert Personen und Güter und dient hauptsächlich dem localen Verkehre der berührten Gegenden; doch findet auch directer bezw. Durchgangsverkehr vermittelst der anschliessenden Bahnen (Main-Weser-Bahn, Deutz-Giessener und Frankfurt-Bebraer Bahn) statt. An Gütern gelangen hauptsächlich zum Transport: Steinkohlen, Cokes, Erze, Steine, Holz etc.

Königlich Sächsische Staatsbahnen.

Die Sächsischen Staatsbahnen, Eigenthum des Königreichs Sachsen, werden von der Generaldirection der Königlich Sächsischen Staatseisenbahnen in Dresden verwaltet und haben eine Betriebslänge von 1927 km. Die erste Theilstrecke derselben (Leipzig-Dresdener Bahn) wurde bereits im Jahre 1837 eröffnet.

Die Bahnen, von welchen einzelne Strecken, z. B. Grossbothen-Wurzen, Niederschlema-Schneeberg, Annaberg-Weipert u. s. w. secundär betrieben werden, breiten sich, wie ein Blick auf die Karte ergiebt, nach allen Richtungen über das Königreich Sachsen aus, vermitteln den Verkehr der einzelnen Landestheile unter sich sowie mit den benachbarten Ländern Preussen, Bayern und Oesterreich und dienen ferner dem Transitverkehre namentlich in der Richtung von Norden nach Süden und umgekehrt.

Als Hauptverkehrswege sind anzusehen die den Lauf der Elbe verfolgende Linie von Dresden über Pirna nach Bodenbach, welche zugleich die rentabelste Linie darstellt, ferner die Linie von Leipzig über Wurzen, Riesa und Coswig nach Dresden zum Anschluss an die Linie nach Bodenbach; ferner diejenige von Görlitz über Bautzen, Dresden, Freiberg, Chemnitz und Zwickau nach Hof, sowie endlich die Linie von Leipzig über Altenburg und Adorf nach Eger.

Die Linien der Bahn durchziehen theilweise höchst industrielle Gegenden und überwiegt in Folge dessen der Güterverkehr, bei welchem hauptsächlich zum Transport gelangen: Kohlen, Steine, Holz, Maschinen, Eisenstein, Kalk, Getreide etc.

Bezüglich der im Staatsbetriebe befindlichen Sächsischen Privatbahnen wird auf die Seiten 33 und 40a verwiesen.

Hamburg-Bergedorfer Eisenbahn.

Karte Seite 5.

Die Hamburg-Bergedorfer Bahn in einer Länge von 16 km ist Eigenthum des Hamburgischen Staates und befindet sich im Betriebe der Berlin-Hamburger Eisenbahn. Von dem ursprünglichen Anlagecapitale existirt nur noch ein Restbetrag der 4 % Prioritätsanleihe, deren Zinsen am 1. September ganzjährig fällig sind, und die durch jährliche am 1. Juni auf 1. September stattfindende Ausloosungen alpari zurückgezahlt wird.

Oberhohndorf-Reinsdorfer Kohleneisenbahn.

Diese Bahn mit dem Sitze der Gesellschaft in Schedewitz bei Zwickau in Sachsen hat lediglich den Zweck, die in der Oberhohndorfer Flur zur Gewinnung gelangenden Kohlen den Sächsischen Staatsbahnen zur Weiterverfrachtung zuzuführen. Das Actiencapital beträgt ℳ. 801,900 in Stücken von 450 ℳ. An Dividenden wurden in den Jahren 1876 bis 1879 vertheilt: ℳ. 115, 135, 150, 158 pro Actie.

Niederschlesisch-Märkische Eisenbahn.

Karte Seite 37.

Das Anlagecapital bestand aus:	Nominalwerth in Mark.	Grösse der Stücke Mark.	Zinsen pCt.	Zahlungstermin.	Verloosung.	Dividenden in den Jahren 1870 bis 1879:	Course am Ende der Jahre 1870 bis 1879:
a. Stamm-Actien	30,000,000	300	4	$^{1}/_{1}$ $^{1}/_{7}$	im Juli auf 2. Januar.	stets 4 %.	87, 96, 96, $98^{1}/_{2}$, $98^{1}/_{2}$, $98^{1}/_{2}$, $96^{3}/_{4}$, $96^{1}/_{4}$, $96^{3}/_{4}$, $98^{2}/_{10}$ %.
b. Prioritäts-Obligationen							
Prioritäts-Actien I. Ser.	8,400,000	300	4	$^{1}/_{1}$ $^{1}/_{7}$	im April auf 1. Juli.		$84^{1}/_{4}$, $92^{1}/_{2}$, 92, $94^{3}/_{4}$, $97^{1}/_{2}$, $98^{1}/_{2}$, $96^{3}/_{4}$, $96^{1}/_{2}$, $96^{6}/_{10}$, $98^{3}/_{10}$ %.
do. II. „	4,125,000	$187^{1}/_{2}$	4	$^{1}/_{1}$ $^{1}/_{7}$	do.		82, $91^{1}/_{2}$, $90^{3}/_{4}$, $92^{1}/_{2}$, $95^{3}/_{4}$, $97^{1}/_{10}$, $95^{6}/_{10}$, 94, 95, $97^{1}/_{2}$ %.
Obligationen I. u. II. Ser.	10,500,000	300 150	4	$^{1}/_{1}$ $^{1}/_{7}$	im Juli auf 2. Januar.		$84^{1}/_{2}$, 93, 93, $94^{3}/_{4}$, 98, $98^{1}/_{2}$, 97, $96^{9}/_{10}$, $98^{1}/_{2}$, $99^{1}/_{2}$ %.
do. III. „	6,900,000	300	4	$^{1}/_{1}$ $^{1}/_{7}$	nach Tilg. d. Stammact.		$79^{1}/_{2}$, $92^{3}/_{4}$, $90^{1}/_{4}$, $92^{1}/_{4}$, 97, 97, $95^{1}/_{4}$, $94^{1}/_{2}$, 95, 98 %.

Der Preussische Staat garantirt den Inhabern von Stamm-Actien eine feste jährliche Rente von 4 % und ist durch den Ankauf der Bahn Selbstschuldner der Prioritäts-Actien und Obligationen geworden.

Nachtrag.

Bergisch-Märkische Eisenbahn (Seite 3). Die Strecke Brügge-Lüdenscheid (6,3 km) ist im Juli 1880 eröffnet. Projectirt ist die Herstellung einer Secundärbahn von Menden nach Hemer.

Halberstadt-Blankenburger Bahn (Seite 7). Die Bahn von Langenstein nach Derenburg ist im September 1880 eröffnet.

Paulinenaue-Neu-Ruppiner Eisenbahn (Seite 10). Die letzte Einzahlung von 10 % auf die Stammactien ist auf den 18. September 1880 einberufen, sodass diese nunmehr vollgezahlt sind. Die Eröffnung der Bahn erfolgte im September 1880.

Lübeck-Büchen und Lübeck-Hamburger Bahn (Seite 12). Mit dem Bau der 20 km langen Secundärbahn von Lübeck nach Travemünde ist, nachdem die Generalversammlung vom 25. August 1880 dieselbe genehmigt hat, begonnen worden. Die Kosten derselben betragen anschlagsmässig 1,028,500 Mark.

Rhein-Nahe-Eisenbahn (Seite 14). Zwischen der Preussischen Staatsregierung und der Gesellschaft sind Ende September 1880 Verhandlungen eingeleitet wegen staatlicher Uebernahme des Eisenbahnunternehmens auf Grund eines den Actionären zu zahlenden Abfindungspreises von 24 %.

Magdeburg-Halberstädter Eisenbahn (Seite 16). Der Königlichen Direction in Magdeburg ist der Bau einer Eisenbahn von Erfurt über Grimmenthal nach Ritschenhausen übertragen. Ferner führt dieselbe Vorarbeiten aus: von Blumenberg über Wanzleben, Seehausen nach Eilsleben nebst Abzweigung von Seehausen nach Oschersleben und Seehausen-Neuhaldensleben.

Niederländisch-Westfälische Eisenbahn (Seite 18). Sämmtliche Strecken sind fertig und eröffnet.

Peine-Ilseder Bahn (Seite 20). Die Erlaubniss zur Vornahme von Vorarbeiten zur Verlängerung der Bahn behufs Anschluss an die projectirte Staatsbahnstrecke Hildesheim-Braunschweig ist ertheilt worden.

Oberschlesische Eisenbahn (Seite 23). Die Genehmigung zu Vorarbeiten für eine Bahn von Gleiwitz über Rybnik, Loslau, Jastrzemb bis zur Landesgrenze in der Richtung auf Petrowitz ist ertheilt worden. Seitens eines Localcomités ist die Herstellung einer normalspurigen Localbahn von Brieg über Winkowski, Namslau und Reichthal nach Kempen projectirt.

Oels-Gnesener Eisenbahn (Seite 26). Zum Bau einer Secundärbahn von Gnesen nach Konitz (Station der Königl. Ostbahn) ist die Genehmigung zu Vorarbeiten ertheilt.

Rheinische Eisenbahn (Seite 28). Projectirt werden die Strecken: Adenau-Ahrweiler, von Bengel über Daun nach Gerolstein und von Gerolstein über Prim nach St. Vieth.

Zu Seite 37. Projectirt: Hirschberg-Schmiedeberg, Liegnitz-Goldberg.

Zu Seite 39. Projectirt: Hannover-Walsrode-Soltau; Visselhövede-Rotenburg; Elze-Lamspringe-Seesen; Lingen-Haselünne.

Zu Seite 40. Projectirt: Stockheim-Bergen-Frankfurt a. M.; Burbach-Wehrden.

Oesterreich-Ungarn.

Oesterreichische Nordwestbahn.

Das Netz der Oesterreichischen Nordwestbahn, deren Verwaltung in Wien domicilirt ist, umfasst zunächst die älteren (garantirten) Linien und zwar die Hauptbahn von Wien über Iglau und Deutschbrod nach Jungbunzlau mit den Zweigbahnen von Zellerndorf nach Sigmundsherberg, von Deutschbrod nach Rossitz bei Pardubitz, von Gross-Wossek über Trautenau nach Parschnitz, von Wostromer nach Gitschin, von Pelsdorf nach Hohenelbe, von Trautenau nach Freiheit und von Korneuburg zur Donau, auf welch' letzterer Strecke nur Güterverkehr stattfindet. Diese Linien haben eine Länge von 626,7 km und wurde die erste Theilstrecke im Jahre 1869 eröffnet.

Ferner kommen in Betracht die neueren (nicht garantirten) Linien des Ergänzungsnetzes (Elbethalbahn), und zwar von Nimburg über Lissa und Tetschen nach Mittelgrund, von Lissa nach Prag, von Chlumetz über Königgrätz bis an die Reichsgrenze bei Lichtenau in der Richtung auf Mittelwalde, von Geiersberg nach Wildenschwert und endlich die Verbindungsbahn in Aussig. Das Ergänzungsnetz umfasst eine Länge von 299,4 km und erstreckt sich mithin das ganze Netz des Unternehmens auf 926,1 km oder einschliesslich der gepachteten Strecke Reichsgrenze bis Mittelwalde auf 932,26 km.

Die Hauptlinie von Wien über Deutschbrod nach Mittelgrund durchzieht meistens in höchst malerischer Umgebung die wohlangebauten und industriereichen Districte von Niederösterreich, Mähren und Böhmen und folgt von Kolin ab ununterbrochen dem Laufe der Elbe. Ueber Mittelgrund wird eine directe Verbindung mit Hamburg, Cöln, Ostende, Rotterdam etc. hergestellt.

Die handelspolitische und volkswirthschaftliche Bedeutung der behandelten Bahn ist schon durch ihre Richtung gekennzeichnet, da sie einerseits eine hervorragende Stellung in dem internationalen Verkehre zwischen Oesterreich-Ungarn und dem nördlichen und nordwestlichen Deutschland einnimmt und andrerseits für den inländischen Verkehr sowie für die einheimische Industrie von wesentlichem Nutzen ist.

Von den an dem Bahnnetze liegenden bedeutenderen Orten sind zu nennen: Aussig, Chrudim, Deutschbrod, Gitschin, Hohenelbe, Hohenbrück, Iglau, Jungbunzlau, Korneuburg, Kolin, Königgrätz, Leitmeritz, Liebau, Lissa, Nimburg, Polna, Prag, Retz, Stockerau, Tetschen, Trautenau, Wien und Znaim.

Die Bahn transportirt Personen und Güter, letztere mehr im directen und Durchgangsverkehre, während bei den Personentransporten der locale Verkehr vorherrschend ist. Die Erträgnisse des Güterverkehrs überwiegen bedeutend, hauptsächlich gelangen zum Transport: Kohlen, Getreide, Rüben, Zucker, Holz etc.

Anlagecapital.	Nominalwerth in Fl. ö. W.	Grösse der Stücke Fl. ö. W.	Zinsen pCt.	Zahlungstermin.	Verloosung und Rückzahlung alpari.	Dividenden in den Jahren 1870 bis 1879:	Course am Ende der Jahre 1870 bis 1879:
a. Stamm-Actien Lit. A Silb.	36,000,000	200		1/1 $2\frac{1}{2}$ %, 1/7 Restdiv.	nach Tilgung der Oblig.	5, 5, 5, 5, 5, 5, 5, $4\frac{15}{100}$, 4, 4%.	in Wien: 195, $220\frac{1}{2}$, 211, 193, 155, $147\frac{3}{4}$, $118\frac{1}{2}$, $103\frac{1}{2}$, 109, $145\frac{1}{4}$ Fl.
							in Berlin: $316\frac{1}{8}$, $379\frac{1}{2}$, 390, $334\frac{1}{2}$, $272\frac{1}{4}$, $252\frac{1}{4}$, 186, $170\frac{1}{10}$, $186\frac{1}{2}$, 261 M.
do. Lit. B „	24,000,000	200		1/7	do.	—, 0, 0, 0, 0, 0, 0, 0, 0, $2\frac{1}{2}$ %.	in Wien: —, $187\frac{1}{2}$, $181\frac{3}{4}$, $97\frac{1}{2}$, $72\frac{1}{2}$, —, 29, —, $43\frac{1}{2}$, $119\frac{1}{2}$ Fl.
							in Berlin: —, $318\frac{3}{8}$, 333, $181\frac{7}{8}$, $123\frac{3}{4}$, $89\frac{1}{2}$, $44\frac{3}{4}$, $62\frac{3}{4}$, $69\frac{3}{4}$, 200 M.
b. Prioritäts-Obligationen						Course am Ende der Jahre 1871 bis 1879: in Wien:	in Berlin:
I. Emis. Lit. A Silber	44,177,000	200	5	1/3 1/9	im Septbr. auf 1. März.	$100\frac{6}{10}$, $97\frac{1}{2}$, $102\frac{1}{4}$, 95, $93\frac{1}{2}$, 88, $85\frac{3}{4}$, $84\frac{4}{10}$, $97\frac{1}{4}$ %.	$86\frac{5}{8}$, $89\frac{1}{2}$, $90\frac{1}{8}$, $86\frac{9}{16}$, $82\frac{9}{10}$, $70\frac{8}{10}$, 71, 73, $83\frac{9}{10}$ %.
II. „ „ B „	24,587,800	200	5	1/5 1/11	im Novemb. auf 1. Mai.	—, $91\frac{3}{4}$, $76\frac{1}{2}$, $78\frac{3}{4}$, $74\frac{9}{10}$, $71\frac{3}{4}$, $73\frac{1}{4}$, 79, $93\frac{1}{4}$ %.	—, $83\frac{7}{8}$, 73, $71\frac{5}{8}$, $66\frac{2}{10}$, $57\frac{1}{10}$, 62, $67\frac{3}{4}$, 80 %.
III. „ von 1874 Gold	13,999,800	300 = 600 M.	5	1/6 1/12	im Decbr. auf 1. Juni.	1879: $113\frac{1}{2}$ %.	1875 bis 1879: $88\frac{4}{10}$, $78\frac{3}{4}$, $80\frac{1}{2}$, $85\frac{3}{10}$, $98\frac{7}{10}$ %.

Capital und Zinsen der III. Emission werden auch in Reichsmark (1 Fl. = 2 M.) bezahlt.

Der Oesterreichische Staat garantirt der Gesellschaft für das alte Netz (Stammactien Lit. A, Prioritäts-Obligationen Lit. A und Fl. 6,300,000 Prioritäts-Obligationen von 1874) ein jährliches Reinerträgniss von Fl. 4,122,188 ö. W. Silber zur Verzinsung und Amortisirung des Anlagecapitals. Für das Ergänzungsnetz (Stammactien Lit. B, Prioritäts-Obligationen Lit. B und Fl. 7,699,800 Prioritäts-Obligationen von 1874) besteht keine Staatsgarantie. Die Goldprioritäten von 1874 sind auf beiden Netzen zur zweiten Hypothek eingetragen.

Südnorddeutsche Verbindungsbahn.

Die vorbezeichnete Bahn, deren Verwaltungsrath in Wien domicilirt ist, befindet sich im Betriebe der Oesterreichischen Nordwestbahn und wurde die erste Theilstrecke derselben im Jahre 1857 eröffnet.

Die Hauptbahn beginnt in Pardubitz im Anschluss an die Oesterreichische Staatsbahn und gelangt nach Ueberschreitung der Elbe nach Rossitz, woselbst die von Wien kommende Route der Oesterreichischen Nordwestbahn aufgenommen wird. Die Bahn zieht sich sodann in nördlicher Richtung über Königgrätz (Anschluss an die Nordwestbahn nach Mittelwalde bezw. Chlumetz), Josefstadt, Königinhof, Altpaka, Eisenbrod, Turnau, Reichenberg und Friedland bis zur Reichsgrenze unweit Seidenberg. Das Endstück Reichsgrenze bis Seidenberg ist Eigenthum der Berlin-Görlitzer Bahn und von der behandelten Bahn gepachtet. An Zweigbhahnen gehören zum Unternehmen die Strecken von Josefstadt über Skalic und Nachod bis zur Reichsgrenze bei Liebau sowie die in Eisenbrod von der Hauptbahn abzweigende Linie nach Tannwald.

Die gesammten Bahnstrecken, soweit solche Eigenthum der Gesellschaft sind, haben eine Länge von 280,3 km und ziehen sich durch theilweise sehr fruchtbare und grösstentheils durch höchst industriereiche und dicht bevölkerte Gegenden. Berührt werden die Elbe und die Höhenzüge des Riesengebirges, welche der Umgebung der Bahn einen höchst anmuthigen und malerischen Character verleihen.

Die Bahn vermittelt auf den beiden Hauptrouten über Seidenberg und Liebau den Verkehr eines Theiles von Böhmen bezw. der dahinter liegenden Districte mit den Preussischen Provinzen Schlesien, Brandenburg, dem Königreiche Sachsen u. s. w. Dieselbe dient unbeschränkt dem Personen- wie dem Güterverkehre, ersterer ist mehr ein localer, während der letztere vorwiegend directer bezw. Durchgangsverkehr ist. Die Einnahmen des Güterverkehrs überwiegen bedeutend und gelangen zum Transport namentlich: Kohlen, Getreide, Mahlproducte, Holz, Schiefer u. s. w.

Anlagecapital.	Nominalwerth in Fl. ö. W.	Grösse der Stücke Fl. ö. W.	Zinsen pCt.	Zahlungstermin.	Verloosung und Rückzahlung alpari.	Dividenden in den Jahren 1870 bis 1879:	Course am Ende der Jahre 1870 bis 1879:
a. Stamm-Actien Noten	15,750,000	210		1/1 1/7	von 1906 an.	bis 1/7 1878: $4\frac{28}{100}$ %. *)	in Wien: $167\frac{1}{4}$, 179, $169\frac{1}{2}$, $147\frac{1}{2}$, 154, —, —, —, 81, $115\frac{1}{2}$ Fl.
							in Berlin: $67\frac{3}{8}$, 77, $77\frac{7}{8}$, $66\frac{3}{4}$, $67\frac{1}{2}$, 59, $40\frac{1}{4}$, $35\frac{1}{2}$, $34\frac{3}{4}$, $50\frac{1}{2}$ %.
b. Prioritäts-Obligationen						Course am Ende der Jahre 1870 bis 1879: in Wien:	in Berlin:
I. Emis. von 1861 Noten	2,100,000	1000 400 100	5 abzügl. 10% Einkommenst. u. Stemp.	1/1 1/7	1. Mai auf 1. Juli.	79, 80, 79, 78, 82, —, 86, —, $86\frac{1}{2}$, $92\frac{1}{2}$ %.	
„ „	3,150,000	Antheil an der Lotterie-Anleihe der Oesterr. Creditanstalt.					
II. „ von 1866 Silber	4,925,100	300	5	1/2 1/8	1. Mai auf 1. August.	94, $96\frac{3}{4}$, $96\frac{9}{10}$, 98, 97, 94, 90, $87\frac{1}{2}$, $79\frac{1}{2}$, $91\frac{1}{4}$ %.	
III. „ „ 1872 „	7,409,100	300	5	1/4 1/10	1. Aug. auf 1. Octbr.	1878 und 1879: 71, 86 %.	—, —, $88\frac{3}{8}$, $82\frac{7}{8}$, $86\frac{5}{8}$, $78\frac{8}{10}$, 62, 62, $61\frac{1}{10}$, $74\frac{1}{10}$ %.
IV. „ „ 1875 Gold	M. 2,800,000	M. 400	5	1/4 1/10	do.	do. 89, $104\frac{1}{2}$ %.	1877 bis 1879: 76, 77, 92 %.
V. „ „ 1879 Noten	Fl. 1,800,000	Fl. 100	5	1/1 1/7	1. Mai auf 1. Juli.		

Der Oesterreichische Staat garantirt der Gesellschaft ein jährliches Reinerträgniss von Fl. 982,800 ö. W. Noten und Fl. 709,608 ö. W. Silber zur Verzinsung und Amortisirung des Anlagecapitals.

*) Vom 1. Juli 1878 an bis 1. Januar 1882 einschliesslich werden die Zinsen auf die Stammactien nicht in baar sondern mit 4 Fl. per Coupon in 5 % Goldprioritäts-Obligationen IV. und V. Emission verabfolgt.

Secundärbahnen in Böhmen siehe Seite 64.

Oesterreichische Nordwestbahn.

Südnorddeutsche Verbindungsbahn.

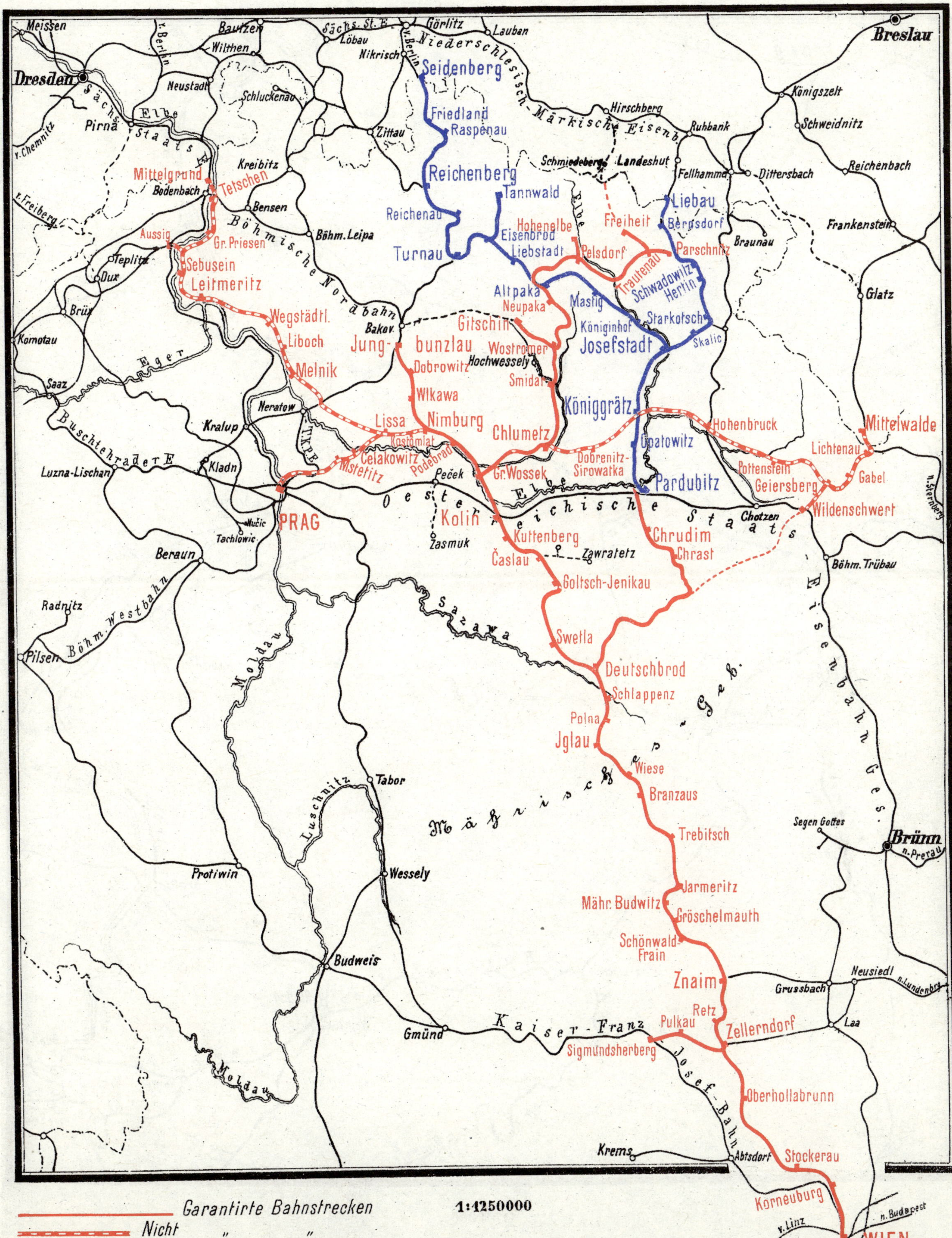

Garantirte Bahnstrecken

Nicht „ „

1:4250000

Prag - Duxer Eisenbahn.
Aussig - Teplitzer Eisenbahn.

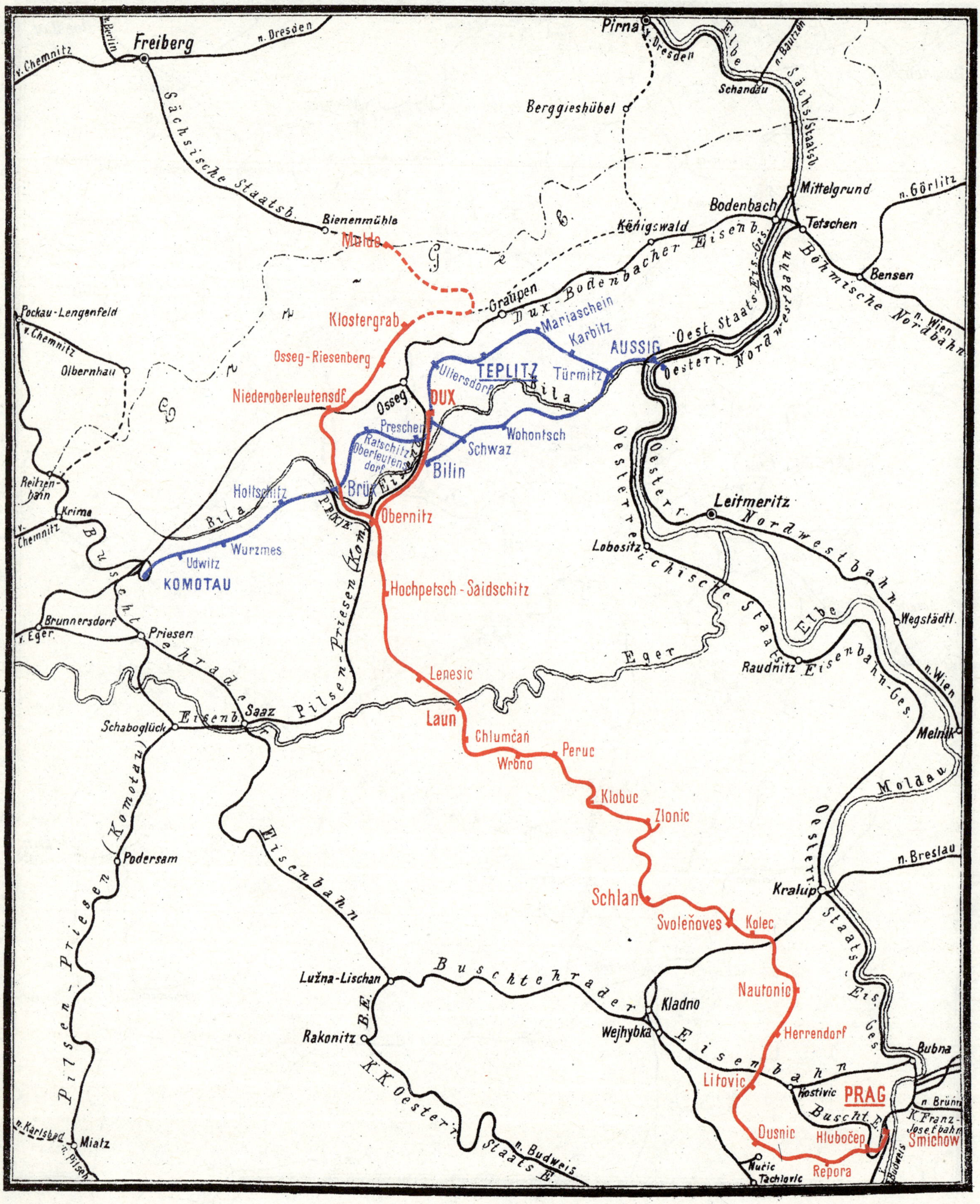

1:450000

Prag-Duxer Eisenbahn.

Das Unternehmen der Prag-Duxer Eisenbahn, deren Verwaltungssitz neuerdings nach Smichow bei Prag verlegt ist, umfasst die im Betriebe befindlichen Strecken von Prag über Obernitz nach Klostergrab, nebst der Zweigbahn von Obernitz nach Dux, mit einer Baulänge von 155,7 km. Die erste Theilstrecke des Unternehmens wurde im Jahre 1872 eröffnet. Die Verwaltung besitzt ausserdem ein Kohlenwerk bei Brüx.

Die Hauptstrecke verlässt den Bahnhof Smichow der Böhmischen Westbahn und führt über Hlubocep, Dusnic, von wo aus eine Verbindung nach Beraun zum Anschluss an die Böhmische Westbahn bezw. an die Rakonitz-Protiviner Staatsbahn projectirt ist, Kolec, Schlan, Chlumcan, Laun nach Obernitz, von welcher Station die über Bilin nach Dux führende Linie in nordöstlicher Richtung sich abzweigt. Die Hauptbahn führt weiter über Brüx, Osseg-Riesenberg und endet einstweilen als Sackbahn in Klostergrab. Der Weiterbau der Bahn nach Mulde ist als Vicinalbahn concessionirt. Die letztere Verlängerung würde der Prag-Duxer Bahn den jetzt mangelnden Durchgangsverkehr zuführen. Der Betrieb auf der Strecke Obernitz-Dux wird seit dem 1. Januar 1880 von der Pilsen-Priesener (Komotau-)Eisenbahn geführt.

Der Verkehr der Bahn, welcher sich auf die Beförderung von Personen und Gütern erstreckt, ist daher ein mehr localer. Die Einnahmen des Güterverkehrs sind überwiegend. Die Haupttransportartikel sind: Kohlen, Cokes, Zuckerrüben, Kalkstein, Getreide u. s. w. Durch die in Aussicht genommenen Erweiterungen bezw. Anschlüsse würden dem Haupttransportartikel, der böhmischen Braunkohle, ein weiter ausgedehntes Absatzgebiet und dementsprechend der Bahn vermehrte Einnahmen zugeführt werden.

Anlagecapital.	Nominalwerth in Fl. ö. W.	Grösse der Stücke Fl. ö. W.	Zinsen pCt.	Zahlungstermin.	Verloosung und Rückzahlung alpari.	Dividenden in den Jahren:	Course am Ende der Jahre 1871 bis 1879:
a. Stamm-Actien I. Emis. Silber	8,100,000	150		1. Juli.	nach Tilgung der Oblig.	Ausser den Bauzinsen 0%.	in Wien: $112\frac{1}{4}$, $103\frac{1}{2}$, 38, 18, —, —, —, $7\frac{1}{2}$, 40 Fl.
do. II. Emis. Silber	2,600,100	150		do.	do.	do.	Die Actien II. sind noch unbegeben.
b. Prioritäts-Obligationon						Course am Ende der Jahre 1872 bis 1879:	
I. Emission Silber	12,150,000	150	5	$\frac{1}{1}$ $\frac{1}{7}$	gleiche Priorität. Die Verloosung ist bis 1882 sistirt.	Seit dem 1. Juli 1874 ist die Zinsenzahlung sistirt. Der Coupon pr. $\frac{1}{7}$ 74 ist successive eingelöst.	in Wien: $90\frac{1}{2}$, 74, 48, —, —, —, —, 55%. in Berlin: $84\frac{1}{2}$, 62, $33\frac{1}{2}$, 25, $21\frac{1}{2}$, $17\frac{1}{2}$, $18\frac{3}{4}$, 47%.
II. „ Silber	3,900,000	150	5	$\frac{1}{1}$ $\frac{1}{7}$			in Wien: —, 74, 66, —, —, —, —, 55%. in Berlin: —, 60, —, 20, 16, 14, $13\frac{1}{2}$, 47%.

Prioritäten-Curator ist Dr. Anton Lederer in Prag.

Aussig-Teplitzer Eisenbahn.

Die Aussig-Teplitzer Eisenbahn, in ihrer ersten Theilstrecke von Aussig nach Teplitz im Jahre 1858 eröffnet, hat die Mission, den Verkehr einer an Naturproducten und Naturschönheiten überaus reichen, in Industrie und Handel hochentwickelten Gegend Böhmens zu vermitteln.

Von der österreichischen Staatsbahn in Aussig ausgehend und mit derselben, sowie auch mit der auf dem rechten Ufer der Elbe führenden österreichischen Nordwestbahn unmittelbar verbunden, führt die Aussig-Teplitzer Eisenbahn durch das reizende Thal zwischen dem Erz- und Mittelgebirge über Türmitz (woselbst eine Abzweigung durch das Bielathal nach Bilin, berühmt durch seinen Säuerling, ausmündet), Karbitz, Mariaschein, Teplitz, Dux, Brüx (beide mit Anschlüssen an die Prag-Duxer, Pilsen-Priesener und bezw. Dux-Bodenbacher Bahn) nach Komotau und schliesst dort unmittelbar an den gemeinschaftlichen Bahnhof der Buschtehrader Bahn an.

Die an der Bahn liegenden bezw. die an Anschlussbahnen liegenden Curorte Böhmens, insbesondere aber Teplitz-Schönau mit seinen uralten Thermen, liefern das grösste Contingent der Reisenden, welche diese Route nicht nur wegen der bequemen Verbindungen sondern auch der herrlichen Gegend halber mit Vorliebe wählen.

Doch auch in industrieller Beziehung ist jene Gegend hochinteressant und liefert der behandelten Bahn jährlich bedeutende Frachtquantitäten, unter denen hauptsächlich die Braunkohle hervorzuheben ist. Längs der ganzen Bahn zieht sich das Braunkohlenbecken mit einem solch' vorzüglichen Material, dass — trotz bedeutender Concurrenz der Steinkohle — dieselbe sich Absatzgebiet in Deutschland bis an die Gestade der Nord- bezw. Ostsee erworben hat. Die bedeutendsten Versandtorte sind: Mariaschein, Karbitz und Brüx.

Das Gesammtnetz des Unternehmens, dessen Verwaltungssitz in Teplitz sich befindet, umfasst 95,1 km Hauptbahnen und 59,5 km Schleppbahnen. Auf den Hauptbahnen findet Personen- und Güterverkehr statt; auf den Schleppbahnen nur Güterverkehr. Die Einnahmen des letzteren Verkehrs, namentlich der directe Versandt, überwiegen diejenigen des Personenverkehrs bedeutend. Ausser Braunkohlen gelangen hauptsächlich zum Transport: Feldfrüchte, Mahlproducte, Kalk, Steine u. s. w.

Anlagecapital.	Nominalwerth in Fl. ö. W.	Grösse der Stücke Fl. ö. W.	Zinsen pCt.	Zahlungstermin.	Verloosung und Rückzahlung alpari.	Dividenden in den Jahren 1870 bis 1879:	Course am Ende der Jahre 1870 bis 1879:
a. Stamm-Actien Noten	7,014,000	210		1. Juli.	Ende Mai auf 1. Juli.	12, 12, 12, 11, 9, $8\frac{1}{2}$, 10, 11, 11, $12\frac{1}{2}$%.	in Wien: 316, 375, $370\frac{3}{4}$, —, —, 220, 295, 308, 315, — %. in Berlin: —, 154, 162, $139\frac{1}{2}$, $124\frac{1}{2}$, $98\frac{1}{2}$, $118\frac{9}{10}$, $121\frac{4}{10}$, $135\frac{1}{2}$, 186%.
				do.	Die Inhaber ausgelooster Actien erhalten Genussscheine, welche dieselbe Superdividende (über 5% hinaus) wie die Stamm-Actien erhalten.	7, 7, 7, 6, 4, $3\frac{1}{2}$, 5, 6, 6, $7\frac{1}{2}$%.	in Leipzig 1879: 331 ℳ p. St.
b. Prioritäts-Obligationen							
Emission von 1880	ℳ 26,700,000	ℳ 1500 800	$4\frac{1}{2}$	$\frac{1}{1}$ $\frac{1}{7}$	v. 1881 an auf 1. Juli.	Die Anleihe ist benutzt zur Rückzahlung aller früheren auf 30. Juni und 31. Decbr. 1880 gekündigten 5% Prior.-Obligat.	

Buschtehrader Eisenbahn.

Die Buschtehrader Bahn mit dem Sitze der Gesellschaft in Prag umfasst die Linien von Prag über Hostivic, Saaz, Komotau, Carlsbad nach Eger, von Wejhybka nach Kralup, von Duby nach Kladno, von Luzna-Lischan nach Rakonitz, von Priesen nach Kaaden, von Komotau nach Weipert, von Krima-Neudorf nach Reitzenhain, von Falkenau nach Grasslitz, von Tirschnitz nach Franzensbad nebst 58 verschiedenen zu Kohlen- und Industriewerken führenden Flügelbahnen. Sämmtliche Linien des Unternehmens, dessen erste Theilstrecke im Jahre 1855 eröffnet wurde, haben eine Betriebslänge von 452,9 km, wovon 52,3 km auf die Kohlen- und Industriebahnen entfallen.

Die Hauptbahn verlässt das Gebiet der Moldau bei Prag, tritt nach Ueberschreitung des mittelböhmischen Hochplateaus bei Trnowan ins Egerthal, verlässt dasselbe bei Saaz, benutzt es dann wieder von Klösterle bis Welchau-Wickwitz, berührt dasselbe bei Carlsbad und verbleibt schliesslich von Falkenau bis Eger in demselben. Von den Zweigbahnen Komotau-Weipert und Krima-Reitzenhain wird das Erzgebirge überschritten.

An der Bahn liegen folgende wichtigere Orte: die Landeshauptstadt Prag, Kladno mit grosser Eisenindustrie und Kohlenwerken, Rakonitz, Saaz, Komotau mit Braunkohlenwerken, Kaaden, der Weltcurort Carlsbad, Falkenau a. d. Eger mit Braunkohlenwerken, Grasslitz, der Curort Franzensbad, Weipert und endlich Eger.

Die Bahn dient sowohl dem Personen- als auch dem Güterverkehre; die Einnahmen des letzteren Verkehrs überwiegen bedeutend. Der Personenverkehr ist hauptsächlich wegen der an der Bahn liegenden Curorte (Carlsbad mit jährlich etwa 24000 Curgästen u. s. w.) ein nicht unbedeutender. Von besonderer Wichtigkeit ist jedoch der Güterverkehr, von letzterem namentlich der Kohlenverkehr, und werden die Erzeugnisse des Buschtehrader-Kladnoer Reviers nach den zahlreichen Nachbarbahnen verfrachtet, während die Braunkohle des Komotauer sowie des Dux-Teplitzer Beckens von den Anschlussbahnen übernommen und nach Prag bezw. nach Sachsen und Bayern weiterbefördert wird. Ausser Kohle sind die vorzüglichsten Transportartikel: Zucker, Eisen, Erze, Getreide, Hülsenfrüchte, Hopfen, Holz, Mehl u. s. w.

Anlagecapital.		Nominalwerth in Fl. ö. W.	Grösse der Stücke Fl. ö. W.	Zinsen pCt.	Zahlungstermin.	Verloosung und Rückzahlung alpari.	Dividenden in den Jahren 1870 bis 1879:	Course während der Jahre 1870 bis 1879:
a. Stamm-Actien								in Wien: 748, 775, 990, 620, 525, 340, 322, 180, 128, 476 Fl.
Lit. A	Noten	9,975,000	525		1. Juli.	nach Tilgung der Oblig.	13 9/10, 18 1/10, 10, 5, 4 1/2, 3 45/100, 2 1/2, 0, *, * %.	in Frankfurt: —, —, 157, 97, 68 3/4, 52 %, —, —, —, 380 Fl.
do. Lit. B	„	14,300,000	200		do.	do.	bis 1. Juli 1873 Bauzinsen, seitdem 0 %.	in Wien: 165, 219, 230, 201, 94, 62, 41, 25, 26, 99 Fl.
								in Frankfurt: —, —, 100 1/2, 58, 34, 20 %, 25, 21, 12 3/4, 76 1/2 Fl.
b. Prioritäts-Obligationen							Course während der Jahre 1870 bis 1879:	
I. Emis. von 1868	Silb.	15,499,950	150	5	1/4 1/10	Ende Juli auf 1. October. (Seit 1878 ist die Verloosung sistirt.)	in Wien 1879: 90 %.	in Frankfurt: —, 90 1/4, 94 7/8, 94 5/8, 88 3/4, 83 3/4, 75 3/4, 62, 58 1/2, 78 3/4 %.
II. „ „ 1871	„	3,867,900	150	5	1/4 1/10	do. (Seit 1878 ist die Verloosung sistirt.)	in Wien: —, —, 103 1/2, 103 1/4, 103, 81 1/2, 82, 70, 70, 88 3/4 %.	in Frankfurt: —, 89, 93 3/4, 93 3/4, 84 1/2, 78, 71 3/4, 56, 56 1/4, 76 3/4 %.
III. „ „ 1872	„	14,790,000	150	5	1/4 1/10	do. (Seit 1878 ist die Verloosung sistirt.)	in Wien 1878 und 1879: 63 3/4, 88 %.	in Frankfurt: —, —, 92 1/2, 91 1/2, 83, 73 7/10, 65 3/4, 52, 54, 75 1/2 %.
IV. „ „ 1876	„	3,550,650	150	5	1/4 1/10	Von Emission IV lautet ein Betrag von 1,850,700 Fl. auch in Reichsmark (1 Fl. = 2 M) und wird so verzinst.		

*) Anstatt der Baarauszahlung einer Dividende auf die Actien Lit. A wurde für das Jahr 1878 den Inhabern von 10 Dividendencoupons und für das Jahr 1879 den Inhabern von 6 Dividendencoupons eine Prioritäts-Obligation von 150 Fl. von 1872 verabfolgt.

Dux-Bodenbacher Eisenbahn.

Die Dux-Bodenbacher Eisenbahn, deren Verwaltung in Teplitz domicilirt ist, umfasst die Strecken von Bodenbach bis Dux incl. Verbindungsbahn in Bodenbach, sowie von Osseg nach Komotau nebst Verbindungscurve von Osseg in der Richtung auf Dux in einer Gesammtausdehnung von 86,4 km. Die erste Theilstrecke des Unternehmens wurde im Jahre 1871 dem Betriebe übergeben. Ausserdem sind zur Verbindung der Kohlengruben mit der Hauptbahn sogenannte Kohlenbahnen in einer Gesammtlänge von 24 km angelegt, auf welchen nur Kohlenverkehr stattfindet. Ferner gehören noch mehrere Braunkohlen-Bergwerke in Dux zum Eigenthum der Dux-Bodenbacher Eisenbahn-Gesellschaft.

Von Bodenbach ausgehend steigt die Bahn im Eulauthale aufwärts und senkt sich nach Ueberschreitung der Wasserscheide bei Kleinkahn in das südlich des Erzgebirges sich ausbreitende Thal herab, um bis an ihr Ende an diesem Abhange des Gebirgszuges zu verbleiben.

In ihrem Verlaufe berührt die Bahn die berühmte Bade- und Industriestadt Teplitz, ferner Osseg, das industrielle Oberleitensdorf, Obergeorgenthal und gelangt über Görkau nach dem Endpunkte Komotau.

Die Dux-Bodenbacher Eisenbahn liegt mit 2/3 ihrer Ausdehnung auf Kohle und bildet die Braunkohlenfracht der anliegenden Kohlenwerke ihre Haupteinnahmequelle. Dieselbe befördert diese Kohlen sowohl über die Anschlussbahnen in Bodenbach nach dem Nordosten Böhmens, nach Deutschland nordwärts bis Hamburg, als auch über Komotau nach Süddeutschland und der Schweiz.

Die stark bevölkerte und industrielle Gegend sowie die Situation der Bahn in Bezug auf die Curorte Nordböhmens bedingen auch einen nicht unbedeutenden Personenverkehr, dessen Erträgnisse jedoch nur einen kleinen Theil der Einnahmen bilden.

Anlagecapital.		Nominalwerth in Fl. ö. W.	Grösse der Stücke Fl. ö. W.	Zinsen pCt.	Zahlungstermin.	Verloosung und Rückzahlung alpari.	Dividenden in den Jahren:	Course am Ende der Jahre 1871 bis 1879:
a. Stamm-Actien								in Wien: 160, 140, 85, 72, —, —, —, —, 105 Fl.
Lit. A	Silber	3,400,000	200		1. Juli.	nach Tilgung der Obligat. und Stammprioritäts-Act.	ausser den Bauzinsen 0 %.	in Berlin: —, —, 27 1/2, 31 1/8, 9 3/10, 2 1/2, 13 6/10, 15, 42 %.
do. Lit. B	„	3,200,000	200		do.	do.	do.	in Wien: 169, 150, 85, 72, —, —, 41, —, 105 Fl.
b. Stammprioritäts-Actien								in Berlin: ebenso wie Lit. A.
Lit. A	Silber	404,800	100		do.	nach Tilgung der Oblig.	bislang 0 %.	in Berlin 1879: 68 1/4 %.
do. Lit. B	„	1,207,100	100		do.	do.	do.	do. 64 %.
c. Prioritäts-Obligationen							Course am Ende der Jahre 1871 bis 1879: in Wien:	in Berlin:
I. Emis. v. 1869	Silber	3,000,000	750 300 150	5	1/1 1/7	im October auf 2. Januar.	Ohne Notiz.	84 1/4, 85 3/4, 81, 83, 65 3/4, 57, 48, 64 1/2, 79 %.
II. „ „ 1871	„	6,900,000	150	5	1/4 1/10	im Juli auf 1. October.	92, 86 1/2, 89, 85, —, —, —, —, 88 %.	—, 80 7/8, 66, 72 3/8, 59 2/10, 39, 38 1/2, 55 1/10, 77 1/10 %.
III. „ „ 1874	Gold	1,999,950	750 150	5	1/1 1/7	do.	Das Capital und die Zins. werden auch in Reichsm. (1 Fl. = 2 M) bez.	1876 bis 1879: 40, 36, 66 1/2, 88 4/10 %.

Die Stammprioritäten Lit. A haben ein Anrecht auf eine Dividende von 5 % vor den Stammprioritätsactien Lit. B und den Stammactien. Die Stammprioritätsactien Lit. B haben ebenfalls ein Anrecht auf eine Dividende von 5 % vor den Stammactien. Eine Nachzahlung findet eventuell nicht statt. Die Zinszahlung der Prioritäts-Obligationen war einige Jahre sistirt; seit dem 1. November 1879 ist dieselbe wieder aufgenommen. Für die rückständigen Zinscoupons wurden die obigen Stammprioritätsactien verabfolgt. Die Amortisation der Prioritäts-Obligationen, die ebenfalls sistirt war, ist seit dem Jahre 1880 wieder aufgenommen. — Prioritäten-Curator ist Dr. Anton Weber in Leitmeritz.

Elbogener Localbahn und Chodau-Neudeker Eisenbahn

siehe Seite 64.

Buschtêhrader Eisenbahn. Dux-Bodenbacher Eisenbahn.

Elbogener Localbahn. Chodau-Neudecker Eisenbahn.

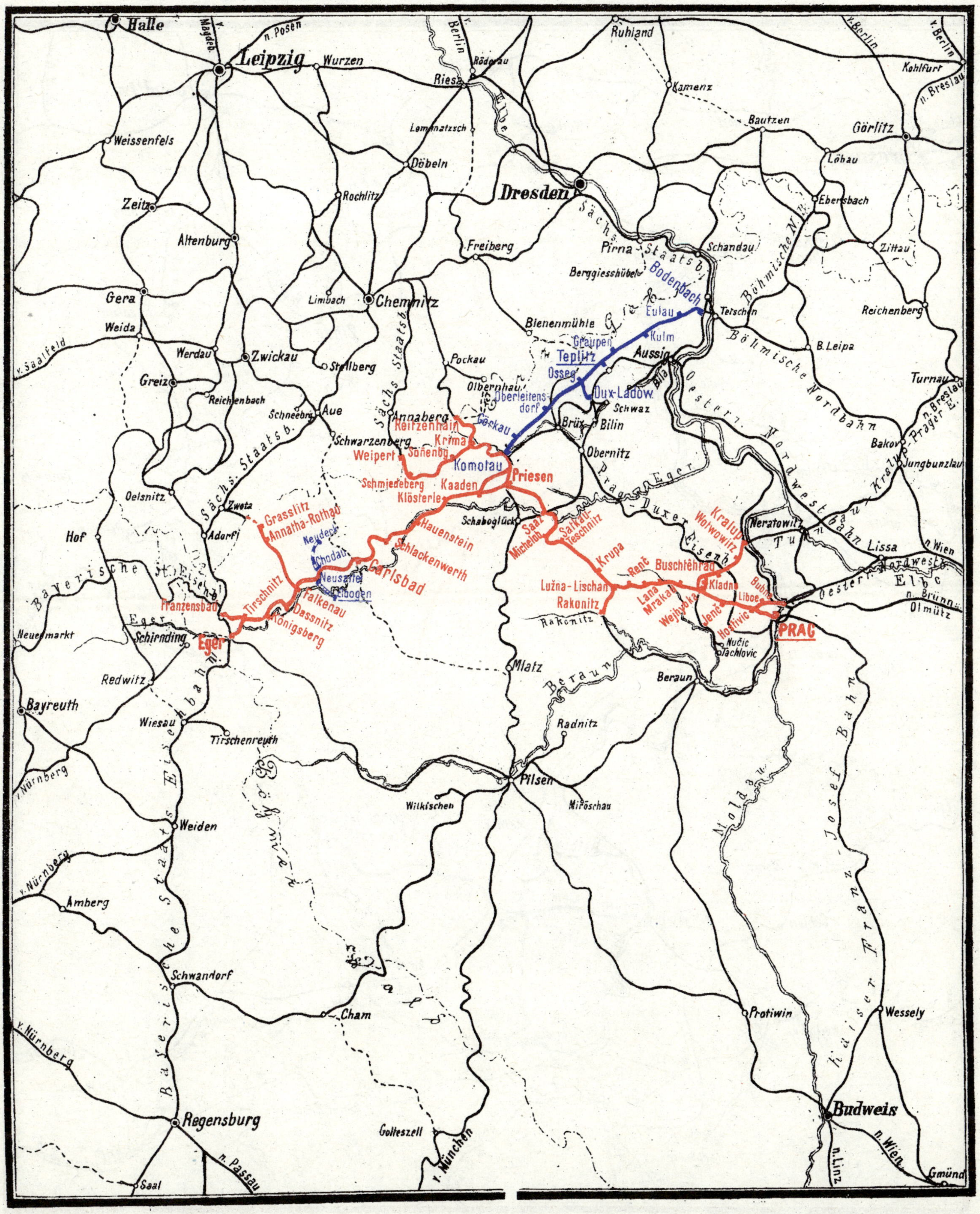

1:1250000

Böhmische Nordbahn.

Turnau-Kralup-Prager Eisenbahn

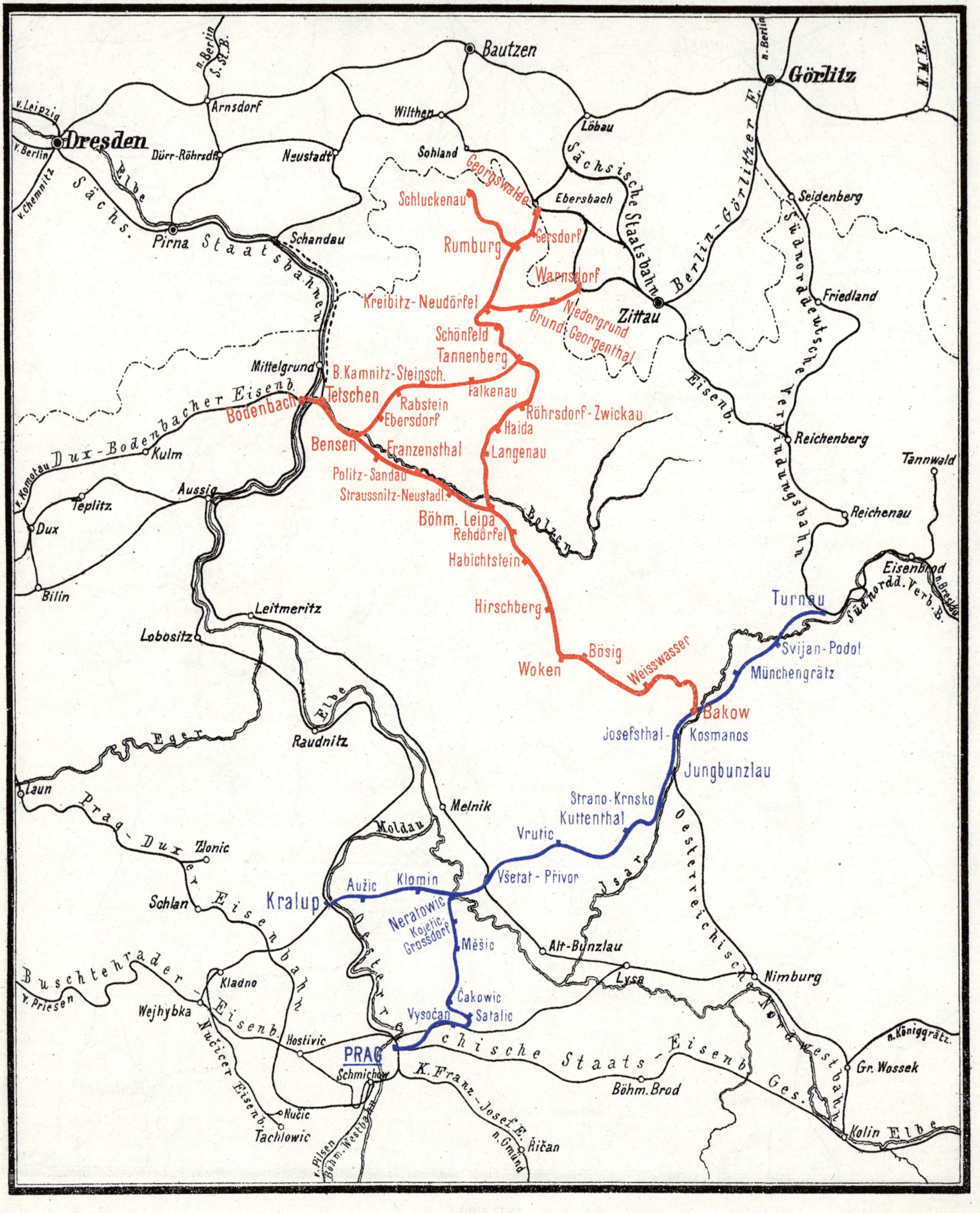

1:600000

Böhmische Nordbahn.

Der Sitz der Verwaltung des vorbenannten Bahnunternehmens, von welchem die erste Theilstrecke im Jahre 1867 eröffnet wurde, ist Prag.

Die Hauptbahn beginnt in Bakow (Station der Turnau-Kralup-Prager Bahn) und zieht sich über Weisswasser, Hirschberg, Böhmisch-Leipa, woselbst eine über Bensen nach Bodenbach (Ueberschreitung der Elbe und Anschluss an die K. Sächsische Staatsbahn und die Dux-Bodenbacher Bahn) führende Zweigbahn sich abtrennt, über Langenau und Tannenberg (Zweigbahn nach Bensen) nach Kreibitz-Neudörfl. Von letzterer Station führt ein Zweig nach der Stadt Warnsdorf zum Anschluss an die Königlich Sächsischen Staatsbahnen. Die Hauptbahn führt weiter über Rumburg, woselbst Abzweigung nach Schuckenau und endet in Georgswalde-Ebersbach, gleichfalls an die Sächsischen Staatsbahnen anschliessend. Die Gesammtlänge der Bahn beträgt 181 km.

Die Bahn vermittelt einen Theil des Verkehrs der nördlichsten Districte Böhmens; sie transportirt Personen und Güter und von letzteren als wichtigste Transportgattung Braunkohlen. Haupttransportartikel sind ferner noch: Glas und Porcellanwaaren, Getreide, Mühlenfabrikate, Manufacturwaaren, Garne, Holz u. s. w.

Die verkehrreichsten Orte sind im Personenverkehre: Böhmisch-Leipa und Rumburg, im Güterverkehre: Warnsdorf, Böhmisch-Leipa, Haida, Rumburg, Schluckenau u. s. w. Die Erträgnisse des Güterverkehrs überwiegen diejenigen des Personenverkehrs, welcher mehr ein localer zu nennen ist, bedeutend. Beim Güterverkehr ist der directe bezw. der Transitverkehr vorherrschend.

Anlagecapital.	Nominal-werth in Fl. ö. W.	Grösse der Stücke Fl. ö. W.	Zinsen pCt.	Zahlungs-termin.	Verloosung und Rückzahlung alpari.	Dividenden in den Jahren 1870 bis 1879:	Course am Ende der Jahre 1870 bis 1879:
a. Stamm-Actien Noten	7,999,950	150		1. Juli.	Die Tilgung erfolgt nach Rückzahlung der Prioritäten.	3½, 4, 3, 2½, 2⅓, 2, 0, 0, 0, 0 %,	in Wien: 124½, 142¾, 142, 112, 87, —, —, —, 15½, 82½ Fl.
							in Leipzig: —, 82, 87, 65, 46, 42¼, —, —, —, 42⅜ %.
b. Prioritäts-Obligationen						Course am Ende der Jahre 1871 bis 1879:	
I. Emis. von 1867 Silber	6,000,000	300	5	1/4 1/10	seit 1877 sistirt.	in Wien: 102½, 99, 97, 96½, —, 93½, —, 66, 89¾ %.	in Leipzig: 88½, 92½, 88, 90, 83¼, —, —, —, 78 %.
II. „ „ 1871 „	4,500,000	300	5	1/4 1/10	do.	1878 und 1879: 62, 86 %.	in Leipzig: 86½, 89, 83, 85, 78¼, —, —, —, 76¾ %.

Turnau-Kralup-Prager Eisenbahn.

Das Unternehmen der Turnau-Kralup-Prager Eisenbahn, deren Verwaltung in Prag domicilirt ist, umfasst die Strecken von Turnau nach Kralup mit der Zweigbahn von Neratowic nach Prag in einer Gesammtausdehnung von 120,7 km, wovon die erstere Strecke im Jahre 1865 eröffnet wurde, während die später angelegte Zweigbahn vollständig im Jahre 1872 zur Eröffnung gelangte.

Die Hauptstrecke beginnt in Turnau im Anschluss an die Südnorddeutsche Verbindungsbahn und zieht sich, dem Laufe des Isarflusses folgend, über Münchengrätz nach Bakow, woselbst sich die Hauptroute der Böhmischen Nordbahn abzweigt. Dann folgen Jungbunzlau, (Anschluss der Oesterreichischen Nordwestbahn), Vsetat-Privor (Kreuzung mit der Linie Wien-Mittelgrund) und Neratowic, woselbst die Zweigbahn des Unternehmens nach Prag abführt. Bei Neratowic wird die Elbe überschritten und über Klomin nach Passirung der Moldau Kralup und der Anschluss an die Staatsbahnroute Wien-Bodenbach erreicht. Die mehrerwähnte Zweigbahn führt von Neratowic über Cakowic und Vysocan nach Prag.

Die behandelte Bahn verbindet demnach einerseits die Landeshauptstadt Prag und die daselbst einmündenden Bahnen, andererseits in der Station Kralup die Buschtehrader Eisenbahn mit der Elbthalbahn, der Böhmischen Nordbahn und Südnorddeutschen Verbindungsbahn und vermittelt durch die Station Vysocan den Transitverkehr der Oesterreichischen Nordwestbahn mit den übrigen in Prag einmündenden Bahnen.

Die Turnau-Kralup-Prager Bahn vermittelt den Local-Verkehr des nordöstlichen Böhmens insbesondere den Localfrachtenverkehr für die an der Bahn liegenden zahlreichen Zuckerfabriken und hat in Folge ihrer vielen Bahnanschlüsse auch einen entsprechenden Transitverkehr, der jedoch meistens nur auf kurzen Strecken stattfindet.

Der Güterverkehr überwiegt bedeutend und gelangen hauptsächlich zum Transport: Kohlen, Rüben, Zucker, Spiritus, Manufactur- und Eisenwaaren. Der Personenverkehr ist mehr ein localer zu nennen und repräsentiren die durch denselben erzielten Einnahmen ungefähr 1/5 der Gesammteinnahme.

Anlagecapital.	Nominal-werth in Fl. ö. W.	Grösse der Stücke Fl. ö. W.	Zinsen pCt.	Zahlungs-termin.	Verloosung und Rückzahlung alpari.	Dividenden in den Jahren 1870 bis 1879:	Course am Ende der Jahre 1870 bis 1879:
a. Stamm-Actien Noten	6,500,000	200		1. Juli.	Nach Tilgung der Priorit.	7, 8, 9, 7, 4, 3, 3, 3, 0, 0 %.	in Wien: 218, 260, 256, 216, —, —, 98, —, —, 127 Fl.
							in Berlin: 90, 109½, 105½, 90¾, 63½, 41½, 37, 25½, 34, 50 %.
b. Prioritäts-Obligationen							
I. Emission v. 1864 Silb.	3,000,000	150	5	1/1 1/7	im April auf 1. Juli.		in Leipzig: 81¾, 90½, 94⅞, 94½, 95½, 88½, —, —, —, 76¾ %.
II. „ „ 1870 „	1,999,950	150	5	1/1 1/7	do.		in Leipzig: 79¾, 88¾, 93, 91, 90¾, 82½, —, —, —, 75 %.
III. „ „ 1872 „	1,500,000	150	5	1/1 1/7	do.		in Leipzig 1879: 74 %.
IV. „ „ 1874 Gold	1,500,000	150 = 300 M.	5	1/1 1/7	do.	Zinsen sind auch in Reichsmark (1 Fl. = 2 M.) zahlbar.	in Leipzig 1879: 92 %.

Böhmische Westbahn.

Die Böhmische Westbahn mit dem Sitze der Gesellschaft in Wien hat einschliesslich der von Bayern gepachteten Strecke von der Reichsgrenze bis Furth i. W. eine Betriebslänge von 200,7 km und befindet sich dieselbe seit dem Jahre 1863 vollständig im Betriebe.

Die Bahn beginnt in Prag, durchschneidet den südwestlichen Theil Böhmens und endet an der Böhmisch-Bayerischen Grenze nächst Furth i. W. Im Zuge dieser Bahn liegen die Städte: Prag, Beraun, Horowitz, Zbirow, Pilsen, Staab, Taus und Furth i. W. Die Traçe berührt die Flussgebiete der Moldau, Beraun sowie das Böhmerwaldgebirge. Von der Station Chrast führt eine Zweigbahn nach Radnitz. In Prag besteht Anschluss an die vielen von allen Richtungen daselbst einmündenden Bahnen, in Beraun und Zditz an die Rakonitz-Protiviner Staatsbahn, deren Betrieb die Böhmische Westbahn gegen vertragsmässig festgesetzte Vergütung übernommen hat. In Pilsen finden Anschluss die Kaiser-Franz-Josef-Bahn sowie die Pilsen-Priesener Bahn und in Furth i. W. die Königlich Bayerische Staatsbahn. Die Bahn dient sowohl dem Personen- als auch dem Güterverkehre und ist sowohl der locale als auch der directe Verkehr, insbesondere in Kohlen, Holz, Zucker, Getreide etc. von Bedeutung. Die Einnahmen des Güterverkehrs sind überwiegend. Das Absatzgebiet erstreckt sich insbesondere auf Süd- und Westdeutschland, Schweiz, Italien, Frankreich, Belgien und Holland. 17 Industriebahnen mit einer Gesammtlänge von 24 km führen der Bahn Producte zu.

Anlagecapital.	Nominalwerth in Fl. ö. W.	Grösse der Stücke Fl. ö. W.	Zinsen pCt.	Zahlungstermin.	Verloosung und Rückzahlung alpari.	Dividenden in den Jahren 1870 bis 1879:	Course am Ende der Jahre 1870 bis 1879:
a. Stamm-Actien Noten	12,000,000	200		2 1/2 % 1/1 2 1/2 % 1/7 Superdiv. 1/7.	Nach Tilgung der Priorit.	7 9/20, 8 1/4, 5, 5, 5, 5, 5, 5, 5 3/4, 6 %.	in Wien: 240, 261 1/2, 237, 220, 203, —, 165, 171, 160, 210 Fl.
b. Prioritäts-Obligationen							in Berlin: 98, 112, 107, 97 1/2, 87 1/2, 84 3/10, 66, 71 3/4, 68 1/10, 91 1/4 %.
I. Emis. v. 1861 Silber	12,000,000	300	5	1/1 1/7	im Juli auf 2. Januar.	Die Zinsen werden abzügl. 10 % Einkommensteuer und Stempel gezahlt.	in Wien: 92, 93 1/2, 88 3/4, 95 1/2, 90 1/2, 90, 92 1/2, 92 1/2, 93, 96 1/4 %.
II. „ „ 1869 „	3,000,000	300	5	1/1 1/7	do.		in Wien: 91 3/4, 93 1/4, 89, 93 1/4, 91 1/2, 90, 90 1/2, 91 3/4, 92 3/4, 96 1/4 %.
III. „ „ 1873 Gold	1,500,000	300 = 600 M.	5	1/1 1/7	do.	Die Zinsen sind auch in Reichsmark (1 Fl. = 2 M.) zahlbar.	in Frankfurt 1876 bis 1879: 91, 94 1/4, 99 5/8, 102 %.

Der Oesterreichische Staat garantirt den Stamm-Actien und den Prioritäten I. und II. Emission eine Verzinsung von 5 % und 1/5 % Amortisation.

Pilsen-Priesen (Komotau)-Eisenbahn.

Die Eisenbahn Pilsen-Priesen (Komotau) vereinigt in sich die Linien Pilsen-Dux und Obernitz-Brüx (letztere Strecke seit dem 1. Januar 1880 im Betriebe der Prag-Duxer Eisenbahn) und die neuere Linie Pilsen-Eisenstein mit einer Betriebslänge von zusammen 254,5 km. Auf der Linie Neusattel-Schaboglück-Priesen ist der Verkehr im Jahre 1879 wieder eingestellt. Der Sitz der Verwaltung ist Prag und wurde im Jahre 1872 die erste Theilstrecke des Unternehmens (Saaz-Brüx) eröffnet.

Die Linie Pilsen-Dux beginnt in Pilsen und führt in nördlicher Richtung über Tremosna, Scheles, Podersam nach Schaboglück, der ehemaligen Abzweigestation nach Priesen. Die Bahn führt weiter nach Saaz (Anschluss der Eisenbahn nach Komotau-Eger bezw. Prag) und Obernitz, woselbst die Flügelbahn nach Brüx sich abtrennt, bezw. die Prag-Duxer Eisenbahn einläuft. Von Station Obernitz ab geht die Bahn durch das Thal der Biela nach Bilin, bekannt durch den in der Nähe liegenden Curort Sauerbrunn-Bilin, und endet in Dux.

Die Linie Pilsen-Eisenstein überschreitet, in südlicher Richtung verlaufend, den höchsten Theil des Böhmerwaldgebirges, berührt die Orte Dobran, Schwihau, Klattau, Neuern, Spitzberg (1747 Meter langer Tunnel) und endet in Eisenstein der Grenzstation mit Bayern.

Die Bedeutung der behandelten Bahn liegt vor Allem in der Erschliessung eines neuen, kürzesten und wohlfeilsten Absatzweges aus den Braunkohlengebieten des nördlichen Böhmens sowie des Steinkohlenbeckens im Pilsener Reviere. Andererseits bildet dieselbe in Verbindung mit der Königlich Bayerischen Staatsbahn ein Mittelglied der Transitlinie aus Süddeutschland, der Schweiz und Italien nach den Ostseehäfen.

Ausser dem Transitverkehr herrscht ansehnlicher Localverkehr in Bezug auf Personen- und Güterbeförderung.

Anlagecapital.	Nominalwerth in Fl. ö. W. Silber.	Grösse der Stücke Fl. ö. W. Silber.	Zinsen pCt.	Zahlungstermin.	Verloosung und Rückzahlung alpari.	Dividenden in den Jahren:	Course am Ende der Jahre 1872 bis 1879:
a. Stamm-Actien	9,000,000	150		1. Juli.	nach Tilgung der Oblig.	bislang 0 %.	
b. Prioritäts-Obligationen							
I. Emission Gold	12,000,000	150 = 300 M.	5	1/1 1/7	Die Verloosung ist seit 1877 sistirt.		in Berlin: 88, 83 1/2, 71 3/4, 66 9/10, 51 3/4, 24 1/2, 27, 47 1/2 %.
II. „ Silber	11,999,850	150	5	1/1 1/7			

Die Zinsen der Prioritäts-Obligationen sind seit dem 1. Januar 1877 nur noch theilweise bezahlt.
Prioritäten-Curator ist Dr. von Wiener in Prag.

K. k. Oesterreichische Staatsbahnen.

a) Rakonitz-Protivin.

Die Rakonitz-Protiviner Staatsbahn, welche sich im Betriebe der Böhmischen Westbahn befindet, umfasst die Strecken von Rakonitz nach Beraun und von Zditz nach Protivin mit einer Gesammtlänge von 144,9 km. Die Bahn, welche als sogenannte Nothstandsbahn auf Kosten des Staates ausgeführt ist, wurde im Jahre 1876 eröffnet; sie befördert Personen und Güter, sowohl im localen als auch im durchgehenden Verkehr.

b) Kriegsdorf-Römerstadt.

Karte Seite 46.

Die 13,76 km lange Strecke Kriegsdorf-Römerstadt führt über die Stationen Friedland a. M. und Stohl-Karlsdorf. Den Betrieb der Bahn, welche im Jahre 1878 eröffnet wurde, führt die Mährisch-Schlesische Centralbahn, von deren Gleisen die behandelte Bahn abzweigt. Die Bahn hat Personen- und Frachtenverkehr; letzterer überwiegt. Zum Versandt gelangen hauptsächlich: Eisenschlacken, Steinkohlen, Eisen, Stahlwaaren etc.

c) Erbersdorf-Würbenthal.

Karte Seite 46.

Der Bau dieser von der Mährisch-Schlesischen Centralbahn sich abtrennenden ca. 20,7 km langen Flügelbahn ist im Jahre 1879 aus Staatsmitteln begonnen. Den Betrieb wird die ebengenannte Bahn demnächst übernehmen.

Böhmische Westbahn. Pilsen - Priesen -(Komotau) Eisenbahn.

Rakonitz - Protiviner Eisenbahn (K.K.Oest.St.B.).

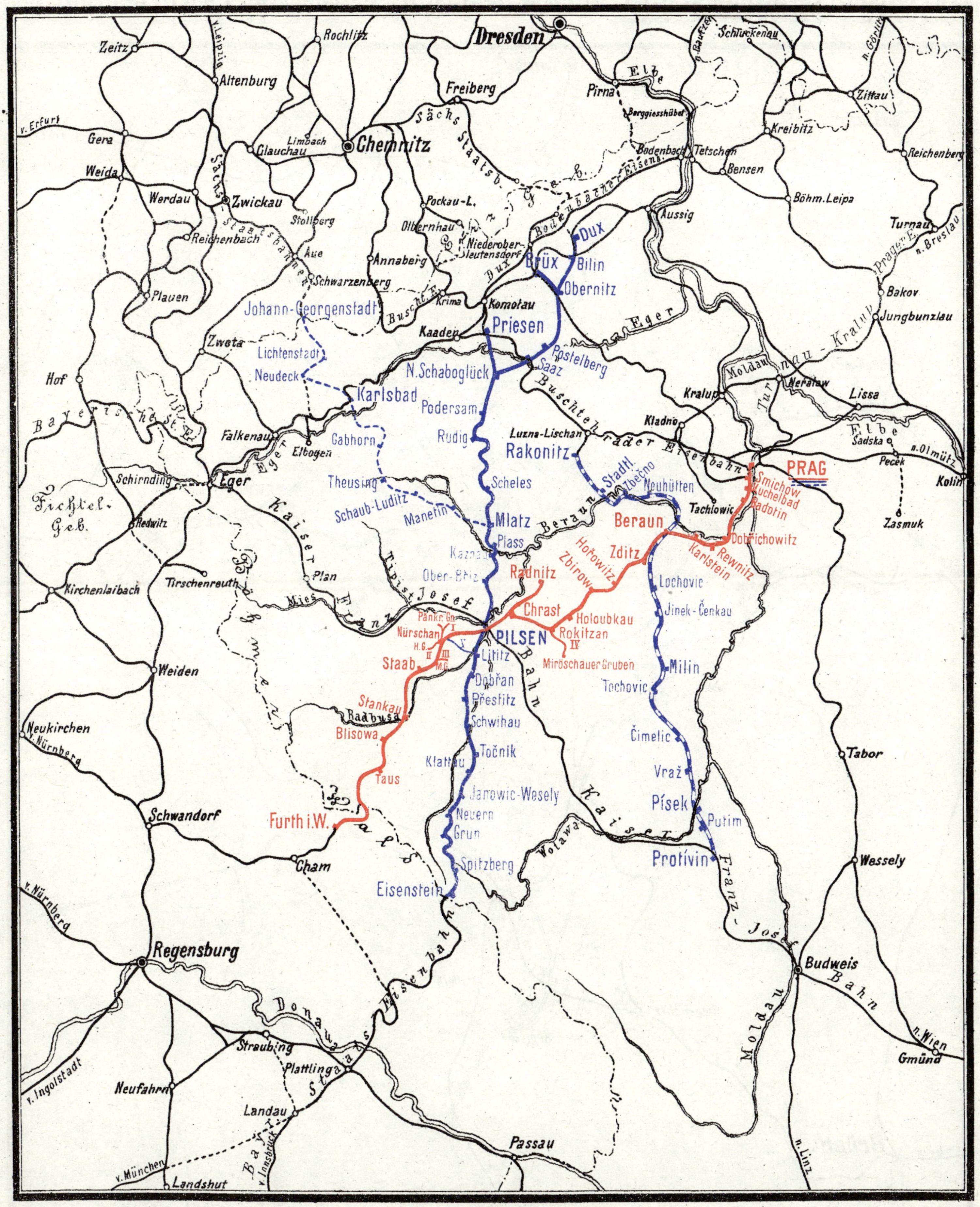

1:1250000

Mährisch-Schlesische Centralbahn. Mährische Grenzbahn.

Ostrau-Friedlander Eisenbahn.

 Kriegsdorf-Römerstadt E.-(K.K.Oest.St.B.)-Erbersdorf-Würbenthal E.

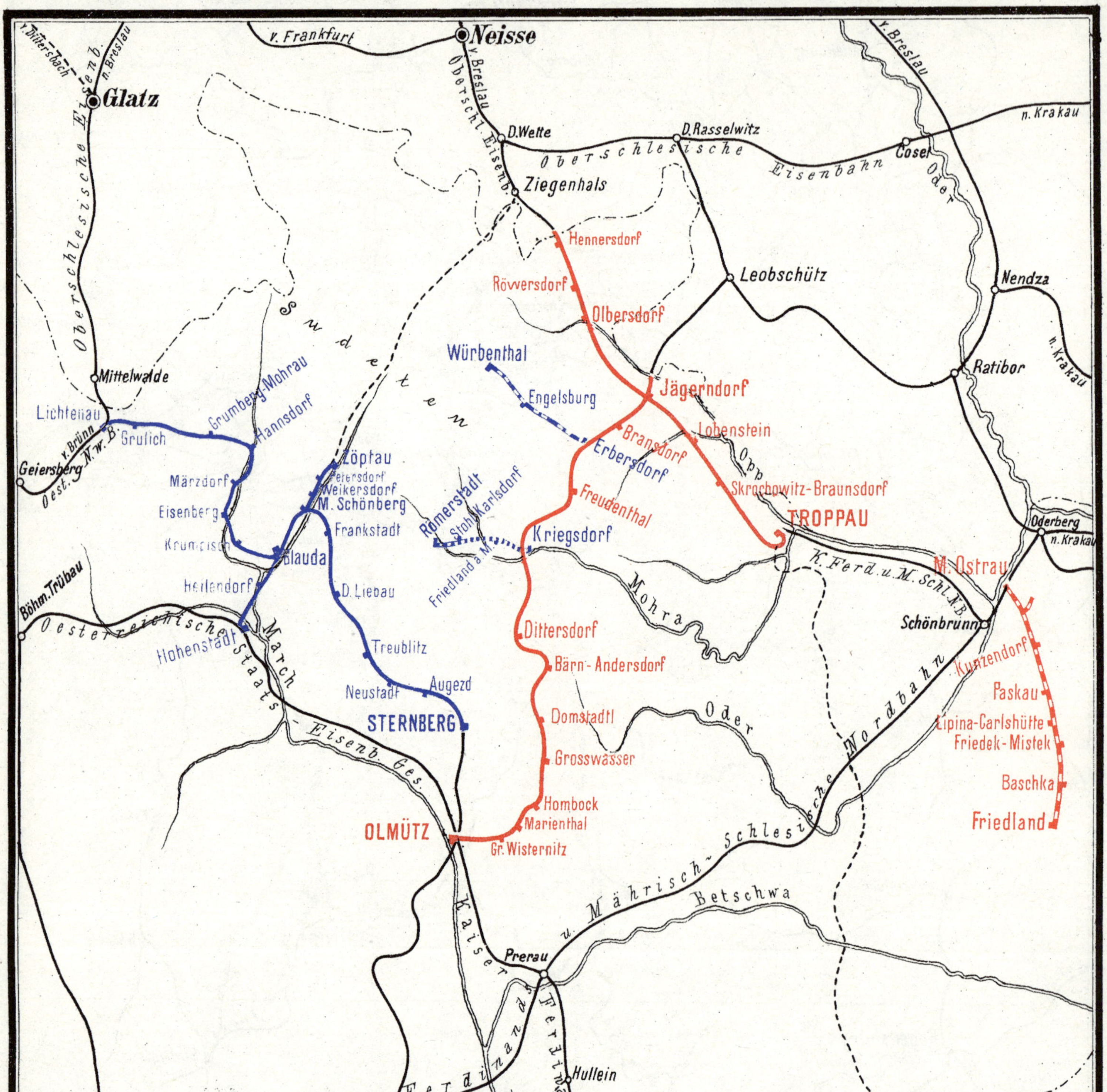

1:665000

Mährisch-Schlesische Centralbahn.

Das Unternehmen der Mährisch-Schlesischen Centralbahngesellschaft, deren Verwaltungsrath und Betriebsdirection in Wien domicilirt sind, umfasst mit den Strecken von Olmütz über Jägerndorf nach Troppau bezw. nach Ziegenhals (die Strecke von der Reichsgrenze bis Ziegenhals ist Eigenthum der Oberschlesischen Eisenbahn und wird von der Centralbahn betrieben) eine Betriebslänge von 153,93 km. Verpachtet ist die Strecke Jägerndorf bis Reichsgrenze (3,3 km lang) an die Oberschlesische Eisenbahn. Die erste Theilstrecke der Bahn wurde bereits im Jahre 1872 eröffnet.

Die Centralbahn beginnt in Olmütz im Anschluss an die Kaiser-Ferdinands-Nordbahn und führt über Hombock, Grosswasser, Domstadtl und Dittersdorf nach Kriegsdorf, woselbst die Staatsbahnstrecke nach Römerstadt, deren Betrieb die behandelte Bahn führt, sich abzweigt. Zwischen Hombock und Domstadtl hat die Bistritza, die die genannte Bahn dauernd begleitet, einen sehr scharf gewundenen Lauf mit unregelmässigen Gefällen und geringer Thalbreite, welcher Umstand die 22malige Uebersetzung des Flusses, grosse Felsenarbeiten, die Anwendung starker Steigungen und viele Krümmungen nothwendig macht. Bei Dittersdorf werden die Sudeten und die Wasserscheide zwischen March und Oder überschritten. Die Bahn führt weiter über Freudenthal nach Jägerndorf, woselbst sich die Traçe in drei Arme theilt, und zwar in die Linien nach Leobschütz, Ziegenhals und Troppau. Die erstere der Strecken ist zum grössten Theile Eigenthum der Oberschlesischen Eisenbahn, die zweite Linie berührt die Ortschaften Olbersdorf, Hennersdorf und schliesst in Ziegenhals an die Oberschlesische Eisenbahn in der Richtung auf Neisse an. Die Flügelbahn nach Troppau endlich berührt die Stationen Lobenstein, Skrochowitz-Braunsdorf und endet in Troppau im Anschluss an die Kaiser-Ferdinands-Nordbahnlinie gegen Oderberg und Krakau.

Die Bahn transportirt Personen und Güter, letzterer Verkehr ist überwiegend. Der Personenverkehr ist hauptsächlich ein localer, bezüglich des Frachtenverkehrs finden auch Transittransporte statt. Die wichtigsten Transportartikel bestehen in Kohlen, Getreide aller Art, Steine, Holz, Eisen und Stahlwaaren etc. Die Terrainverhältnisse der behandelten Bahn sind grossentheils sehr schwierige.

Anlagecapital.	Nominal-werth in Fl. ö. W. Silber.	Grösse der Stücke Fl. ö. W. Silber.	Zinsen pCt.	Zahlungs-termin.	Verloosung und Rückzahlung alpari.	Dividenden in den Jahren:	Course am Ende der Jahre 1870 bis 1879:
a. Stamm-Actien I. Emis.	9,000,000	200		1. Juli.		Die Gesellschaft hat seit dem 1. Juli 1874 jede Verz. eingest. Bis $\frac{1}{7}$ 73 5% Bauzinsen.	in Wien: 143, $132\frac{3}{4}$, 139, 39, 20, 10, —, —, —, 12 %.
do. II. „	3,400,000	200		do.		do.	
b. Prioritäts-Obligationen							
I. Emission von 1870	13,500,000	300	5	$\frac{1}{1}$ $\frac{1}{7}$	auf $\frac{1}{2}$ und $\frac{1}{8}$. Die Amortisation ist seit Februar 1880 eingestellt.	in Wien: $84\frac{1}{2}$, 87, $88\frac{6}{10}$, 50, 40, $31\frac{1}{2}$, 17, —, —, $31\frac{3}{4}$ %.	in Berlin: 69, $74\frac{1}{4}$, $81\frac{1}{2}$, $40\frac{1}{2}$, 30, $27\frac{3}{4}$, 15, $12\frac{1}{10}$, $18\frac{1}{2}$, $27\frac{1}{4}$ %.

Prioritäten-Curator ist der Dr. Carl Gaber in Wien.

Mährische Grenzbahn.

Die Mährische Grenzbahn, deren Gesellschaftssitz Wien ist, hat eine eigenthümliche Länge von 108,5 km. Die erste Theilstrecke derselben und zwar diejenige von Hohenstadt nach Zöptau wurde bereits am 1. October 1871 dem Betriebe übergeben. Das Unternehmen besteht aus den beiden Linien Sternberg-Grulich und Hohenstadt-Zöptau.

Die erstere Linie beginnt im Anschluss an die Mährisch-Schlesische Nordbahn in Sternberg, führt an der industriereichen Stadt Mährisch-Schönberg vorüber durch das romantische Marchthal über Hannsdorf nach Grulich bezw. zum Anschluss an die Oesterreichische Nordwestbahn nach Lichtenau. Die Linie Hohenstadt-Zöptau beginnt im Anschlusse an die Oesterreichische Staatseisenbahn in Hohenstadt und führt durch das Thessthal über Station Blauda, von wo aus sie bis zur Station Mährisch-Schönberg den Bahnkörper mit der erstbeschriebenen Linie gemeinsam benutzt, geht dann über Station Petersdorf (Glasfabriken) nach der Endstation Zöptau (Stadt mit bedeutenden Eisenwerken).

Die Bahn dient gleichmässig sowohl dem Personen- als dem Güterverkehre — die Einnahmen des letzteren Verkehrs überwiegen —, und desgleichen auch dem localen und Durchgangsverkehre. Als Hauptartikel gelangen zur Verfrachtung: Kohlen, Steine, Eisen und Stahlwaaren, Erze, Holz, Flachs, Hanf, Garne etc.

Anlagecapital.	Nominal-werth in Fl. ö. W. Silber.	Grösse der Stücke Fl. ö. W. Silber.	Zinsen pCt.	Zahlungs-termin.	Verloosung und Rückzahlung alpari.	Dividenden in den Jahren:	Course am Ende der Jahre 1872 bis 1879:
a. Stamm-Actien I. Emis.	1,000,000	200			nach Tilgung der Obligationen	Seit 1875 0 %.	in Wien: 174, 145, 60, 17, —, —, 5, 26 %.
II. „	8,000,000	200				do.	
b. Prioritäts-Obligationon						Course am Ende der Jahre:	
I. Emission	1,000,000	200	5	1. März.	auf $\frac{1}{3}$ und $\frac{1}{9}$. Die Amortisation durch Verloosung ist seit 1880 ausgesetzt.	in Wien: $87\frac{1}{2}$, $88\frac{1}{2}$, $77\frac{1}{2}$, $71\frac{3}{4}$, 63, $61\frac{1}{2}$, $61\frac{1}{2}$, $74\frac{3}{4}$ %.	in Berlin: —, $71\frac{1}{2}$, $70\frac{5}{8}$, $64\frac{1}{10}$, 51, $51\frac{8}{10}$, $53\frac{1}{2}$, $64\frac{1}{4}$ %.
II. „	7,000,000	200	5	1. Septbr.	do.		

Seitens der Oesterreichischen Staatsregierung ist der Linie Sternberg-Grulich, für welche die Actien und Prioritäten II. Emission emittirt sind, ein jährliches Reinerträgniss von Fl. 336,000 ö. W. Silber garantirt.

Vom 1. März 1880 an werden die Prioritäts-Obligationen nur mit 4% p. a. verzinst, der Rest wird gestundet; der Prioritäten-Curator ist Dr. Borowiczka in Wien.

Ostrau-Friedländer Eisenbahn.

Die Ostrau-Friedländer Eisenbahn, deren Betrieb durch die Kaiser-Ferdinands-Nordbahn geführt wird, hat eine Länge von 34 km und gelangte im Jahre 1870 zur Eröffnung. Der Sitz der Gesellschaft ist Wien.

Die Traçe beginnt in Mährisch-Ostrau, durchzieht durchweg industriereiche Gegenden Schlesiens und Mährens, berührt die Städte Friedek-Mistek und endet in Friedland. Die Bahn ist grösstentheils Industrie-Localbahn, demnach zumeist für den Güterverkehr bestimmt, hat jedoch auch einen ziemlich ansehnlichen Local-Personenverkehr.

Da die Bahn in Friedland ihren Abschluss findet, so kann Durchgangsverkehr nicht stattfinden. An der Bahn liegen bedeutende industrielle Etablissements (namentlich Eisenwerke), welche auf die Art der Güterbefrachtung von Einfluss sind; auch findet ein lebhafter Holzexport statt.

Anlagecapital.	Nominal-werth in Fl. ö. W.	Grösse der Stücke Fl. ö. W.	Zinsen pCt.	Zahlungs-termin.	Verloosung und Rückzahlung alpari.	Dividenden in den Jahren 1871 bis 1879:	Course am Ende der Jahre 1871 bis 1879:
a. Stamm-Actien Noten	1,450,000	200		Abschlagsdividende $\frac{1}{1}$, Restdivid. $\frac{1}{7}$.	nach Tilgung der Oblig.	3, 5, 3, $\frac{3}{4}$, seitdem 0 %.	in Wien 1879: 20 %.
b. Prioritäts-Obligationen Silber	1,449,900	300	5	$\frac{1}{4}$ $\frac{1}{10}$	im März auf 1. September.		in Berlin: $81\frac{3}{4}$, 87, 80, $66\frac{3}{4}$, 67, $52\frac{1}{2}$, 46, 42, $66\frac{1}{10}$ %.

Kriegsdorf-Römerstadt und Erbersdorf-Würbenthal

siehe Seite 45.

Kaiser-Franz-Josef-Bahn.

Das Unternehmen der Kaiser-Franz-Josef-Bahn-Gesellschaft, deren Sitz Wien ist, umfasst die Strecken von Wien über Pilsen nach Eger, von Gmünd nach Prag, sowie die kleineren Zweigbahnen von Absdorf nach Krems und von Wessely nach Budweis mit einer Gesammtbetriebslänge von 717 km. Die erste Theilstrecke derselben (Pilsen-Budweis) wurde im Jahre 1868 eröffnet. Die Gesellschaft ist ausserdem Eigenthümerin des sechsten Theiles der Wiener Verbindungsbahn.

Die Hauptbahn beginnt in Wien und führt über Tulln, woselbst die Donau überschritten wird, nach Absdorf, dem Trennungspunkte für die Zweigbahn nach Krems. Sodann werden berührt Sigmundsherberg-Horn, Gmünd (Abzweigung nach Prag) und Budweis an der Moldau (Abzweigung nach Wessely). Nach Ueberschreitung der Moldau führt die Bahn weiter über Protivin (Anschluss der Staatsbahn) nach Pilsen und von dort durch romantische Gegenden über Marienbad (berühmter Badeort) nach Eger zum Anschluss an die daselbst einmündenden Bahnen. Die Zweigbahn Gmünd-Prag berührt die Orte Wittingau, Tabor, Wottic, Beneschau und endet in Prag.

Die Strecken der Bahn durchziehen theilweise industrielle Gegenden und vermitteln den Export der Erzeugnisse derselben. Transportirt werden Personen u. Güter, wobei die Einnahmen der Frachtenbeförderung überwiegen.

Anlagecapital.	Nominalwerth in Fl. ö. W. Silber.	Grösse der Stücke Fl. ö. W. Silber.	Zinsen pCt.	Zahlungstermin.	Verloosung und Rückzahlung alpari.	Dividenden in den Jahren:	Course am Ende der Jahre 1870 bis 1879:
a. Stamm-Actien	42,416,600	200	5	1/1 1/7	von 1947 an.	stets 5 %.	in Wien: 188 1/4, 209, 218 1/2, 207 1/2, 188, 158 1/2, 122 1/2, 124 1/2, 127, 158 1/4 %.
							in Berlin: —, —, 100, —, 83 1/4, 67 1/2, 48 4/10, 51 8/10, 54 1/4, 69 %.
b. Prioritäts-Obligationen							
I. Emission von 1867	49,560,000	200	5	1/4 1/10	im April auf 1. Octobr.	in Wien: 94, 100 2/3, 99, 102 3/4, 100, 95 1/4, 90 3/4, 85 3/4, 84 1/4, 96 1/4 %.	
II. „ „ 1873	4,000,000	200	5	1/4 1/10	do.	1879: 93 3/4 %.	in Berlin: —, —, —, —, 91 3/4, 84 1/2, 69, 69 9/10, 71 1/4, 81 3/10 %.
III. „ „ 1879	4,500,0000	200	5	1/4 1/10	do.	1879: 93 %.	

Die Oesterreichische Staatsregierung garantirt ein jährliches Reinerträgniss von Fl. 4,952,656 Silber zur 5% Verzinsung und Tilgung des Anlagecapitals.

Kaiserin-Elisabeth-Bahn.

Die Kaiserin-Elisabeth-Bahn mit dem Gesellschaftssitze in Wien hat eine Betriebslänge von 944,3 km, deren erste Strecke, die schmalspurige Bahn von Lambach nach Gmunden, bereits im Jahre 1836 eröffnet wurde.

Die Hauptbahn führt von Wien über St. Pölten durch fruchtbare und romantische Gegenden zum Glanzpunkte der Bahn nach Melk a. d. Donau und sodann über Amstetten und St. Valentin nach Linz, der Hauptstadt von Oberösterreich. Im weiteren Verlaufe werden berührt Wels, Lambach, Strasswalchen und endlich das wegen seiner ausserordentlich schönen Lage hochberühmte Salzburg. Von Wels führt eine Zweigbahn über Neumarkt nach Passau bezw. nach Ried-Braunau-Simbach (directe Route nach München). Ferner ist noch anzuführen die Linie von Linz über Gaisbach nach Budweis mit der Zweigbahn von Gaisbach nach Valentin.

Zum Unternehmen gehört noch die sogenannte Gisela-Bahn von Salzburg über Bischofshofen nach Wörgl bezw. nach Selzthal, eine der interessantesten Gebirgsbahnen mit schönheitsreicher Umgebung, an welcher noch zu nennen sind die Orte: Hallein (mit Salzwerken), St. Johann i. P., Gastein, Zell am See, Saalfelden und Schladming.

Schliesslich kommt noch in Betracht die bereits oben erwähnte Linie Lambach-Gmunden.

Die behandelte Bahn führt ferner noch für Rechnung des Staates den Betrieb der Braunau-Strasswalchener Eisenbahn.

Die Bahn ist ausserdem Miteigenthümerin der Wiener Verbindungsbahn.

Mit Ausnahme der Zweigbahn Hetzendorf-Ebersdorf (ausschliesslich Güterverkehr), findet überall Personen- und Güterverkehr statt. Der Personenverkehr ist neben zahlreichem Touristenverkehre mehr ein localer. Bei dem Frachtenverkehre, dessen Erträgnisse überwiegen, findet directer und Durchgangsverkehr statt. Hauptfrachtartikel sind: Getreide, Kohlen, Holz, Vieh, Salz, Steine, Erze u. s. w.

Anlagecapital.	Nominalwerth in Fl. ö. W.	Grösse der Stücke Fl. ö. W.	Zinsen pCt.	Zahlungstermin.	Verloosung und Rückzahlung alpari.	Dividenden in den Jahren 1871 bis 1879:	Course am Ende der Jahre 1871 bis 1879:
a. Stamm-Actien							in Wien: 243, 244, 218 1/2, 194 1/2, 171, 135, 152 1/4, 158 1/2, 181 Fl.
I. Emission in Noten	42,000,000	210		2 1/2 % 1/1; 2 1/2 % 1/7; Superdiv. 1/7.	auf 1. Januar während der Concessionsdauer.	7 92/100, 5, 5, 5, 5, 5, 5, 5, 5 %.	in Berlin: 104 1/2, 112 7/8, 97, 85 3/4, 73 9/10, 54 1/2, 63, 67 7/10, 77 7/10 %.
II. Em. Linz-Budweis i. Silb.	10,000,000	200		do.	do.	die garantirten 5 %, von 1883 an gleichberechtigt mit I. Emision.	in Wien: 210 1/2, 211, 190, 173, 151, 117, 140, 141, 162 1/2 Fl.
III. Em. Gisela in Silber	16,000,000	200		do.	do.	1873 bis 1879: die garantirten 5 %, von 1883 an event. gleichberechtigt mit I. Emission.	in Wien: —, —, 162, 155 1/2, 137, 110, 121 3/4, 120, 150 1/4 Fl.
b. Prioritäts-Obligationen							Course 1871 bis 1879:
I. Emis. von 1860 Silb.	12,000,000	300 600 900	5 (abz. 10% Einkommensteuer und Stempel.)	1/2 1/8	1. Febr. auf 1. August.	in Wien: 95 1/2, 90, 95, 93 1/2, 91 1/4 90 3/4, 92, 92 4/10, 97 %.	
„ „ 1861 „	9,000,000	300 600 900	5 (abz. 10% Einkommensteuer und Stempel.)	1/2 1/8	do.	ebenso.	
„ „ 1862 „	9,999,900	300 600 900	5 (abz. 10% Einkommensteuer und Stempel.)	1/2 1/8	do.	in Wien: 93, 89 1/2, 94, 91 3/4, 90 1/4, 90 1/2, 91, 91 3/10, 95 3/4 %.	
„ „ 1867 „	1,982,100	300 600 300	5 (abz. 10% Einkommensteuer und Stempel.)	1/2 1/8	do.	ebenso.	
Emission von 1872 „	8,200,000	200	5	1/1 1/7	1. Juli auf 1. Januar.	in Wien: —, 97 1/2, 100 3/4, 97, 90, 80 1/2, 85, 87 1/2, 97 %.	in Berlin: —, 90, —, —, 80 2/10, 64 1/10, 70, 75 1/4, — %.
Em. v. 1869 Linz-Budweis „	5,000,000	200	5	1/1 1/7	do.	in Wien: 104 1/4, 101, 104, 98 3/4, 93, 87 1/2, 83 3/4, 85 1/4, 96 %.	gleiche Priorität.
„ „ 1871 „ „	11,200,000	200	5	1/1 1/7	do.	ebenso.	gleiche Priorität.
„ „ 1870 Ried-Braunau „	6,400,000	200	5 (bis 1890 steuerfrei.)	1/5 1/11	1. Mai auf 1. Novemb.	in Wien: 103, 100, 103, 98 1/2, 90 3/4, 78 1/2, 81, 81 3/4, 95 %.	
„ „ 1873 Gisela „	24,000,000	200	5	1/4 1/10	1. October auf 1. April.	in Wien: —, —, —, 97 1/2, 91, 79 1/2, 78 1/2, 79 1/2, 94 1/2 %.	in Berlin: —, —, —, 88, 80 1/2, 62 1/10, 66, 68 1/2, 82 %.

Der Oesterreichische Staat garantirt den Actien I. und II. Emission sowie den Prioritäts-Obligationen von 1860, 1861, 1862, 1867, 1872 und von 1869 und 1871 Ling-Budweis 5% Zinsen und 1/5% Amortisationsquote; ferner den Actien III. Emission und den Prioritäten 1873, beide für die Giselabahn emittirt, einen jährlichen Reinertrag von 54,400, Fl. ö. W. Silber per Meile = 5% p. a. und Amortisation. Die Prioritäten von 1870 der Strecke Ried-Braunau sind nicht garantirt. Prioritäten-Curator ist Dr. Bach in Wien.

Kremsthalbahn.

Die Kremsthalbahn ist concessionirt als normalspurige Secundärbahn. Dieselbe schliesst in Linz an die Kaiserin-Elisabeth-Bahn an und führt über Traun, Nettingsdorf, Neuhofen, Komaten und Rohr-Hall nach Kremsmünster.

Dieselbe soll sowohl dem Personen- als auch dem Güterverkehre dienen. Das Anlagecapital beträgt vorläufig nominell 950,000 Gulden. Die Kremsthalbahngesellschaft hat ihr Domicil in Linz.

Kaiser Franz-Josef-Bahn. Kaiserin Elisabeth-Bahn.

Kremsthalbahn.

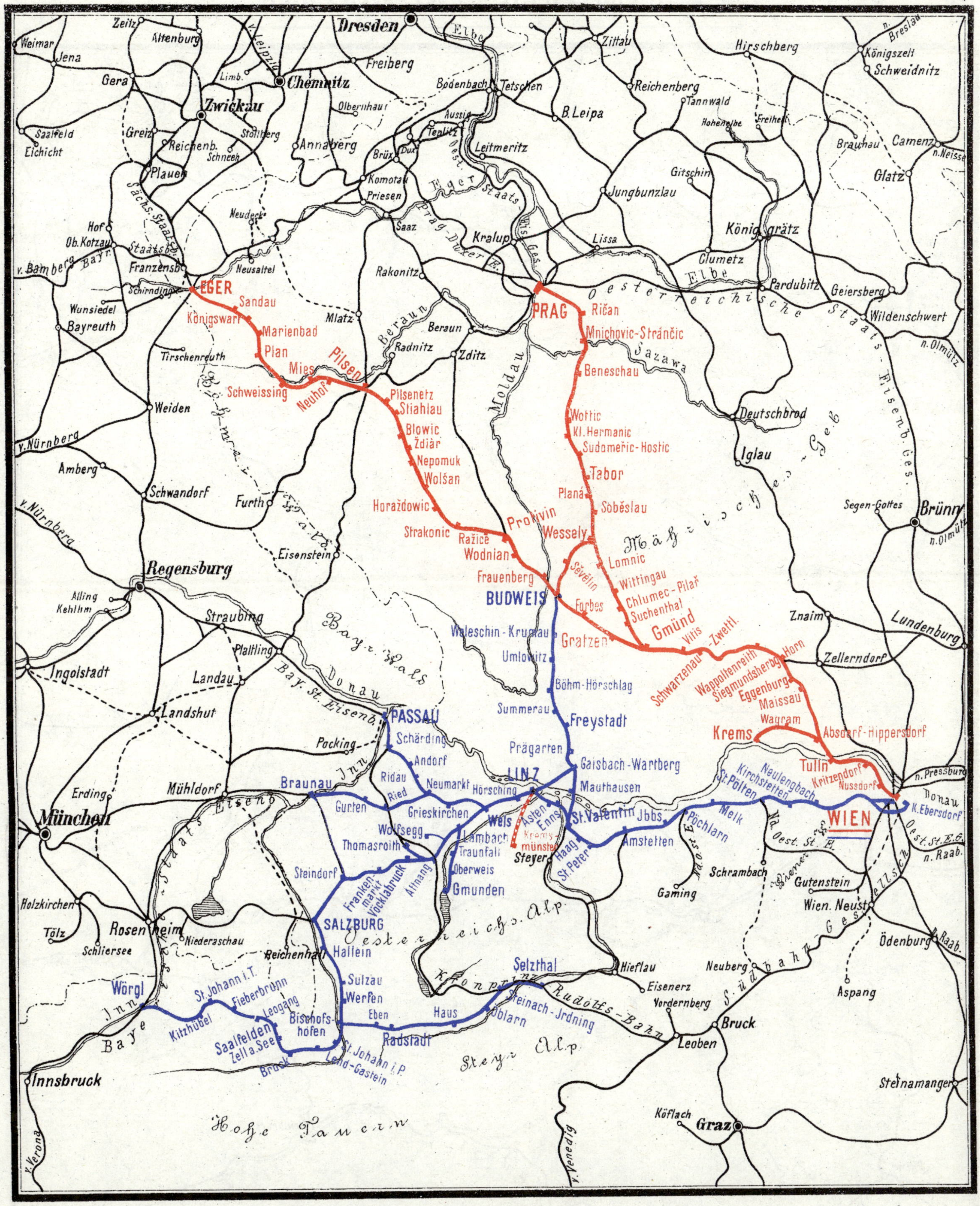

1:2000000

Kronprinz - Rudolfs - Bahn.

Graz - Köflacher Bahn. Leoben - Vordernberger Bahn.

K.K. Oesterreichische Staatsbahnen.

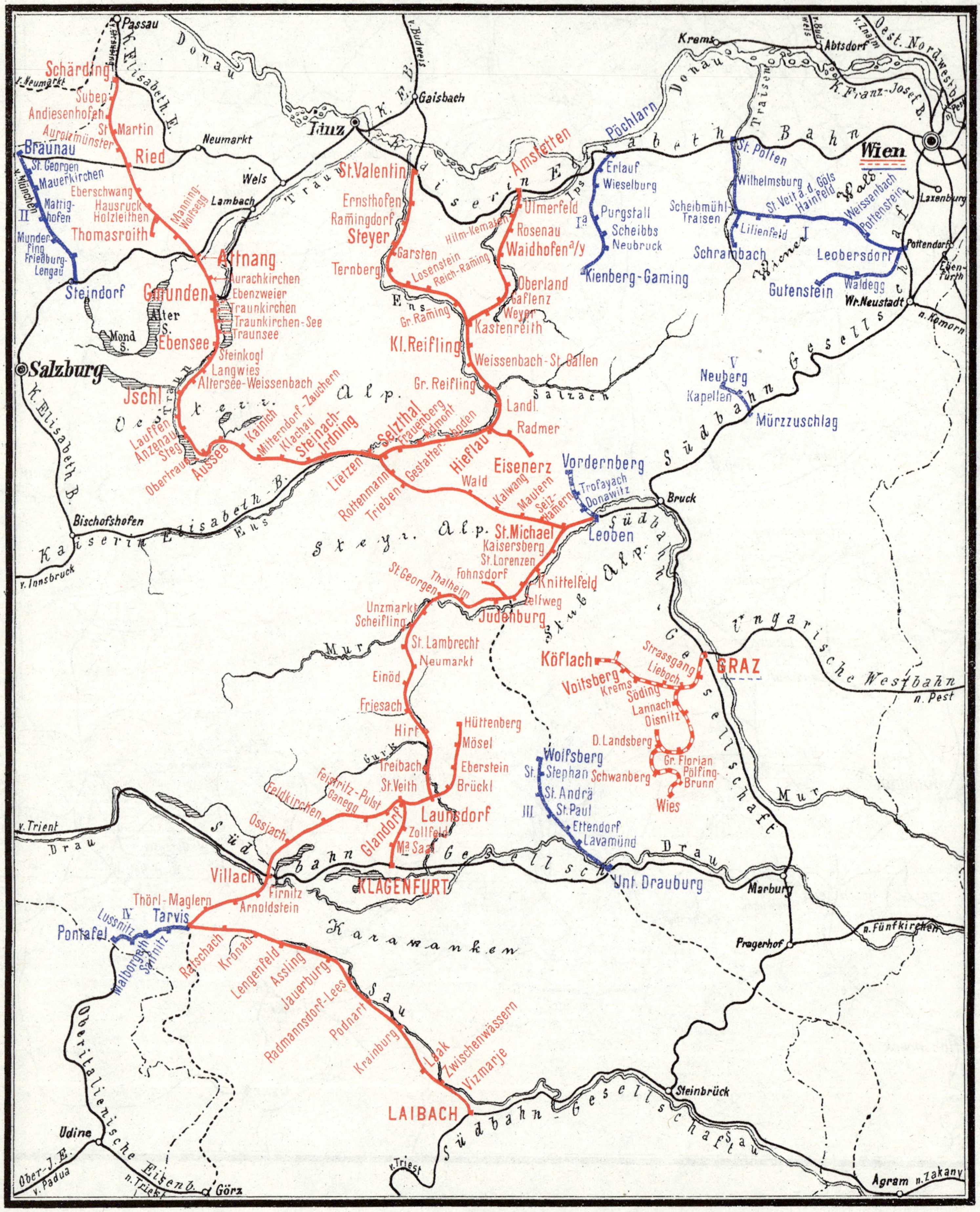

1:1250000

Kronprinz-Rudolf-Bahn.

Die Strecken der Kronprinz-Rudolf-Bahn, zu denen auch die sogenannte Salzkammergutbahn (Schärding-Ischl-Steinach-Irdning) gehört, haben eine Gesammtlänge von 800,7 km. Der Betrieb derselben ist seit dem 1. Januar 1880 von der Oesterreichischen Regierung für Rechnung der Gesellschaft, welche in Wien domicilirt ist, übernommen. Die erste Theilstrecke wurde im Jahre 1868 eröffnet.

Die Bahn führt mit ihrer Hauptlinie von St. Valentin über Steyer, Kl. Reifling, Hieflau, Selzthal, St. Michael, Launsdorf und Villach nach Tarvis zum Anschluss an die Staatsbahnlinie Tarvis-Pontafel (Pontebahn); ferner mit ihren Nebenlinien von Kl. Reifling über Weyer nach Amstetten, von Hieflau nach Eisenerz; von Selzthal (die Strecke von Selzthal bis Steinach-Irdning ist Eigenthum der Kaiserin-Elisabeth-Bahn) über Ischl und Gmunden nach Schärding; von St. Michael nach Leoben, von Launsdorf nach Hüttenberg, von St. Veith nach Klagenfurt, von Tarvis nach Laibach zum Anschluss an die Südbahn etc.

Die Bahn ist eine Touristenbahn ersten Ranges und sind die durchzogenen Gegenden von wechselreicher Schönheit, da sie die herrlichsten Gefilde der Oesterreichischen und Steierischen Alpen umfassen.

Die Bahn dient in ihrem Local- und durchgehendem Verkehre dem Personen- und Gütertransporte gleichmässig, wobei die Erträgnisse des letzteren Verkehrs überwiegend sind. Ursprünglich als Mittelglied der kürzesten Verbindung zwischen der Nordsee und dem adriatischen Meere gemeint, bildet die Kronprinz-Rudolf-Bahn derzeit über Böhmen einen Theil der directen Verbindungslinie zwischen Norddeutschland und Italien, zugleich auch ein Glied der directen Linie von Wien nach Ober-Italien, und ist deshalb ihre Wichtigkeit sowohl in wirthschaftlicher (insbesondere wegen der Eisen- und Holzproducte) als in strategischer Hinsicht unverkennbar. Im Güterverkehre gelangen hauptsächlich zur Verfrachtung: Brennmaterial, Eisen, Stahl, Erze und Mineralien.

Anlagecapital.	Nominalwerth in Fl. ö. W.	Grösse der Stücke Fl. ö. W.	Zinsen pCt.	Zahlungstermin.	Verloosung und Rückzahlung alpari.	Dividenden in den Jahren 1870 bis 1879:	Course am Ende der Jahre 1870 bis 1879:
a. Stamm-Actien Silber	55,585,800	200		1/1 1/7	1. October auf 2. Januar. Die Inhaber ausgelooster Actien erhalten Genusssch.	stets 5 %, demnächst abzügl. Coupon-Stempel.	in Wien: $161\frac{1}{2}$, 163, $169\frac{1}{2}$, 156, 151, $131\frac{1}{4}$, $100\frac{1}{4}$, $112\frac{1}{4}$, $115\frac{3}{4}$, $147\frac{1}{2}$ Fl.
							in Berlin: —, $70\frac{3}{4}$, 78, 69, $65\frac{1}{2}$, $56\frac{1}{4}$, $39\frac{3}{4}$, $47\frac{9}{10}$, $49\frac{4}{10}$, $63\frac{4}{10}$ %.
b. Prioritäts-Obligationen						Course am Ende der Jahre 1870 bis 1879: in Wien:	in Berlin:
I. Emis. von 1868 Silber	28,989,000	300	5 (demn. abzügl. Coup.-Stemp.)	1/4 1/10	1. October auf 1. April.	$89\frac{1}{2}$, $90\frac{3}{10}$, 92, $93\frac{3}{4}$, $92\frac{1}{2}$, $84\frac{1}{4}$, $74\frac{1}{4}$, 74, $75\frac{4}{10}$, $88\frac{6}{10}$ %.	$73\frac{3}{4}$, 79, $85\frac{1}{4}$, 82, $83\frac{7}{8}$, 74, $59\frac{1}{2}$, $62\frac{1}{10}$, $64\frac{8}{10}$, $76\frac{4}{10}$ %.
II. „ „ 1869 „	18,218,100	300	5 (demn. abzügl. Coup.-Stemp.)	1/4 1/10	do.	$88\frac{9}{10}$, $90\frac{3}{10}$, 92, 93, $92\frac{1}{4}$, $81\frac{1}{2}$, 71, $73\frac{3}{4}$, $73\frac{3}{10}$, $86\frac{3}{4}$ %.	$73\frac{3}{4}$, $77\frac{3}{4}$, $85\frac{1}{4}$, $80\frac{1}{2}$, $83\frac{1}{8}$, $73\frac{2}{10}$, $56\frac{1}{4}$, $61\frac{1}{2}$, $62\frac{8}{10}$, $74\frac{9}{10}$ %.
III. „ „ 1872 „	10,345,200	300	5 (demn. abzügl. Coup.-Stemp.)	1/4 1/10	do.	—, —, —, $90\frac{1}{2}$, 92, $81\frac{1}{2}$, $69\frac{1}{4}$, $73\frac{1}{2}$, $72\frac{3}{4}$, $86\frac{1}{2}$ %.	—, —, —, $79\frac{3}{4}$, $82\frac{15}{16}$, $73\frac{2}{10}$, 56, $61\frac{1}{2}$, $62\frac{3}{10}$, $74\frac{9}{10}$ %.
Salzkammergutbahn.							
Prioritäts-Obligationen Gold v. 1875.	25,220,000	200 =400 M.	5	1/4 1/10	do.	—, —, —, —, —, 96, 98, $83\frac{1}{2}$, $89\frac{7}{10}$, $102\frac{1}{2}$ %.	

Das Capital und die Zinsen der Salzkammergutbahn-Goldprioritäten werden auch in Reichsmark (1 Fl. = 2 M.) bezahlt.

Der Oesterreichische Staat garantirt der Gesellschaft ein 5 % Reinerträgniss in Silber von dem Anlagecapitale nebst der erforderlichen Tilgungsquote.

Graz-Köflacher Eisenbahn.

Die Graz-Köflacher Eisenbahn (Gesammtlänge 90,5 km), deren Betrieb von der Oesterreichischen Südbahn-Gesellschaft geleitet wird, ist Eigenthum der Graz-Köflacher Eisenbahn- und Bergbaugesellschaft. Die Administration dieser Gesellschaft befindet sich in Wien. Die erste Theilstrecke wurde im Jahre 1860 eröffnet.

Betrieben werden die Linien von Graz über Lieboch und Krems nach Köflach sowie von Lieboch über Landsberg nach Wies.

Es findet Personen- und namentlich Frachtenverkehr statt, und gelangen hauptsächlich zum Transport die Producte des Köflacher und Wieser Kohlenreviers, zu deren Beförderung die Anlage der Bahn erfolgte.

Anlagecapital.	Nominalwerth in Fl. ö. W.	Grösse der Stücke Fl. ö. W.	Zinsen pCt.	Zahlungstermin.	Verloosung od. Tilgung im Wege des Ankaufs.	Dividenden in den Jahren 1870 bis 1879:	Course am Ende der Jahre 1870 bis 1879:
a. Stamm-Actien Noten	6,800,000	200		1/1 1/7		9, 12, 12, $7\frac{1}{2}$, 3, $1\frac{1}{2}$, 0, 0, 0, 0 %.	in Wien: 246, 310, 356, 228, 128, —, —, —, $11\frac{1}{2}$, $28\frac{1}{2}$ Fl.
							in Leipzig: —, —, 107, 107, —, 62, —, —, —, 8 %.
do. Lit. B „	3,000,000	200		1/1 1/7			
b. Prioritäts-Obligationen							in Leipzig:
I. Emis. v. 1863 Silber	1,200,000	150	$4\frac{1}{2}$	1/1 1/7	1. Octbr. auf 2. Januar.	Die Coupons dieser III Emissionen sind unregelmässig, zum Theil nur im Umtausch gegen Prioritäts-Obligationen eingelöst.	1872 bis 1879: $85\frac{3}{4}$, 86, $86\frac{1}{2}$, $83\frac{3}{4}$, —, —, —, $66\frac{1}{2}$ %.
II. „ „ 1871 „	2,520,000	150	5	1/1 1/7	do.		1871 bis 1879: 89, $93\frac{3}{4}$, $93\frac{3}{4}$, $84\frac{1}{2}$, 80, —, —, —, $74\frac{1}{4}$ %, in Wien 1879: 77 %.
III. „ „ 1872 „	3,000,000	150	5	1/1 1/7	do.		1873 bis 1879: $91\frac{1}{2}$, 83, 75, —, —, —, 73 %.
IV. „ „ 1878 „	743,850	150	2	1/1 1/7	von 1883 an.	Die Zinszahlung beginnt erst vom 1/1 1883 an.	

Die Actien I. Emission haben ein Anrecht auf eine Dividende von 5 % vor den Actien Lit B.

Leoben-Vordernberger Eisenbahn.

Die 15,2 km lange Strecke von Leoben nach Vordernberg, Eigenthum einer in Graz domicilirenden Actiengesellschaft, befindet sich im Betriebe der Oesterreichischen Südbahn.

Die Bahn ist eine Gebirgsbahn in den steierischen Alpen und hat zum Zweck die Verfrachtung und Weiterbeförderung der durch die Ausbeutung der bedeutenden Erzlager um Vordernberg gewonnenen Naturproducte sowie der Erzeugnisse der an der Bahnstrecke etablirten Hochöfen. Der Personenverkehr ist nicht beträchtlich und bilden die Erträgnisse desselben etwa nur den zehnten Theil der Einnahmen. Hauptsächlich verfrachtet werden: Erze, Flossen, Eisen und Eisenwaaren, Kohlen und Holz.

Die Eröffnung der Bahn fand im Jahre 1872 statt.

Anlagecapital.	Nominalwerth in Fl. ö. W.	Grösse der Stücke Fl. ö. W.	Zinsen pCt.	Zahlungstermin.	Verloosung und Rückzahlung alpari.	Dividenden in den Jahren:	Course am Ende der Jahre:
a. Stamm-Actien Noten	640,000	200		1/1 1/7	nach Tilgung der Oblig.	ausser Bauzinsen 0 %. 1879: 1 %.	in Wien 1873: 120 Fl., seitdem ohne Notiz.
b. Prioritäts-Obligationen							
I. Emis. von 1870 Silber	810,000	300	5	1/2 1/8	1/2 u. 1/8 auf 1/8 u. 1/2.		in Wien 1872: $88\frac{1}{2}$ %, 1873: 85 %, 1879: 82 %.
II. „ „ 1871 „	150,000	300	5	1/2 1/8	do.		in Wien 1879: 77 %.
III. „ „ 1875 „	330,000	300	5	1/2 1/8	do.		in Wien 1879: 66 %.

Prioritäten-Curator ist Dr. Leopold Link in Graz. Ein im Jahre 1874 über die Gesellschaft verhängter Concurs ist in demselben Jahre wieder aufgehoben.

K. k. Oesterreichische Staatsbahnen siehe Seite 51.

Wien-Pottendorf-Wr.-Neustädter Bahn.

Die Bahn führt von Wien (Meidling) nach Pottendorf bezw. von Wiener-Neustadt über Pottendorf nach Grammat-Neusiedl zum Anschluss an die Oesterreichische Staatseisenbahn; ferner von Ebenfurt nach Neufeld zum Anschluss an die Raab-Oedenburger Bahn in einer Gesammtausdehnung von 67,5 km. Die erste Theilstrecke derselben wurde im Jahre 1871 dem Betriebe übergeben, welch' letzterer von der Südbahngesellschaft gegen Zahlung einer jährlichen Pachtsumme von Fl. 550,000 ö. W. Silber geführt wird.

Befördert werden Personen und hauptsächlich Güter; der vorhandene Verkehr ist nicht unbedeutend.

Anlagecapital.	Nominal-werth in Fl. ö. W.	Grösse der Stücke Fl. ö. W.	Zinsen pCt.	Zahlungs-termin.	Verloosung und Rückzahlung alpari.	Dividenden in den Jahren:	Course am Ende der Jahre 1874 bis 1879:
a. Stamm-Actien Silber	4,390,000	200		1/1 1/7	nach Tilgung der Oblig.	stets 5 %.	
b. Prioritäts-Obligationen Silber	6,380,000	200	5	1/1 1/7	2/1 auf 1/7 und 2/1.		in Wien: 89, 80, 80½, 75, 88, 94¾%. in Frankfurt: —, —, 60, 63, 76¾, 82 %.

Wiener Verbindungsbahn.

Die Wiener Verbindungsbahn, welche eine Länge von 6,4 km hat und im Jahre 1878 zur Eröffnung gelangte, ist Eigenthum derjenigen sechs Eisenbahngesellschaften, deren Linien in Wien einmünden (Südbahn, Oesterreichische Staatseisenbahn, Kaiser-Ferdinands-Nordbahn, Kaiserin-Elisabethbahn, Oesterreichische Nordwestbahn und Kaiser-Franz-Josephbahn). Es findet nur Güterverkehr statt. Den Betrieb der Wiener Verbindungsbahn führt die Kaiser-Ferdinands-Nordbahn mit der Südbahn gemeinschaftlich.

Die Bahn beginnt im Nordbahnhof und führt über Hauptzollamt, Staatsbahnhof nach Matzleinsdorf.

Donauuferbahn.

Dieselbe ist Eigenthum des Oesterreichischen Staates und hat eine Länge von 8,3 km. Sie führt bei Wien am Donauufer vom Nussdorfer Sporn bis zur Stadlauer Brücke und ist seit dem Jahre 1878 vollständig im Betriebe. Eine Weiterführung der Strecke bis nach Kaiser-Ebersdorf steht in Aussicht.

Kahlenberger Eisenbahn.

Die Kahlenberger Eisenbahn, deren Gesellschaftsvorstände in Wien domicilirt sind, ist eine Zahnradbahn (System Rigi) und führt in der Nähe der Kaiser-Franz-Josefbahn-Station von Nussdorf bei Wien über Grinzing, Krapfenwaldl auf den Kahlenberg. Dieselbe ist 5,5 km lang und wurde im Jahre 1874 dem Betriebe übergeben.

Sie dient hauptsächlich dem Personenverkehre und zwar im Speciellen der Beförderung von Vergnügungsreisenden. Die Verpflichtung des Bahnbetriebes erstreckt sich nur auf den Zeitraum vom 15. April bis 15. October.

Das Actiencapital beträgt Fl. 2,000,000 ö. W. in Actien à Fl. 100. Eine Dividende ist bislang nicht bezahlt worden. Cours in Wien Ende 1879 24 %.

Wien-Pottendorf-Wr.-Neustädter Eisenbahn.

Wiener Verbindungsbahn. Donauuferbahn. Kahlenberger Bahn.

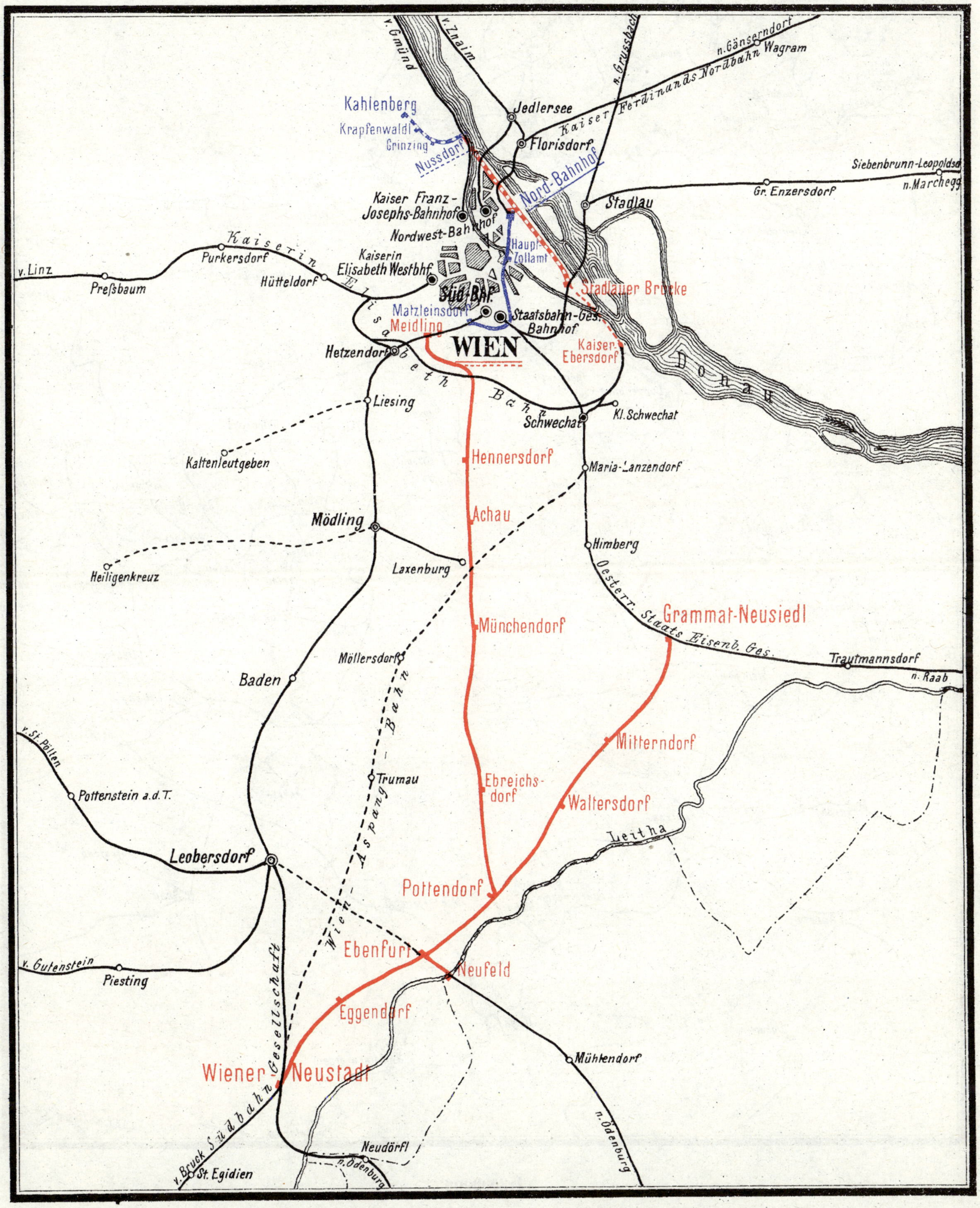

1:250000

Oesterreichische Staats-Eisenbahn-Gesellschaft.

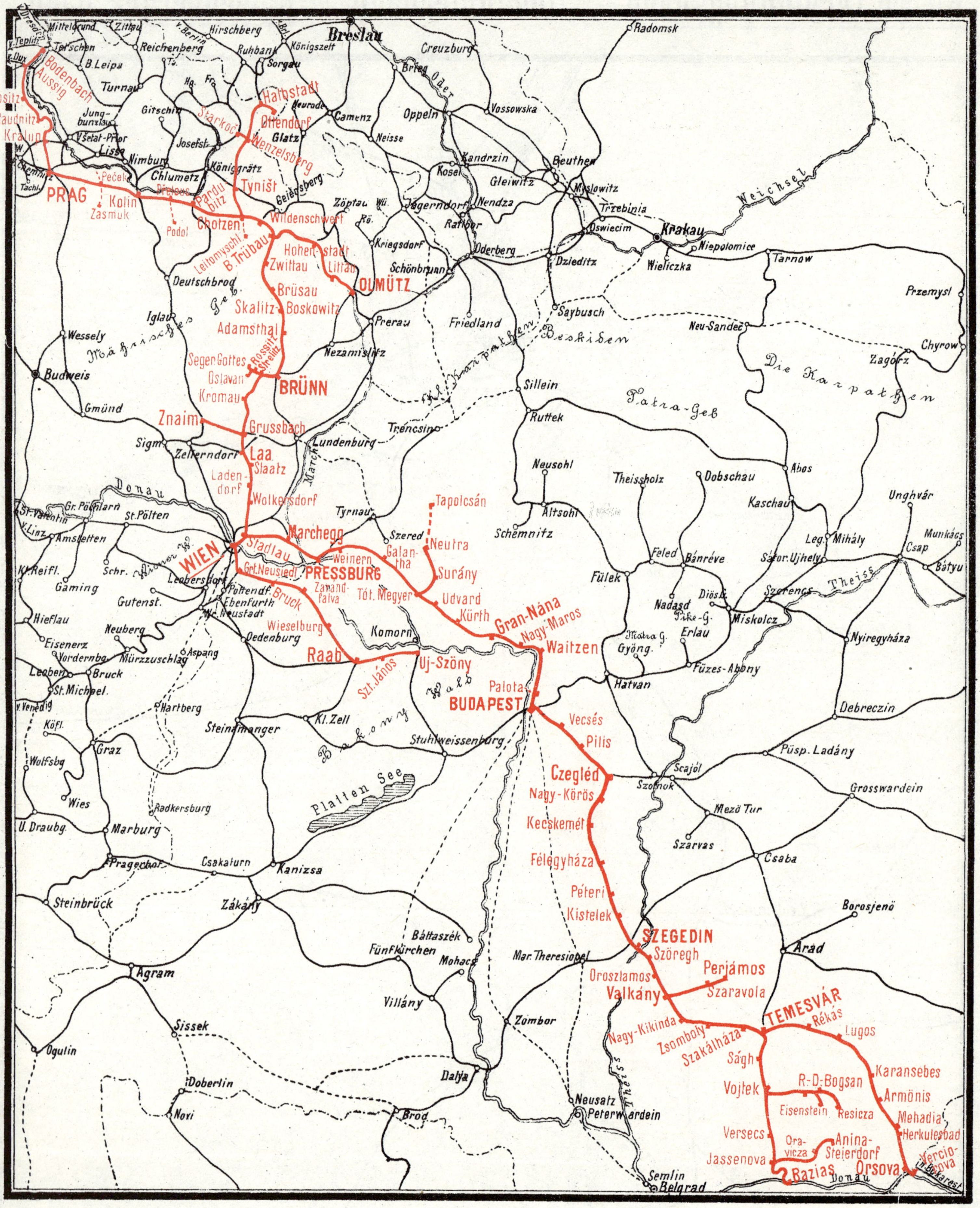

1:3000000

Oesterreichische Staatseisenbahn-Gesellschaft.

Das Unternehmen der in Wien domicilirenden Oesterreichischen Staatseisenbahn-Gesellschaft umfasst einschliesslich der ehemals Brünn-Rossitzer Bahn einen Gesammtcomplex von 2014,1 km Eisenbahnlinien, welche in ihrer längsten Ausdehnung von der Oesterreichisch-Deutschen Grenze bei Bodenbach bis zur Rumänischen Grenze bei Orsova sich erstrecken.

Dieselben vertheilen sich wie folgt:

I. Altes Netz mit den Strecken: Bodenbach-Brünn, Trübau-Olmütz, Chotzen-Ottendorf, Wenzelsberg-Starkoc, Marchegg-Bazias, Temeswar-Orsova, Tot. Megyer-Neutra, Jassenova-Anina, Valkany-Perjamos, Vojtek-Bogsan, Wien-Neu-Szöny, zusammen 1775,6 km.

II. Ergänzungsnetz: Wien-Strelitz, Stadlau-Marchegg, Grussbach-Znaim, Schlachthausbahn, Stadlau-Süssenbrunn, Donauuferbahn, zusammen 208,85 km.

III. Brünn-Rossitzer Linie mit Abzweigungen zusammen 29,69 km.

Eine Erweiterung des Unternehmens ist in Aussicht genommeu durch die Herstellung von drei kleineren Secundärbahnen in Böhmen, nämlich die Linien von Peçek nach Zasmuk, von Chotzen nach Leitomischl und von Prelouc nach Podol in einer Gesammtlänge von 72 km.

Zum Bahneigenthum gehört auch ein Sechstel der Wiener Verbindungsbahn.

Die Gesellschaft besitzt ferner Kohlengruben (in Kladno, Steyerdorf, Doman und Szekul), Eisensteingruben (in Steyerdorf, Dognacska), Hochöfen und Eisenhütten (in Resicza, Bogsan, Dognacska und Anina), Metallgruben, Hütten und Fabriken (in Oravicza, Bogsan) eine Maschinenfabrik in Wien (Locomotivbau), sowie Domainen und Forsten, welche verpachtet sind.

Das Bahnnetz erstreckt sich über Böhmen, Mähren, das Erzherzogthum Oesterreich und Ungarn und verläuft in seiner Hauptlinie wie folgt: In Bodenbach im Anschluss an das Sächsische Staatsbahnnetz beginnend, führt die Bahn meist in südöstlicher Richtung über Aussig und Kralup nach Prag und sodann über Kolin nach Pardubitz, woselbst die Bahn nach Reichenberg abzweigt. In Chotzen, dem nächsten Knotenpunkte führt die zum Unternehmen gehörige Zweigbahn nach Halbstadt und Ottendorf ab. Die Hauptbahn führt weiter über Wildenschwert und Böhmisch-Trübau (Flügelbahn nach Olmütz) durch romantische Gegenden über Adamsthal nach Brünn, der Hauptstadt von Mähren (bedeutende Fabriken). Sodann durchzieht sie in südlicher Richtung die Gebiete Mährens und Niederösterreichs und gelangt über Stadlau nach Uebersetzung der Donau vermittelst einer langen Gitterbrücke nach Wien. Die Weiterführung erfolgt von Wien über Stadlau nach Marchegg und Pressburg, der alten Krönungsstadt Ungarns, und sodann durch weinbautreibende Districte über Gran-Nana und Waitzen, meist dem Laufe der Donau folgend, nach Budapest, der Hauptstadt Ungarns. Die Bahn führt weiter im Donauthale, gelangt sodann in die Gebiete des Maros und der Theiss, berührt die Stadt Szegedin und theilt sich bei Temeswar in 2 Arme, welche in Orsova bezw. in Bazias (industriereiche Gegend) enden. In Orsova, wo wiederum die Donau erreicht wird, findet Anschluss an die Rumänischen Bahnen statt.

Transportirt werden Personen und Güter; die Einnahmen des letzteren Verkehrs überwiegen bedeutend. An Haupttransportartikeln sind zu nennen: Kohlen, Cokes, Feld-, Garten- und Walderzeugnisse, Colonialwaaren, Steine etc.

Anlagecapital.	Nominalwerth in Fl. ö. W.	Grösse der Stücke Fl. ö. W.	Zinsen pCt.	Zahlungstermin.	Verloosung und Rückzahlung alpari.	Dividenden in den Jahren 1870 bis 1879:	Course am Ende der Jahre 1870 bis 1879:
a. Stamm-Actien Gold	107,813,600	200 =Fr.500		$\frac{1}{7}$ 1 % und $\frac{1}{1}$ 4 % Abschlagsdiv., $\frac{1}{7}$ Restdivid.	im Decbr. auf 2. Jan. Die Inhaber ausgelooster Act. empfangen Genusssch. mit Anspruch auf die Superdiv.	12, 12, 10, 10, 8, $6\frac{1}{2}$, $5\frac{4}{10}$, 6, 6, 6 %.	in Wien: 378, 392, $334\frac{1}{2}$, $341\frac{1}{2}$, 308, 305, $259\frac{1}{2}$, $254\frac{1}{2}$, $253\frac{1}{2}$, 275 Fl. in Berlin: 618, $677\frac{1}{4}$, $615\frac{3}{4}$, 608, 567, 537, $419\frac{1}{2}$, $427\frac{1}{2}$, 438, 479 ℳ.
b. Prioritäts-Obligationen							
Altes Netz.						Course am Ende der Jahre 1870 bis 1879: in Wien:	in Berlin:
Emis. I bis VIII Gold	160,616,600	200 =Fr.500	3	$\frac{1}{3}$ $\frac{1}{9}$	im August auf 1. Septbr.	$134\frac{1}{2}$, $135\frac{1}{2}$, 127, $138\frac{1}{2}$, 150, $142\frac{1}{2}$, 153, 155, $158\frac{1}{4}$, $168\frac{1}{2}$ Fl.	$274\frac{1}{2}$, 291, 293, 303, $317\frac{3}{4}$, $315\frac{1}{2}$, $306\frac{3}{4}$, $324\frac{1}{2}$, $340\frac{1}{2}$, 364 Frs.
„ IX von 1874 „	29,480,600	200 =Fr.500	3	$\frac{1}{3}$ $\frac{1}{9}$	do.	1879: $163\frac{1}{2}$ Fl.	1875 bis 1879: 309, $295\frac{1}{10}$, $307\frac{8}{10}$, 329, $352\frac{3}{4}$ Frs.
Emis. I (f. Chotzen-Neusorge) Gold	15,000,000 nicht v. Staat garantirt.	200 =Fr.500	5	$\frac{1}{5}$ $\frac{1}{11}$	im Octbr. auf 1. Novemb.	—, —, —, $104\frac{3}{4}$, —, —, —, —, —, — %.	—, —, —, 93, $98\frac{1}{2}$, $97\frac{6}{10}$, $92\frac{3}{4}$, $95\frac{1}{4}$, $99\frac{1}{4}$, $103\frac{1}{2}$ %.
do. II von 1874 Gold	16,000,000	200 =Fr.500	5	$\frac{1}{5}$ $\frac{1}{11}$	do.	1875: $108\frac{1}{2}$, 1876 bis 1879: — %.	—, —, —, —, —, $97\frac{2}{10}$, $92\frac{3}{4}$, $95\frac{1}{4}$, $99\frac{1}{4}$, $103\frac{1}{2}$ %.
Brünn-Rossitz I u. II „	2,918,800	200 =Fr.500	5	$\frac{1}{5}$ $\frac{1}{11}$	do.		
Ergänzungsnetz.							
Emission I bis IV Gold Serie A	85,000,000	200 =Fr.500	3	$\frac{1}{3}$ $\frac{1}{9}$	im Februar auf 1. März.	$131\frac{1}{2}$, 135, $121\frac{2}{10}$, $130\frac{3}{4}$, 137, $137\frac{1}{4}$, $145\frac{3}{4}$, 146, $149\frac{1}{4}$, $160\frac{1}{2}$ Fl.	$270\frac{1}{2}$, 290, 276, $289\frac{3}{4}$, 311, $305\frac{3}{4}$, $294\frac{3}{4}$, $306\frac{1}{10}$, $323\frac{1}{4}$, 347 Frs.

Der Oesterreichisch-Ungarische Staat garantirt der Gesellschaft für das alte Netz mit Ausnahme der Flügelbahn Chotzen-Neusorge und einiger kleinen Zweigbahnen zur Verzinsung und Tilgung des Anlagecapitals eine Annuität von $5\frac{1}{5}$% im Betrage von 13 Millionen Frs., sowie für die Linien Brünn-Rossitz ausserdem ein jährliches Reinerträgniss von 1,750,000 Fl. ö. W., und schliesslich für das Ergänzungsnetz die Verzinsung und Amortisation des Anlagecapitals.

Südbahn-Gesellschaft.

Das Bahngebiet der Oesterreichischen Südbahngesellschaft (Gesellschaftssitz Wien) umfasst nach Abtrennung des in Folge der Baseler Convention an die Königlich Italienische Regierung cedirten Oberitalienischen Netzes drei Gruppen und zwar:

I) Die Südbahn mit der Hauptlinie: Wien-Triest (-Cormons) und den Zweigbahnen Mödling-Laxenburg und Neustadt-Oedenburg; die Kärnter Linie: Marburg-Klagenfurt-Villach-Franzensfeste; die Croatische Linie: Steinbrück-Sissek; die Linien Bruck-Leoben und St. Peter-Fiume; zusammen 1232,8 km.

II) Die Ungarischen Linien: Pragerhof-Kanizsa-Stuhlweissenburg-Budapest; Stuhlweissenburg-Uj.-Szöny; Oedenburg-Kanizsa; Keresztur-Barcs; zusammen 647 km.

III) Die Tiroler Linien: von Kufstein über Innsbruck und Botzen bis zur Italienischen Grenze südlich von Ala (die sogenannte Brennerbahn); zusammen 305,7 km.

Das Gesammtnetz hat mithin eine Länge von 2185,5 km, von denen die erste Theilstrecke bereits im Jahre 1841 eröffnet wurde.

Die Hauptlinie Wien-Triest beginnt in Wien und führt über Liesing, Baden, Wiener Neustadt nach Gloggnitz, woselbst die berühmte Semmeringbahn ihren Anfang nimmt. Dieselbe, ähnlich wie die obgenannte Brennerbahn reich an grossartigen Bauwerken, überschreitet bei Semmering die Ausläufer der Norischen Alpen und senkt sich sodann wieder rasch hinab nach Mürzzuschlag, Bruck a. d. M., woselbst Bahnlinien nach Salzburg, Verona u. s. w. sich abtrennen. Die Hauptbahn führt weiter über Frohnleiten und Stübing nach Graz, der Hauptstadt der Steiermark in reizender Lage an der Mur. Dann folgen die Orte Wildon, Leibnitz, Marburg (Uebersetzung der Drau) und Cilli. Die nun durchzogenen Districte sind höchst romantischer Natur und ausserdem höchst industriell (namentlich Kohlenbergbau). Bei Sagor wird die Krainer Grenze erreicht; dann folgen Laibach, die Hauptstadt von Krain, Adelsberg (berühmt durch seine Grotten), St. Peter, Divacca und endlich Triest, der Hauptseehafen Oesterreichs.

Von den an den übrigen Strecken liegenden Plätzen sind zu erwähnen: Kufstein, Wörgl, Hall, Innsbruck, Steinach, Sterzing, Franzensfeste, Brixen, Bozen, Trient, Meran, Roveredo, Ala, Toblach, Spital a. d. Drau, Villach, Klagenfurt, Steinbrück, Agram, Sissek, Kanizsa, Barcs, Pragerhof, Boglar, Stuhlweissenburg, Budapest, Görz, Cormons und Agram.

Die Gesellschaft ist Miteigenthümerin der Wiener Verbindungsbahn, besitzt Hafenanlagen in Triest und ein Walzwerk in Graz, welches die für den Bahnbedarf erforderlichen Oberbaumaterialien selbst erzeugt.

Die Bahn befördert Personen und Güter sowohl im localen als auch im durchgehenden Verkehre und bildet in ihren Hauptlinien (Wien-Triest, Budapest-Pragerhof und Kufstein-Ala) wichtige Verbindungsstrassen Deutschlands bezw. Oesterreich-Ungarns mit Italien und dem adriatischen Meere. Die Einnahmen aus dem Güterverkehre überwiegen bedeutend und sind die hauptsächlichsten Transportartikel: Kohlen, Getreide, Bau- und Werkholz, Mahlproducte, Zucker, Wein, Brennholz, Steine u. s. w.

Die behandelte Bahn leitet ferner noch den Betrieb der fremden Eigenthümern gehörenden Linien: Wien-Pottendorf-Neufeld, Leoben-Vordernberg, der Istrianer Staatsbahn, Graz-Köflach-Wies, Unterdrauburg-Wolfsberg und Mürzzuschlag-Neuberg.

Anlagecapital.	Nominal-werth in Fl. ö. W.	Grösse der Stücke Fl. ö. W.	Zinsen pCt.	Zahlungs-termin.	Verloosung und Rückzahlung alpari.	Dividenden in den Jahren 1870 bis 1879:	Course am Ende der Jahre 1870 bis 1879:
a. Stamm-Actien Gold	150,000,000	200 = Fr.500		1/5 1/11	im Decbr. auf 1. Mai. Die Inhaber ausgelooster Actien erhalten Genusssch.	3, 4, 4, 3, 1 1/2, 0, 0, 0, 0, 0 %.	in Wien: 179 8/10, 213 1/4, 183, 165 1/2, 127 1/2, 113 1/2, 78, 74 1/4, 68, 82 Fl. in Berlin: 294, 366 1/2, 336 3/4, 292 1/4, 229 1/2, 201, 126, 123 1/2, 117, 141 1/2 M.
b. Prioritäts-Obligationen Gold							
						Course am Ende der Jahre 1870 bis 1879: in Wien:	in Berlin:
Serien A, C, O, K, H, J, D, S, T, P, Z, F, V, M, U.	707,745,400	200 = Fr.500	3 (abz. 1 Fr. St. pr. Coupon.)	1/1 1/7	im Decbr. auf 2. Januar.	114, 112 3/10, 108 1/2, 111 2/10, 109 1/6, 106 7/10, 115, 109, 110 1/2, 118 1/2 Fl.	232, 243, 250, 246 1/4, 247 1/2, 236 1/4, 230, 229 1/4, 238, 252 1/2 Frs.
Serie X. Gold	150,000,000	200 = Fr.500	3 (abz. 1 Fr. St. pr. Coupon.)	1/4 1/10	im Decbr. auf 1. April.	114, 111, 108, 111 2/10, 108 9/10, 105 3/4, 114, 108 1/2, 110 1/2, 118 1/4 Fl.	—, —, —, —, —, 236 1/4, 229 4/10, 228 1/2, 238 1/10, 253 Frs.
Serie B von 1869 „	50,000,000	200 = Fr.500	5	1/1 1/7	im Juli auf 2. Januar.	89 1/2, 93 9/10, 93 1/4, 96 8/10, 94 8/10, 91 4/10, 93, 91 6/10, 97, 103 1/4 %.	72 1/4, 80 3/4, 85 1/2, 86, 86 1/8, 80 9/10, 75 9/10, 77, 83 9/10, 89 1/2 %.

Oesterreich-Ungarn hat der Gesellschaft ein jährliches Bruttoerträgniss von 100,000 Fl. ö. W. Silber pro Meile = 13,182 Fl. pro Kilometer garantirt; ausserdem besitzen die 5% Obligationen Serie B (speciell eingetragen auf die Linien St. Peter-Fiume und Villach-Franzensfeste) eine Special-Staatsgarantie für Verzinsung und Tilgung.

K. k. Oesterreichische Staatsbahnen.

Karte Seite 48.

I. Niederösterreichische Staatsbahnen.

Dieselben umfassen die Strecken von St. Pölten über Leobersdorf nach Gutenstein, von Scheibmühl über Traisen nach Schrambach und von Pöchlarn über Neubruck nach Kienberg-Gaming mit einer Gesammtlänge von 153,3 km.

Die fraglichen Strecken sind Eigenthum des Staates und werden von der Ministerialcommission für die Verwaltung der k. k. Niederösterreichi-Staatsbahnen zu Wien verwaltet bezw. betrieben.

II. Braunau-Strasswalchener Eisenbahn.

Die Braunau-Strasswalchener Eisenbahn, ehemals Eigenthum einer Privatgesellschaft, führt von Braunau über Mattighofen und Steindorf nach Strasswalchen und schliesst in beiden Endpunkten an die Kaiserin-Elisabethbahn an, welch' letztere Gesellschaft auch den Betrieb der behandelten Strecke für Rechnung des Staates führt. Die Bahn, welche eine Länge von 37,5 km hat, wurde im Jahre 1873 eröffnet. Befördert werden Personen und Güter, wobei die Einnahmen des letzteren Verkehrs etwas überwiegen. An Gütern gelangen hauptsächlich zum Transport: Holz, Braunkohlen, lebendes Vieh, Getreide etc.

III. Unterdrauburg-Wolfsberg.

Diese im Betriebe der Oesterreichischen Südbahngesellschaft befindliche secundäre Linie ist 38 km lang und wurde im Jahre 1879 eröffnet. Dieselbe trennt sich in Unterdrauburg von der Südbahnlinie Marburg-Villach ab und führt in nördlicher Richtung über Ettendorf und St. Paul nach Wolfsberg. Zum Transport gelangen auf derselben Personen und Güter.

IV. Pontebabahn.

Die Pontebabahn, durch welche der Weg von Wien via Rudolfsbahn nach Italien gegen die Linie der Südbahn um ca. 135 km abgekürzt wird, umfasst die Strecke von Tarvis über Lussnitz bis zur Reichsgrenze bei Pontafel. Dieselbe hat eine Länge von 25 km und wurde im Jahre 1879 eröffnet. Befördert werden Personen und Güter, namentlich im Durchgangsverkehre. Die Linie befindet sich gemeinsam mit der Kronprinz-Rudolfbahn im Staatsbetriebe.

V. Mürzzuschlag-Neuberg.

Diese 13 km lange normalspurige Secundärbahn führt von Mürzzuschlag (Station der Oesterreichischen Südbahn) über Kapellen nach Neuberg. Dieselbe wurde im Jahre 1879 eröffnet und befindet sich im Betriebe der Südbahngesellschaft. Die Bahn dient sowohl dem Personen- als auch dem Güterverkehre.

Südbahn - Gesellschaft.

1 : 3000000

Vorarlberger Eisenbahn.
Arlberg Eisenbahn. (K.K. Oest. St.)

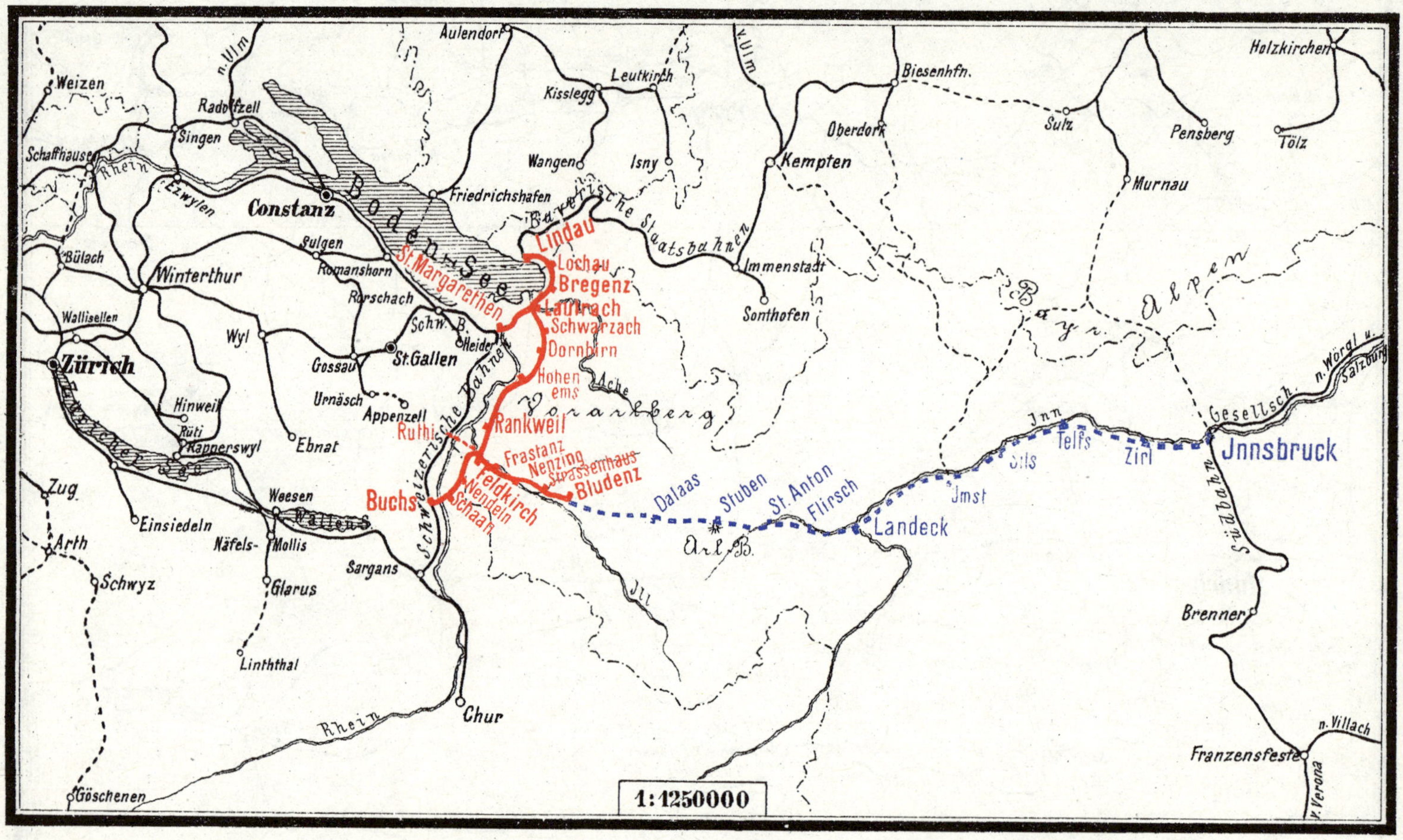

Nučicer Erzbahn.　　Wilkischner Kohlenbahn.

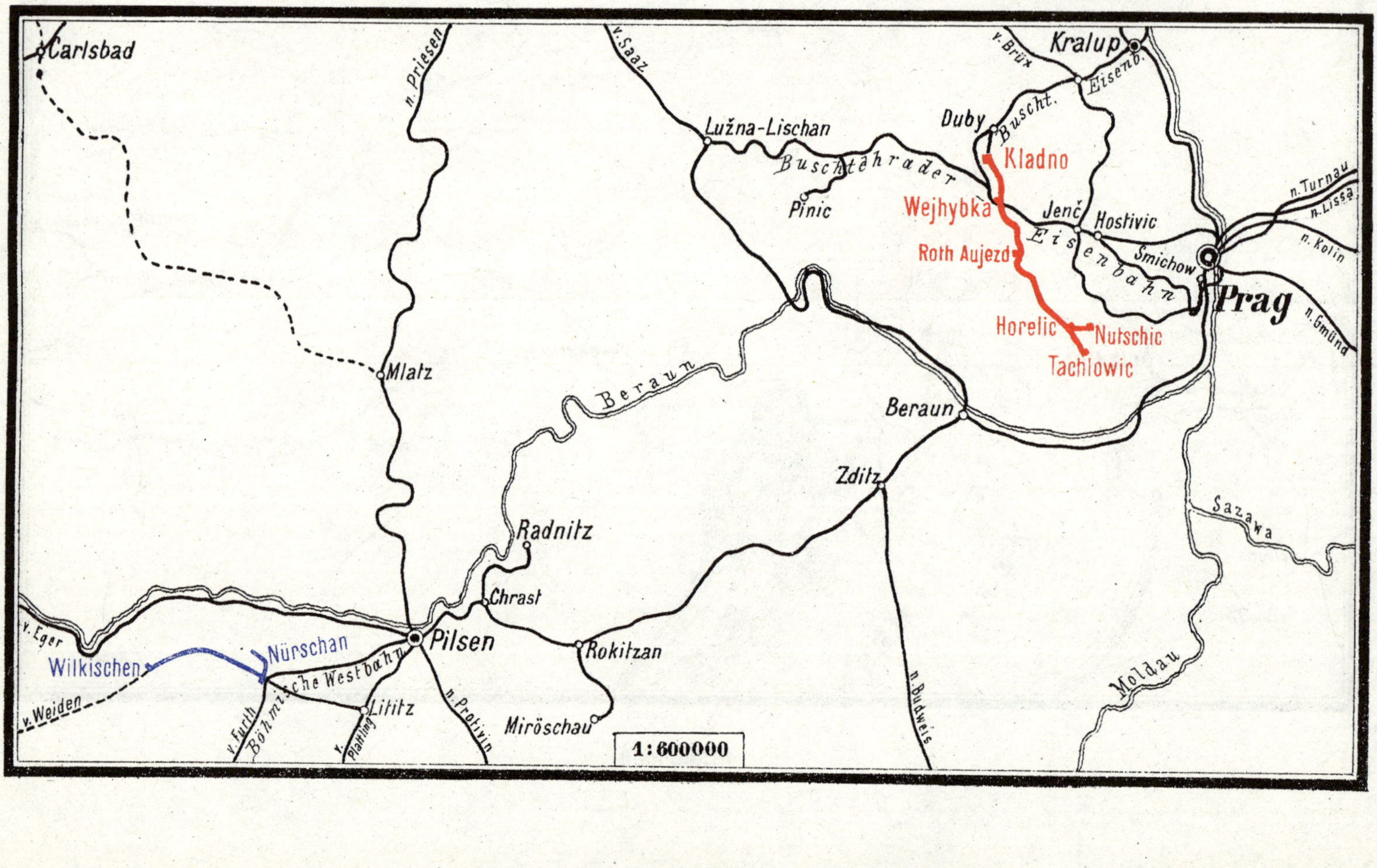

Vorarlberger Eisenbahn.

Die Vorarlberger Bahn, welche von der Betriebsdirection in Feldkirch verwaltet wird, während der Sitz der Gesellschaft sich in Wien befindet, umfasst die Strecken Lindau-Bludenz, Feldkirch-Buchs, Lautrach-St. Margarethen in einer Gesammtlänge von 90 km und wurde im Jahre 1872 eröffnet.

Vom Bodensee und zwar von Lindau, Endstation der Königlich Bayerischen Staatsbahnen, ausgehend, zieht sich die Hauptlinie, hart am Ufer des Sees laufend, nach Bregenz, von dort im Rheinthale über Lautrach und Hohenems nach Feldkirch und sodann im Illthale aufwärts nach Bludenz, woselbst dieselbe endet.

Von Feldkirch zweigt sich, theilweise Fürstlich Lichtensteinisches Gebiet berührend, eine Flügelbahn nach Buchs ab und von Lautrach eine ebensolche nach St. Margarethen; beide Flügelbahnen überschreiten den Rhein und schliessen auf ihren Endstationen an die Vereinigten Schweizer Bahnen an.

Die an der Bahn liegenden Stationen Bregrenz, Lautrach, Schwarzach, Dornbirn, Hohenems, Feldkirch und Bludenz repräsentiren die industriereichsten Orte Vorarlbergs, während im Illthale zahlreiche industrielle Unternehmungen (mechanische Spinnerei, Weberei, Färberei, Druckerei, Buntweberei und Feinstickerei) sich in der Nähe der Bahn etablirt vorfinden.

In ihrer gegenwärtigen Situation dient die Bahn dem Personen- und Frachtenverkehre, sowohl für den Local- als auch den directen Verkehr Vorarlbergs mit Oesterreich, der Schweiz und Süddeutschland und vermittelt zugleich durch die Flügelbahn Lautrach-St. Margarethen den Transitverkehr aus Deutschland, Oesterreich und Ungarn nach der Schweiz und deren Hinterlande.

Mit Ausnahme der Bodenseegürtelbahn Lindau-St. Margarethen repräsentirt sich die Bahn als Sackbahn; sie wird jedoch schon nach einigen Jahren durch den in Aussicht stehenden Bau der Arlbergbahn von Bludenz nach Innsbruck ein integrirender Theil der bedeutungsvollen Schienenstrassen der östlich und südlich gelegenen Länder werden und demgemäss an Frequenz erheblich zunehmen.

Anlagecapital.	Nominal-werth in Fl. ö. W.	Grösse der Stücke Fl. ö. W.	Zinsen pCt.	Zahlungs-termin.	Verloosung und Rückzahlung alpari.	Dividenden in den Jahren:	Course am Ende der Jahre 1871 bis 1879:
a. Stamm-Actien Silber	6,000,000	200		$1/1$ $1/7$	Nach erfolgter Rückzahlung der für Betriebsdeficite geleisteten Staatszuschüsse am $1/3$ auf 1. Juli.	stets 5 %.	in Wien: 198, 199, —, 130, —, —, —, —, — Fl. in Berlin: 86, $84\frac{1}{2}$, $65\frac{3}{4}$, $58\frac{1}{4}$, 50, 36, —, $45\frac{1}{2}$, $64\frac{3}{4}$ %.
b. Prioritäts-Obligationen Silber	7,396,600	200	5	$1/3$ $1/9$	1. März auf 1. Septbr.	Course am Ende der Jahre 1871 bis 1879: in Wien: $99\frac{3}{4}$, $101\frac{1}{4}$, —, —, —, —, —, —, $87\frac{1}{2}$ %.	in Berlin: —, $87\frac{3}{4}$, 82, $78\frac{3}{4}$, 70, $55\frac{4}{10}$, 58, $57\frac{1}{2}$, $74\frac{1}{2}$ %.

Der Oesterreichische Staat garantirt der Gesellschaft ein jährliches 5 % Reinerträgniss in Silber von einem Nominal-Anlagecapitale von Fls. 1,110,000 ö. W. per Meile nebst der erforderlichen Tilgungsquote.

Arlberg-Eisenbahn.

Die Erbauung einer 139 km langen Bahn von Innsbruck über Landeck nach Bludenz zum Anschluss an die Voralberger Bahn ist nach gesetzmässiger Bewilligung auf österreichische Staatskosten in Angriff genommen. Die für die staatswirthschaftlichen und commerciellen Interessen Oesterreichs so hochbedeutsame Linie hat die Aufgabe, den Oesterreichischen Handel nach der Schweiz, Süddeutschland und Frankreich unabhängig zu machen von störenden äusseren Einflüssen sowie von der Concurrenz der ebenfalls im Bau begriffenen Gotthardtbahn.

Die Bedeutung der Bahn liegt hauptsächlich in dem Getreideverkehre des Bodenseegebiets. Ungarn und dessen Nebenländer exportiren in normalen Erndtejahren ihre Ueberschüsse hauptsächlich nach der Schweiz, Süddeutschland und Frankreich und werden dieselben mit der Süd- resp. Westbahn bis an die Bayerische Grenze befördert. Die Arlbergbahn hat nun den Zweck, die Exportroute thunlichst zu verbessern, sodass der Export durchweg auf österreichischem Gebiete bis zur Schweiz geschehen bezw. vermittelst der Schweizerbahnen direct nach Frankreich geschafft werden kann. Die neue Route bedeutet ferner für alle via Pusterthal-Brenner nach Innsbruck gelangenden für Zürich etc. bestimmten Transporte gegen früher eine Wegersparniss von 217 km.

Der Bau der Bahn ist bereits in Angriff genommen und ist die oberste Bauleitung der k. k. Direction für Staatseisenbahnbauten in Wien übertragen. Die ganze Linie ist bezüglich der Bauausführung in zwei Theile zerlegt, nämlich in die Thalbahnstrecke Innsbruck-Landeck und in die Gebirgsstrecke Landeck-Bludenz, und wird voraussichtlich die erstere Strecke im Jahre 1882 eröffnet werden, während als Vollendungstermin der zweiten Strecke excl. des Arlbergtunnels das Jahr 1884 in Aussicht genommen ist.

Der Tunnel selbst wird voraussichtlich erst im Jahre 1885 vollendet sein.

Nucicer Erzbahn und Wilkischner Kohlenbahn.

Die vorbezeichneten Industriebahnen sind Eigenthum der Prager Eisenindustriegesellschaft und haben eine Gesammtlänge von 44 km. Dieselben befinden sich im eigenen Betriebe der genannten Gesellschaft, welche in Wien domicilirt ist. Die Nucicer Erzbahn (34 km lang) schliesst bei Wejhybka und Kladno an die Buschtehrader Eisenbahn an und führt u. A. nach Tachlowic und Nucic. Die Wilkischner Kohlenbahn (10 km lang) schliesst in Nürschan an die Böhmische Westbahn an und führt von dort nach den in der Umgegend befindlichen zahlreichen Kohlenschächten bezw. Hütten. Eröffnet wurde die letztere im Jahre 1861. Beide Bahnen dienen ausschliesslich dem Güterverkehre. Das investirte Anlagecapital beträgt ca. 800,000 Gulden.

Kaiser-Ferdinands-Nordbahn und Mährisch-Schlesische Nordbahn.

Das Unternehmen der vorbezeichneten Bahnen, deren Gesellschaftsvorstände in Wien domicilirt sind, umfasst nachfolgende Linien: von Wien über Gänserndorf, Lundenburg, Prerau und Dzieditz nach Krakau, von Gänserndorf nach Marchegg, von Lundenburg nach Brünn, von Prerau nach Olmütz, von Schönbrunn nach Troppau, von Dzieditz nach Saybusch, von Trzebinia nach Mislowitz, von Lundenburg nach Grussbach und Zellerndorf, von Brünn nach Sternberg, von Nezamislitz nach Prerau (letztere beiden Strecken in einer Betriebslänge von 144 km bilden die Mährisch-Schlesische Nordbahn), ferner noch einige kleinere Anschlussstrecken nach Oderberg etc.

Die Gesammtbetriebslänge beträgt 835,5 km, von denen die erste Strecke im Jahre 1838 eröffnet wurde. Die Eröffnung der Mährisch-Schlesischen Nordbahn fand im Jahre 1869 statt.

Die Bahn ist ferner Miteigenthümerin der Wiener Verbindungsbahn, besitzt bedeutende Kohlenbergwerke (in Przivoz, Hruschau, Ostrau, Michalkowitz etc.), die Ostrauer Montanbahn etc.

Anschlüsse finden statt: an die Staatseisenbahn in Marchegg, Grussbach, Brünn, Olmütz, an die Mährisch-Schlesische Centralbahn in Olmütz und Troppau, an die Oberschlesische Bahn in Oderberg, Oswieczim und Mislowitz, an die Kaschau-Oderberger Bahn in Oderberg, an die Rechte-Oder-Ufer-Bahn in Dzieditz, an die Warschau-Wiener Eisenbahn in Granica, an die Carl-Ludwigbahn in Krakau und endlich in Ostrau an die Ostrau-Friedländer Eisenbahn, deren Betrieb auch die behandelte Bahn führt.

Das Bahnnetz erstreckt sich über das Erzherzogthum Oesterreich, über Mähren und Galizien, berührt bezw. überschreitet die Donau, March, Oder und Weichsel und sind folgende Plätze erwähnenswerth: Lundenburg, Nikolsburg, Neusiedl, Zellerndorf, Grussbach, Brünn, Rohrbach, Gänserndorf, Florisdorf, Wien, Ostrau, Schönbrunn, Troppau, Pohl, Weisskirchen, Prerau, Hullein, Hradisch, Göding, Sternberg, Olmütz, Marchegg, Oderberg, Petrowitz, Dzieditz, Oswiecim, Libiac, Trzebinia, Krakau, Bielitz, Granica, Mislowitz.

Die Bahn transportirt Personen und Güter; die Einnahmen des letzteren Verkehrs überwiegen bedeutend; beim Personenverkehre ist der locale Verkehr der Hauptbahn mit den Flügelbahnen vorherrschend, demnächst folgt der directe Verkehr nach und von den Anschlussbahnen, während der eigentliche Durchzugsverkehr nur gering ist; im Güterverkehre ist dagegen der directe Verkehr namentlich nach den Oesterreichischen Anschlussbahnen überwiegend. Zum Transport gelangen an Gütern hauptsächlich: Eisen, Stahl, Erze, Getreide, Hülsenfrüchte, Bau- und Brennholz, Steinkohlen, Mehl, Rüben, Zucker, lebendes Vieh etc.

Kaiser-Ferdinands-Nordbahn.

Anlagecapital.	Nominalwerth in Fl. ö. W.	Grösse der Stücke Fl. ö. W.	Zinsen pCt.	Zahlungstermin.	Verloosung und Rückzahlung alpari.	Dividenden in den Jahren 1870 bis 1879:	Course am Ende der Jahre 1870 bis 1879:
a. Stamm-Actien Noten	$78,236,812\frac{1}{2}$	1000 500 200 C. M.		1/1 $2\frac{1}{2}$ % 1/7 $2\frac{1}{2}$ % u. Superdiv.		$17\frac{14}{100}$, $16\frac{10}{100}$, $14\frac{28}{100}$, $13\frac{33}{100}$, $12\frac{1}{2}$, $11\frac{73}{100}$, $12\frac{1}{2}$, $14\frac{52}{100}$, $14\frac{52}{100}$, $14\frac{52}{100}$ %.	in Wien: 2050, 2127, 2165, 2090, 1947, 1800, 1775, 1932, 2022, 2325 Fl.
b. Prioritäts-Obligationen		C. M.				Course am Ende der Jahre 1870 bis 1879: in Wien:	in Berlin:
I. Emis. von 1841 Noten	1,470,000	1000 500 100	5 (abzgl. 10% Einkommenst.)	1/6 1/12	1. Febr. auf 1. Juni.	$90\frac{1}{2}$, $89\frac{1}{2}$, $88\frac{1}{2}$, 91, $95\frac{1}{2}$, $100\frac{1}{2}$, $99\frac{1}{2}$, $99\frac{1}{2}$, $101\frac{3}{10}$, $104\frac{1}{4}$ %.	
II. „ „ 1844 „	1,102,500	1000 500 100	5 (abzgl. 10% Einkommenst.)	1/6 1/12	do.	ebenso.	
III. „ „ 1847 „	5,880,000	1000 500 100	5 (abzgl. 10% Einkommenst.)	1/4 1/10	do. auf 1. April.	ebenso.	
IV. „ „ 1850 „	8,400,000	1000 500 100	5 (abzgl. 10% Einkommenst.)	1/5 1/11	do. „ 1. Mai.	ebenso.	
V. „ „ 1860 „	6,000,000	Noten 1000 100	5 (abzgl. 10% Einkommenst.)	1/2 1/8	do. „ 1. Aug.	$86\frac{1}{2}$, 86, 87, 87, $91\frac{3}{4}$, $95\frac{1}{2}$, 96, 98, $95\frac{1}{2}$, $100\frac{1}{2}$ %.	
VI. „ „ 1872 Silber	14,400,000	300	5	1/5 1/11	do. „ 1. Mai.	—, —, —, $105\frac{1}{2}$, 105, $104\frac{1}{2}$, $107\frac{1}{2}$, $105\frac{1}{2}$, 104, 107 %.	—, —, —, 94, $95\frac{5}{8}$, $92\frac{1}{4}$, $86\frac{2}{10}$, $89\frac{1}{2}$, $89\frac{3}{4}$, $92\frac{8}{10}$ %.
VII. „ „ 1876 I. S. Noten	3,750,000	1000 100	5	1/1 1/7	1. April auf 1. Juli.	1876 bis 1879: $97\frac{3}{4}$, $100\frac{8}{10}$, 102, $103\frac{3}{4}$ %.	
VII. „ „ 1876 II S. Noten	3,750,000	1000 100	5	1/1 1/7	do.	Noch nicht emittirt.	
Krakau-Oberschl. Prior.-Actien u. Obligat.	M. 6,216,600	M. 300	4	1/1 1/7	do.		

Prioritäten-Curator ist Dr. Carl Koppler in Wien.

Mährisch-Schlesische Nordbahn.

Anlagecapital.	Nominalwerth in Fl. ö. W.	Grösse der Stücke Fl. ö. W.	Zinsen pCt.	Zahlungstermin.	Verloosung und Rückzahlung alpari.	Course am Ende der Jahre 1870 bis 1879: in Wien:	
Prioritäts-Obligationen							
I. Emis. von 1871 Silber	21,000,000	900 300 100	5	1/1 1/7	im April auf 1. Juli.	$104\frac{1}{2}$, 106, $102\frac{1}{2}$, $104\frac{3}{4}$, $105\frac{1}{2}$, $102\frac{1}{2}$, $106\frac{3}{4}$, 105, $103\frac{1}{2}$, $106\frac{1}{2}$ %.	
II. „ „ 1872 „	3,000,000	900 300 100	5	1/1 1/7	do.	ebenso.	

Der Oesterreichische Staat garantirt der Gesellschaft die Verzinsung und Amortisation des Anlagecapitals der Mährisch-Schlesischen Nordbahn. Diese Prioritäts-Obligationen rangiren hinter den Prioritäts-Obligationen der Kaiser-Ferdinands-Nordbahn Emission I bis V einschliesslich. Die Gesellschaft hat das Recht, vom 1. Januar 1881 ab von den Coupons der Prioritäts-Obligationen 10% Einkommensteuer zu kürzen.

Kaiser-Ferdinands Nordbahn und Mährisch-Schlesische Nordbahn.

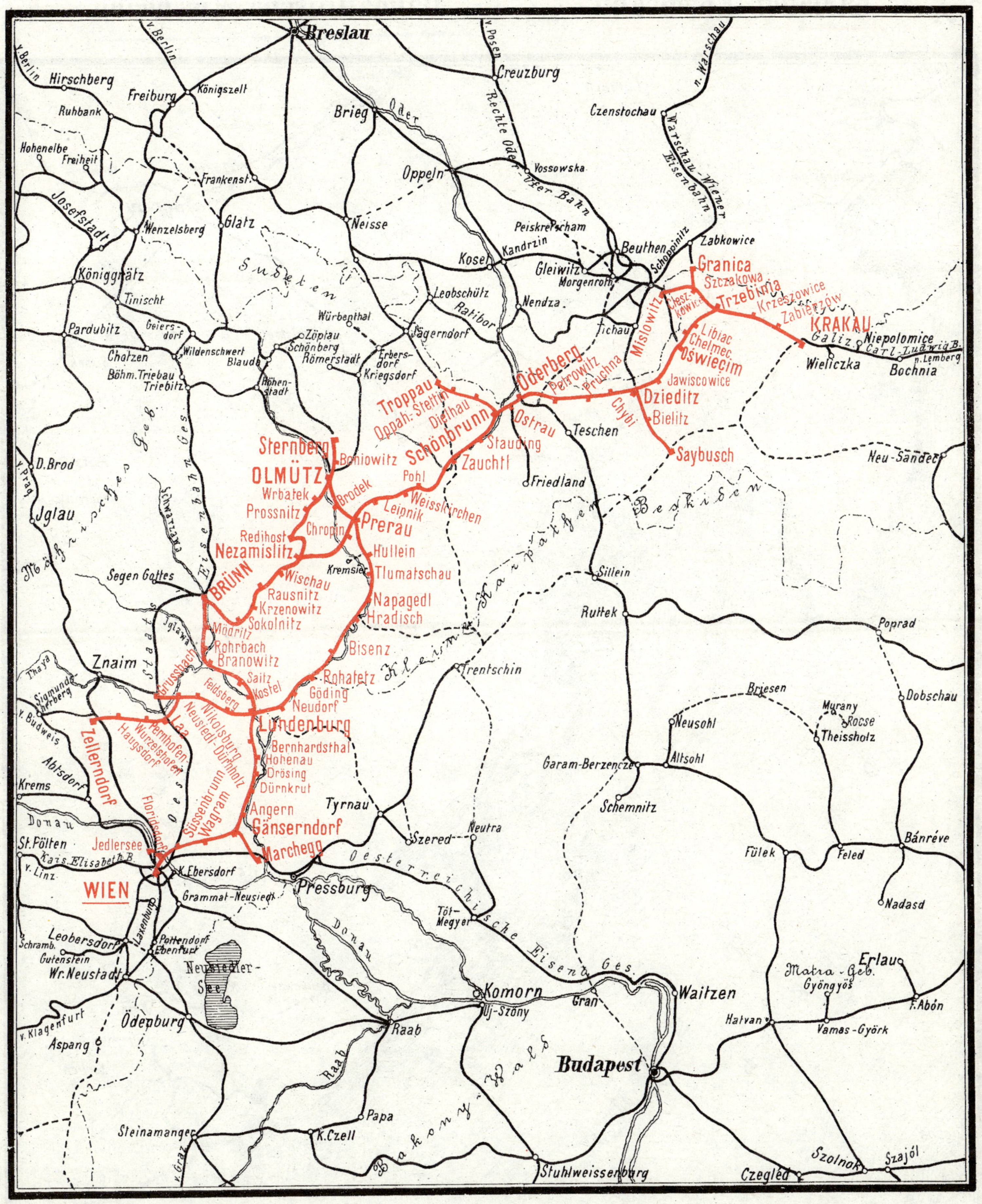

1:2000000

K.K. Oesterreichische Staatsbahnen:

Jstrianer Eisenbahn. Dalmatinische Eisenbahn.

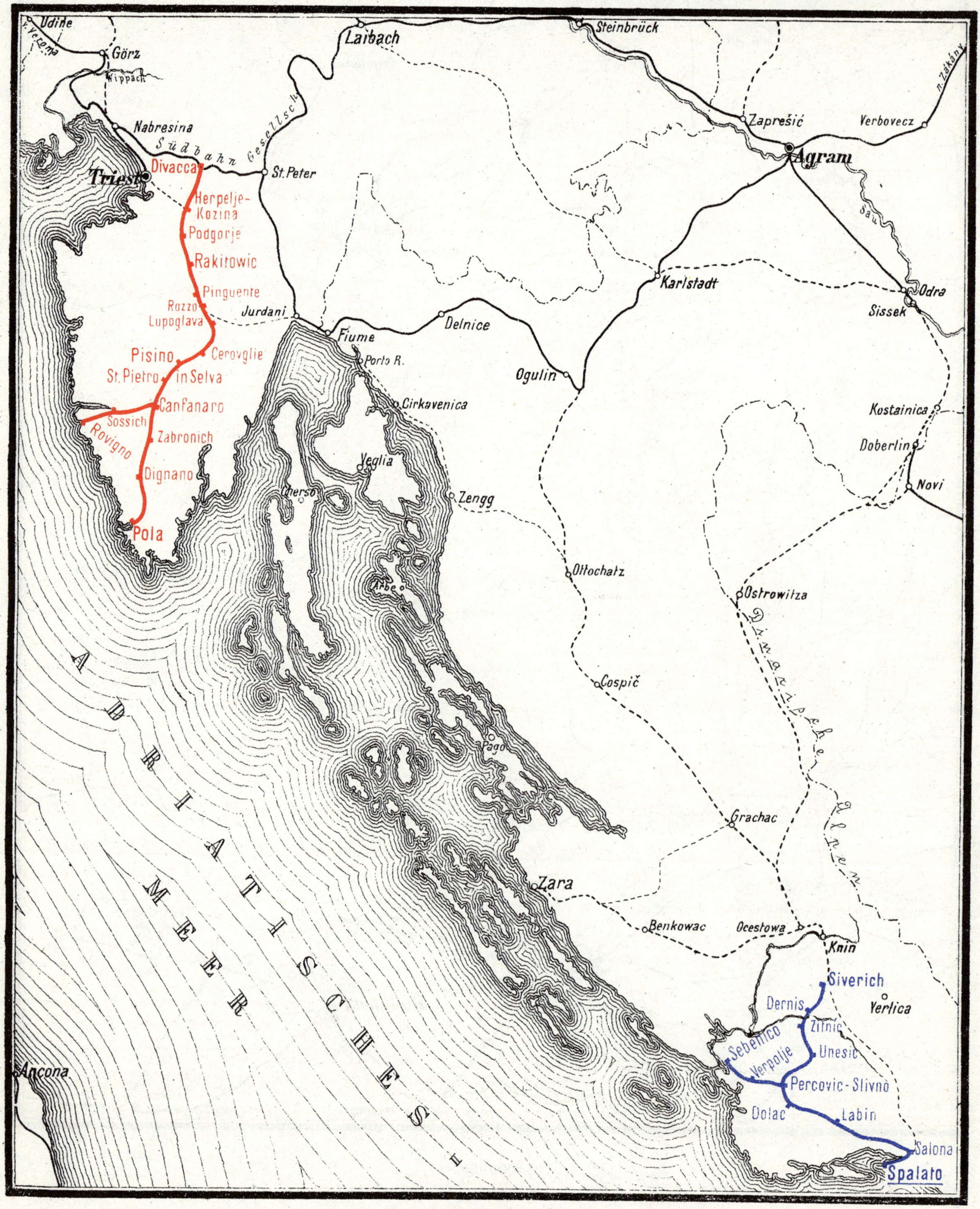

1:1250000

K. k. Oesterreichische Staatsbahnen.

Die k. k. Oesterreichischen Staatsbahnen, Eigenthum des Oesterreichischen Staates, bilden keinen zusammenhängenden Complex, sondern bestehen aus einer Anzahl (nahezu in fast sämmtlichen Kronländern belegenen) grösstentheils minderwichtigen Bahnen, deren Betrieb in Folge dieser Zerrissenheit nicht ein einheitlicher sein kann und daher zum grössten Theile anschliessenden Privatbahnen übertragen ist. Im unmittelbaren Staatsbetriebe befinden sich nur die Linien der Niederösterreichischen Staatsbahnen, der Dalmatinischen Bahn, der Donauuferbahn und der Pontebabahn, im Uebrigen sind sämmtliche Linien dem Oesterreichischen Handelsministerium bezw. der General-Inspection der Oesterreichischen Eisenbahnen unterstellt.

Zur Zeit umfassen die Staatsbahnen nachfolgende Linien:

1) Die Rakonitz-Protiviner Staatsbahn mit den Strecken Rakonitz-Beraun und Zditz-Protivin. Dieselbe befindet sich im Betriebe der Böhmischen Westbahn (siehe Karte 45).
2) Die Strecke Kriegsdorf-Römerstadt im Betriebe der Mährisch-Schlesischen Centralbahn (siehe Karte 46).
3) Die Niederösterreichischen Staatsbahnen mit den Linien von St. Pölten über Leobersdorf nach Gutenstein, von Scheibmühl nach Schrambach und von Pöchlarn über Neubruck nach Kienberg-Gaming (siehe Karte 48).
4) Die Istrianer Bahn (siehe unten) im Betriebe der Südbahngesellschaft.
5) Die Dalmatinische Bahn (siehe unten).
6) Die Dniesterbahn mit den Strecken von Chyrow nach Stryi und von Drohobycz nach Boryslaw; im Betriebe der ersten ungarisch-galizischen Bahn (siehe Karte 57).
7) Die Tarnow-Leluchower Bahn gleichfalls im Betriebe der ersten ungarisch-galizischen Bahn mit der Linie von Tarnow über Grybow bis zur ungarischen Grenze bei Leluchow (siehe Karte 57).
8) Die Braunau-Strasswalchener Bahn von Braunau über Steindorf nach Strasswalchen; im Betriebe der Kaiserin-Elisabethbahn (siehe Karte 47).
9) Die Donauuferbahn (siehe Karte 49).
10) Die Bodenbacher Bahnstrecke von Bodenbach bis zur Sächsischen Landesgrenze (siehe Karte 43).
11) Die Bahn von Unterdrauburg nach Wolfsberg } (siehe Karte 48).
12) „ „ „ Mürzzuschlag nach Neuberg }

Die Strecken ad 11 und 12 befinden sich im Betriebe der Oesterreichischen Südbahngesellschaft.

13) Die Pontebabahn (siehe Karte 48).

Die Gesammtlänge sämmtlicher Strecken beträgt rund 950 km.

Eine Erweiterung des Staatsbahnnetzes steht in Aussicht durch die Anlage der Arlbergbahn von Innsbruck über Landeck nach Bludenz (siehe Karte 52) sowie der Secundärbahn von Erbersdorf nach Würbenthal (siehe Karte 46).

Im Betriebe der Staatsverwaltung befindet sich endlich noch die Kronprinz-Rudolf-Bahn (siehe Karte 48) sowie die Erzherzog-Albrechtbahn (siehe Karte 56).

Istrianer Eisenbahn.

Die Istrianer Bahn wurde als sogenannter Nothstandsbau vom Staate erbaut und ist daher Eigenthum des Oesterreichischen Staates, welcher den Betrieb derselben der Oesterreichischen Südbahngesellschaft überlassen hat.

Dieselbe umfasst die Linie von Divacca (Abzweigungspunkt von der Südbahnlinie nach Triest) über Podgorje, Rakitowic, Pisino, Canfanaro und Dignano nach Oesterreichs Kriegshafen Pola nebst einer Abzweigung von Canfanaro nach Rovigno am adriatischen Meere in einer Gesammtlänge von 143,4 km. Die Eröffnung der Bahn erfolgte im Jahre 1876.

Es findet Personen- und Güterverkehr statt; die Erträgnisse beider Verkehre sind nicht bedeutend und betragen etwa 970 fl. pro km Bahnlänge.

Dalmatinische Eisenbahn.

Diese Bahn, abseits von dem österreichischen Bahnnetze im Küstenlande Dalmatien belegen, führt von Siverich über Perkovic, Labin, nach Spalato und mit einer Zweigbahn von Perkovic nach Sebenico. Dieselbe hat eine Gesammtlänge von 106 km. Die Bahn ist im Staatsbetriebe und hat die Betriebsleitung ihren Sitz in Spalato; eröffnet wurde dieselbe im Jahre 1877.

Zum Transport gelangen Personen und Güter.

Galizische Carl-Ludwigbahn.

Das Bahngebiet der galizischen Carl-Ludwigbahn, deren Gesellschaftssitz Wien ist, umfasst die Hauptbahn von Krakau über Bierzanow, Bochnia, Podleze, Tarnow, Przemysl, Lemberg, Krasne und Podwoloczyska bis zur Reichsgrenze (Anschluss an die Russische Südwestbahn), nebst den Zweig- bezw. Flügelbahnen von Bierzanow nach Wieliczka, von Podleze nach Niepolomice und von Krasne über Brody bis zur Reichsgrenze mit einer Gesammtlänge von 593,7 km, von denen die erste Theilstrecke bereits 1856 eröffnet wurde. Eine Erweiterung des Unternehmens durch Anlage einer schmalspurigen Vicinalbahn von Tarnopol nach Husiatyn bezw. Skala ist in Aussicht genommen.

Die behandelte Bahn ist an dem Nordabhange der Karpathen als Thalbahn angelegt und überbrückt die Weichsel sowie einige Nebenflüsse derselben.

Die Bahn transportirt Personen und Güter, letztere überwiegend, da die Einnahmen aus dem Personenverkehre nur den sechsten Theil der Gesammterträgnisse bilden. Dieselbe vermittelt nächst dem Localverkehre der berührten Gegenden (Salzbergwerke in Wieliczka und Bochnia) den Verkehr zwischen dem Kronlande Galizien und dem Innern Oesterreichs und den Durchgangsverkehr zwischen Russland und Rumänien einerseits sowie Oesterreich, Deutschland, der Schweiz, Frankreich etc. andererseits.

Durch die Heranziehung russischen und rumänischen Getreides und sonstiger Rohproducte zum Transporte nach dem Westen, sowie europäischer Industrieproducte zum Export nach dem Osten werden der behandelten Bahn grosse Einnahmen zugeführt.

Die Bedeutung der Bahn liegt in ihrer Zugehörigkeit zu den grossen Weltverkehrslinien als eine der wichtigsten und leistungsfähigsten Verbindungen zwischen Mittel- und Westeuropa und dem Osten, den grossen Gebieten des europäischen und asiatischen Russlands.

Anlagecapital.		Nominalwerth in Fl. ö. W.	Grösse der Stücke Fl. ö. W.	Zinsen pCt.	Zahlungstermin.	Verloosung und Rückzahlung alpari.	Dividenden in den Jahren 1870 bis 1879:	Course am Ende der Jahre 1870 bis 1879:
a. Stamm-Actien	Noten	47,880,000	210		2 1/2 % am 1/1, 2 1/2 % und Superdividende 1/7.	am 1. Juli auf 2. Januar. Die Inhaber ausgelooster Act. erhalten Genussscheine.	8, 8 1/2, 7, 8 1/2, 8 1/2, 6, 7, 9 3/10, 8 1/7, 7 74/100 %.	in Wien: 238 1/2, 257 1/2, 225, 224, 245 1/4, 207 1/2, 202 1/2, 240 1/2, 232 1/2, 251 Fl. in Berlin: 97, 110, 104 1/4, 98 7/8, 109 3/4, 90 3/4, 82 9/10, 101 3/4, 100 1/4, 109 1/2 %.
b. Prioritäts-Obligationen							Course am Ende der Jahre 1870 bis 1879: in Wien:	in Berlin:
I. Emis. von 1863	Silber	15,000,000	300	5	1/1 1/7	1. Juli auf 2. Januar.	101 1/2, 106, 100 1/2, 104 1/2, 103, 99, 99 1/2, 100 7/10, 100, 103 %.	83 1/8, 92 1/2, 92, 92 3/4, 92 7/8, 87 2/10, 80 2/10, 84 6/10, 85 1/2, 89 4/10 %.
II. " " 1867	"	10,800,000	300	5	1/1 1/7	do.	99, 100 1/4, 97 1/2, 98 1/2, 100 1/2, 96 3/4, 97, 100 1/4, 99 1/4, 102 1/4 %.	81, 86 3/4, 89 3/8, 87 1/2, 90 1/2, 86 3/10, 77 2/10, 84, 85 2/10, 87 6/10 %.
III. " " 1871	"	8,400,000	300	5	1/1 1/7	do.	—, 98 1/10, 95 1/4, 98 1/4, 98 1/4, 94 9/10, 96, 97, 96, 102 %.	—, 84 1/2, 87 5/8, 86 7/8, 89 3/4, 83 6/10, 77, 80 8/10, 82 1/2, 87 2/10 %.
IV. " " 1872	"	5,700,000	300	5	1/1 1/7	do.	1876 bis 1879: 94, 95 1/2, —, 100 1/2 %.	1874 bis 1879: 89 3/4, 83 1/2, 76, 80 1/10, 81 7/10, 87 2/10 %.

Der Oesterreichische Staat garantirt der Gesellschaft für das Anlagecapital der alten Linien 5 % Zinsen p. a. und 1/5 % Amortisation, und für das Anlagecapital der neuen Linien ein Reinerträgniss von 1,591,400 Fl. ö. W. Silber p. a.

Lemberg-Czernowitz-Jassy-Eisenbahn.

Die vorbezeichnete Bahn, deren Gesellschaftssitz Wien ist, umfasst die österreichischen und die rumänischen Linien der Gesellschaft in einer Gesammtlänge von 580 km, von denen 224 km auf rumänischem Gebiete liegen. Die erste Theilstrecke des Unternehmens (Lemberg-Czernowitz) wurde im Jahre 1866 eröffnet.

Die Bahn beginnt in Lemberg, der Hauptstadt des Kronlandes Galizien, im Anschluss an die Carl-Ludwig-Bahn bezw. an die Erzherzog-Albrecht-Bahn und durchzieht die korn- und waldreichen Gegenden Ostgaliziens und der Bukowina.

Die Linie zieht in südöstlicher Richtung über Halicz und Jezupol (Ueberschreitung des Dniester-Flusses) nach Stanislau, woselbst Anschluss der Erzherzog-Albrecht-Bahn stattfindet. Sodann zieht sie weiter im Pruth-Thale über Kolomea nach Czernowitz, der an Handel und Industrie reichen Hauptstadt des Herzogthums Bukowina. Von letzterer Stadt führt sie durch gebirgige, waldreiche Gegenden über Radautz und Suczawa, woselbst die österreichische Grenze erreicht wird bezw. die rumänischen Linien ihren Anfang nehmen, nach Verestic (Abtrennung einer Zweigbahn nach Botosani). Von Verestic senkt sich die Bahnlinie und gelangt in das Gebiet des Serethflusses, dessen rechtes Ufer sie verfolgt. Sie berührt Pascani und mündet in Roman in die nach Galatz und Bukarest führende Linie der Rumänischen Staatsbahnen. Von Pascani führt endlich eine Linie nach Jassy, ebenfalls zum Anschluss an die Rumänischen Staatsbahnen.

Die behandelte Bahn bildet eine wichtige Verbindung zwischen dem Südosten und dem Nordwesten Europas und dient dieselbe dementsprechend dem internationalen Verkehre sowohl bezüglich der Personen- als auch der Frachtenbeförderung. Ein nicht unbedeutender Binnenverkehr bildet gleichfalls einen Hauptfactor der Einnahmen.

Anlagecapital.		Nominalwerth in Fl. ö. W.	Grösse der Stücke Fl. ö. W.	Zinsen pCt.	Zahlungstermin.	Verloosung und Rückzahlung alpari.	Dividenden in den Jahren 1870 bis 1879:	Course am Ende der Jahre 1870 bis 1879:
a. Stamm-Actien	Silber	24,000,000	200		1/5 1/11	im Mai auf 1. November. Die Inhaber gezogener Actien erhalten Genussscheine.	1870: 6 %, seitdem stets 5 %.	in Wien: 187 1/2, 163 1/2, 151, 138, 141, 138, 110, 116 1/4, 123 3/4, 148 Fl.
b. Prioritäts-Obligationen							Course am Ende der Jahre 1870 bis 1879: in Wien:	in Berlin:
I. Emis. von 1865	Silber	12,000,000	300	5 abzügl. 10 % Einkommensteuer.	1/5 1/11	im Mai auf 1. Novemb.	77 3/4, 77 1/4. 72 3/10, 73, 77 3/4, 78 3/4, 77, 76, 76, 86 %.	63 7/8, 66 5/8, 66 7/8, 64 5/8, 70 5/8, 70, 61 1/2, 62 3/4, 65 3/10, 73 7/10 %.
II. " " 1867	"	12,000,000	300	5	1/5 1/11	do.	87 3/4, 87 3/10, 83 1/2, 85, 88, 81 1/2, 77, 73 1/2, 78 1/2, 89 %.	72, 75, 78 3/4, 75 1/8, 78, 72 1/2, 61 1/4, 62, 67 1/2, 76 8/10 %.
III. " " 1868	"	15,600,000	300	5	1/5 1/11	do.	86 1/2, 80, 74, 73 1/2, 78, 75, 67, 68 3/4, 72, 82 1/2 %.	71, 68, 69, 65, 72 5/8, 66 2/10, 53 1/2, 58 1/4, 62, 70 8/10 %.
IV. " " 1872	"	5,400,000	300	5	1/5 1/11	do.	—, —, 76, 77 1/4, 77 1/4, 71 1/2, 63, 63, 67 1/4, 79 %.	—, —, 68 1/8, 62 3/8, 69 3/4, 63 3/10, 48 2/10, 52 1/4, 58 1/10, 68 %.

Die Gesellschaft geniesst eine Pauschal-Staatsgarantie und zwar für die österreichischen Strecken Lemberg-Czernowitz und Czernowitz-Suczawa von der Oesterreichischen Regierung im Betrage von 2,200,000 fl. ö. W. Silber p. a. und für die rumänische Strecke Suczawa-Jassy nebst Zweigbahnen von der Rumänischen Regierung im Betrage von 3,865,173 Francs 86 Cent. p. a.

Galizische Transversal-Bahn.

Zum Zweck der besseren ökonomischen Entwickelung Galiziens ist die Anlage einer sogenannten galizischen Transversalbahn in Aussicht genommen. Dieselbe umfasst die Linien von Husiatyn nach Stanislau, von Zagorz nach Grybow und von Grybow nach Saibusch. Dieselbe durchzieht demgemäss unter Benutzung dazwischen liegender Theile anderweitiger Bahncomplexe das Kronland Galizien in seiner längsten Ausdehnung von Osten nach Westen und bildet eine Verbindung zwischen der Galizisch-Russischen Bahn bei Husiatyn mit der Kaiser-Ferdinands-Nordbahn bei Saibusch.

Um die Finanziirung bezw. Ausführung derselben bewerben sich mehrere Finanzgruppen bezw. Bahngesellschaften, u. A. die belgische Société des chemins de fer sowie die Lemberg-Czernowitzer Bahn.

Galizische Carl-Ludwigs Bahn.

Lemberg-Czernowitz-Jassy Bahn.

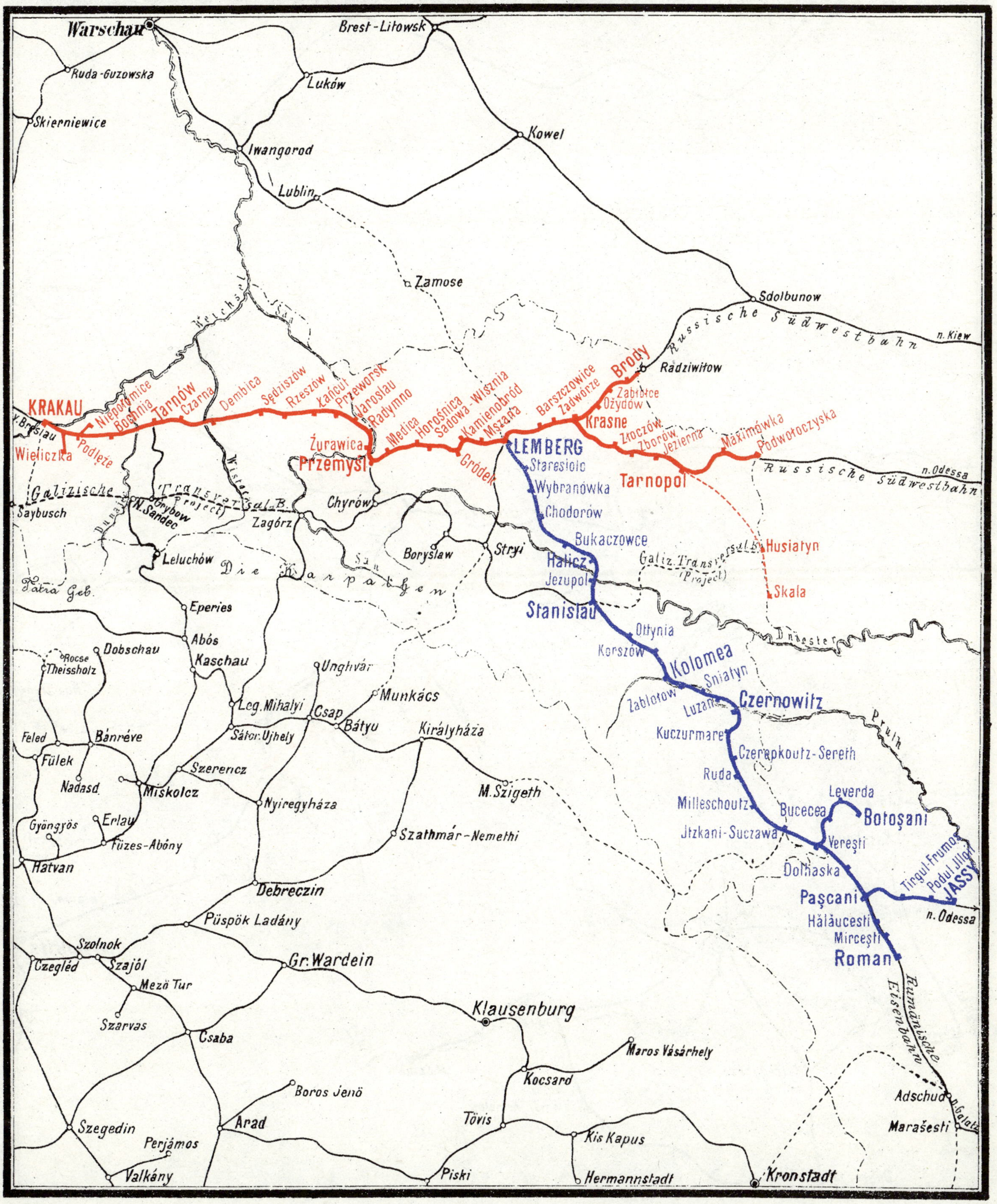

1:3000000

Erzherzog Albrecht-Bahn.
I. Ungarisch-Galizische Bahn

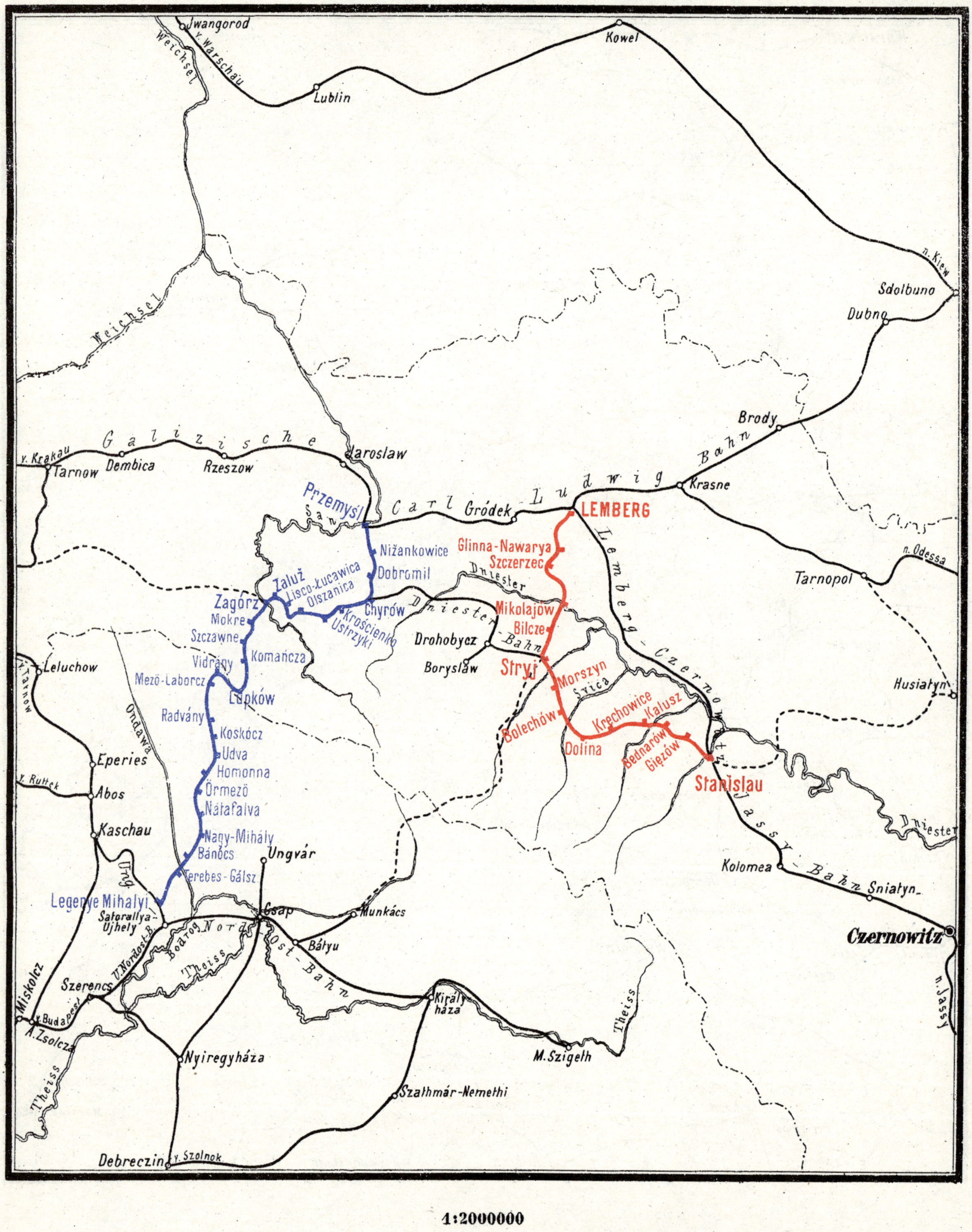

1:2000000

Erzherzog-Albrechtbahn.

Die Erzherzog-Albrechtbahn mit dem Gesellschaftssitze in Wien, deren Verwaltung neuerdings in die Hände des Oesterreichischen Staates übergegangen ist, umfasst die Strecke Lemberg-Stryi-Stanislau mit einer Länge von 182 km, von welcher die erste Theilstrecke im Jahre 1873 eröffnet wurde.

Die Bahn beginnt in Lemberg im Anschluss an die Routen von Krakau, Brody u. s. w. und führt in südlicher Richtung, das Kronland Galizien durchziehend, über Mikolajow, Stryi, Bolechow, Dolina und Kalusz entlang den nördlichen Karpathenausläufern nach Stanislau, sowohl hier als in der Anfangsstation Lemberg an die Lemberg-Czernowitzer Bahn anschliessend. Von grösseren Flüssen wird nur der Dniester übersetzt.

Der seiner Zeit in Aussicht genommene Ausbau der Strecke Stryi-Beskid, zum Anschluss an die ungarische Nordostbahn, ist bislang nicht zu Stande gekommen.

Die Bahn dient dem Personen- und Güterverkehre, letzterer überwiegt. In den durchzogenen Territorien befinden sich mehrfach Salinen, deren Producte der behandelten Bahn zur Verfrachtung zugeführt werden; auch finden bedeutende Getreidetransporte statt.

Anlagecapital.		Nominalwerth in Fl. ö. W.	Grösse der Stücke Fl. ö. W.	Zinsen pCt.	Zahlungstermin.	Verloosung und Rückzahlung alpari.	Dividenden in den Jahren 1870 bis 1879:	Course am Ende der Jahre 1873 bis 1879:
a. Stamm-Actien	Silber	7,119,800	200		1/1 1/7	nach Tilgung der Oblig.	5, 5, 5, $2\frac{47}{100}$, 1, 1, 0, $\frac{1}{2}$, $1\frac{1}{4}$, $1\frac{1}{4}$ %.	in Wien: $116\frac{1}{2}$, $94\frac{1}{2}$, —, 20, —, 19, 57 Fl.
								in Berlin: —, $40\frac{1}{4}$, 12, $9\frac{3}{4}$. $13\frac{3}{4}$, 11, $22\frac{4}{10}$ %.
b. Prioritäts-Obligationen							Course am Ende der Jahre 1878 bis 1879: in Wien:	in Berlin:
I. Emission	Silber	11,865,300	300	5	1/5 1/11	auf 1. Novemb. u. 1. Mai.	$79\frac{3}{4}$, 73, 71, $64\frac{1}{4}$, $68\frac{1}{2}$, $67\frac{1}{2}$, $81\frac{1}{2}$ %.	$70\frac{1}{2}$, $66\frac{3}{4}$, $63\frac{3}{4}$, $51\frac{4}{10}$, $56\frac{6}{10}$, 58, $70\frac{3}{10}$ %.
II. „	Gold	4,000,000	200 = 400 M.	5	1/5 1/11	do.	1879: $95\frac{1}{4}$ %. Das Capital und die Zinsen werden auch in Reichsmark (1 Fl. = 2 M.) bezahlt.	in Frankfurt 1879: 83 %.

Der Oesterreichische Staat garantirt der Bahn ein jährliches Reinerträgniss von Fl. 954,137 ö. W. Silber zur Verzinsung und Amortisation des Anlagecapitals.

Erste ungarisch-galizische Eisenbahn.

Das Unternehmen der ersten ungarisch-galizischen Eisenbahn umfasst die theils in Galizien theils in Ungarn belegene Strecke von Przemysl über Chyrow nach Legenye-Mihaly in einer Gesammtlänge von 267,04 km. Die erste Theilstrecke der Bahn, deren Sitz in Wien ist, wurde im Jahre 1871 eröffnet.

Die Bahn beginnt in Przemysl im Anschluss an die galizische Carl-Ludwigsbahn und führt in südlicher Richtung nach Chyrow, woselbst die Dniesterbahn abzweigt. Dann wendet sich dieselbe westlich, berührt Zagorz, führt in südlicher Richtung nach Lupkow (Ueberschreitung der ungarisch-galizischen Grenze, 416 Meter langer Tunnel durch die Karpathen), Udva, Nagy-Mihaly nnd endet in Legenye-Mihaly zum Anschluss an die ungarische Nordostbahn.

Die behandelte Bahn leitet ausserdem für Rechnung des Staates den Betrieb der Tarnow-Leluchower sowie der Dniester-Eisenbahn.

Auf der ersten ungarisch-galizischen Bahn findet Personen- und Güterbeförderung statt. Die Einnahmen des Güterverkehrs (meist directer Verkehr mit den Anschlussbahnen) überwiegen; der Personenverkehr ist mehr ein localer. An Gütern gelangen hauptsächlich zur Verfrachtung: Holz, Getreide, Hülsenfrüchte, Salz, Mühlenfabrikate, Wein etc.

Anlagecapital.		Nominalwerth in Fl. ö. W.	Grösse der Stücke Fl. ö. W.	Zinsen pCt.	Zahlungstermin.	Verloosung und Rückzahlung alpari.	Dividenden in den Jahren:	Course am Ende der Jahre 1870 bis 1879:
a. Stamm-Actien	Silber	12,839,600	200		1/1 1/7	nach Tilgung der Oblig.	bis 1/1 1878 einschl. stets 5 %, dann *)	in Wien: $153\frac{1}{2}$, 162, $157\frac{1}{2}$, 90, 126, $99\frac{1}{2}$, $75\frac{1}{2}$, 92, 80, 119 Fl.
								in Berlin: —, —, —, —, $54\frac{3}{4}$, $41\frac{1}{4}$, $29\frac{1}{2}$, $38\frac{1}{4}$, $34\frac{1}{2}$, $50\frac{9}{10}$ %.
b. Prioritäts-Obligationen							Course am Ende der Jahre 1871 bis 1879: in Wien:	in Berlin:
I. Emission	Silber	18,958,800	200	5	1/3 1/9	im März auf 1. Septemb.	$87\frac{9}{10}$, $85\frac{1}{2}$, 75, 77, $70\frac{1}{2}$, 62, —, $63\frac{1}{2}$, $79\frac{1}{2}$ %.	75, 78, $64\frac{1}{4}$, $70\frac{3}{8}$, $62\frac{1}{2}$, $50\frac{1}{2}$, $53\frac{1}{10}$, $54\frac{1}{2}$, $67\frac{3}{4}$ %.
II. „	Silber	3,130,200	200	5	1/1 1/7	do.	1879: $77\frac{1}{4}$ %.	

Der Oesterreichische und der Ungarische Staat garantiren der Gesellschaft ein jährliches Reinerträgniss, ersterer von Fl. 50,000 ö. W. Silber per Meile, letzterer von Fl. 179,836 ö. W. Silber per Meile.

*) Vom 1. Januar 1878 bis 1. Juli 1882 einschliesslich erhalten die Inhaber von Actien eine Dividende nicht baar ausbezahlt, vielmehr empfängt man in jedem Termine für 36 Actien-Coupons eine auf 200 Fl. Silber lautende 5% Prioritäts-Obligation II. Emission.

Ungarische Nordostbahn.

Die Ungarische Nordostbahn, mit dem Sitze der Gesellschaft in Budapest, umfasst nachfolgende Strecken: die beiden Hauptlinien von Szerencs über Satorallya-Ujhely, Csap, Batyu, Kiralyhaza und Bustyahaza nach Marmaros-Szigeth bezw. von Debreczin über Nagy-Karoly und Szathmar nach Kiralyhaza nebst den Zweigbahnen von Satorallya-Ujhely über Legenye-Mihalyi nach Kaschau bezw. von Batyu nach Munkacs und endlich die Linie von Nyiregyhaza über Csap nach Ungvar, mit einer Gesammtlänge von 580,3 km, von denen die erste Strecke im Jahre 1871 eröffnet wurde.

Berührt werden die Flüsse Theiss, Szamos und Bodrog, ferner die Gebirge der Hegyalja, Beskiden, Marmaros und diejenigen Siebenbürgens.

Die Bahn hat eine sehr lebhafte Personenfrequenz und dient gleichfalls dem Güterverkehre, bei welchem hauptsächlich Salz, Holz, Getreide, Wein, Steine, Metalle und lebende Thiere zur Verfrachtung gelangen.

Mit dem zuerst genannten Artikel wird nicht nur der grösste Theil Ungarns, sondern werden auch die Balkanländer versorgt; auch die fast unerschöpflichen Holzvorräthe der von der Bahn berührten Districte bis nach Frankreich, Holland und England verfrachtet. Die in Legenye-Mihalyi einmündende erste ungarisch-galizische Eisenbahn führt einen bedeutenden Theil ihres Verkehrs ebenfalls der Nordostbahn zu.

Anlagecapital.	Nominalwerth in Fl. ö. W.	Grösse der Stücke Fl. ö. W.	Zinsen pCt.	Zahlungstermin.	Verloosung und Rückzahlung alpari.	Dividenden in den Jahren 1870 bis 1879:	Course am Ende der Jahre 1870 bis 1879:
a. Stamm-Actien Silber	18,556,000	200		1/1 1/7	nach Tilgung der Oblig.	stets 5 %.	in Wien: $158\frac{1}{4}$, 162, $156\frac{1}{2}$, 97, $121\frac{1}{2}$, $119\frac{3}{4}$, $85\frac{1}{2}$, $104\frac{1}{2}$, $115\frac{1}{2}$, $135\frac{1}{4}$ Fl.
b. Prioritäts-Obligationen						Course am Ende der Jahre 1870 bis 1879: in Wien:	in Berlin:
I. u. II. Emission Silber	27,834,000	300	5	1/4 1/10	1. October auf 1. April.	83, $86\frac{3}{4}$, $83\frac{8}{10}$, 69, $70\frac{1}{2}$, 70, 59, 63, $66\frac{1}{4}$, 77 %.	$67\frac{7}{8}$, $74\frac{3}{4}$, 77, $61\frac{3}{8}$, $64\frac{5}{8}$, $61\frac{9}{10}$, $47\frac{3}{4}$, 53, $56\frac{8}{10}$, $66\frac{1}{2}$ %.
III. Emission Gold	11,000,000	200 = 400 M.	5	1/1 1/7	1. Juli auf 2. Januar.	1877 bis 1879: 80, $78\frac{1}{2}$, $93\frac{3}{4}$ %.	1878 und 1879: $68\frac{1}{10}$, $80\frac{1}{2}$ %.
Capital und Zinsen dieser Goldprioritäten werden auch in Reichsmark (1 Fl. = 2 M.) bezahlt.							
IV. Emission Gold	1,565,000	1000	6				

Der Ungarische Staat garantirt der Gesellschaft eine 5 % Verzinsung ihres Anlagecapitals nebst der entsprechenden Amortisationsquote, und zwar für die alten Strecken Fl. 37,100 ö. W. Silber pr. Meile, und für die Strecke Nyiregyhaza-Ungvar Fl. 20,000 ö. W. Silber pr. Meile, sowie ausserdem für die Goldprioritäten III. Emission Fl. 275,000 ö. W. Gold p. a.

K. k. Oesterreichische Staatsbahnen.

Dniester Bahn.

Die Dniester Bahn, in Galizien belegen, umfasst die Hauptlinie von Chyrow (Abzweigung von der ersten ungarisch-galizischen Bahn) über Sambor, Dobrowlany, Drohobycs nach Stryi mit der Zweigbahn von Drohobycs nach Boryslaw, in einer Gesammtlänge von 112,61 km. Die Bahn ist jetzt Eigenthum des Oesterreichischen Staates und wird der Betrieb derselben von der ersten ungarisch-galizischen Bahn geführt. Die Eröffnung der Bahn, welche ehemals Privateigenthum war, erfolgte im Jahre 1872.

Befördert werden Personen und Güter, die Einnahmen des letzteren Verkehrs, welcher mehr direct als local ist, überwiegen, und gelangen in demselben hauptsächlich zum Transport: Holz, Getreide, Hülsenfrüchte, Mahlproducte, Salz, Bier etc. Der vorhandene Personenverkehr kann nur als ein localer bezeichnet werden.

Tarnow-Leluchow (Orlo-) Bahn.

Das Bahngebiet, ebenfalls in Galizien belegen, umfasst die von Tarnow über Tuchow, Grybow, Neu-Sandec bis zur ungarischen Grenze bei Leluchow führende Staatseisenbahnlinie mit einer Gesammtlänge von 146,28 km, welche im Jahre 1876 dem Betriebe übergeben wurde. Die Leitung des Betriebes erfolgt für Rechnung des Oesterreichischen Staates durch die Verwaltung der ersten ungarisch-galizischen Eisenbahn und erstreckt sich der Betrieb bis Orlo (von Leluchow bis Orlo gepachtet).

Der stattfindende Verkehr, sowohl in Bezug auf Personen- sowie auf Güterbeförderung, ist mehr ein localer. Die Einnahmen des Güterverkehrs sind etwas höher, als diejenigen des Personenverkehrs. An Gütern gelangen hauptsächlich zur Verfrachtung: Holz, Wein, Spiritus, Mahlproducte, Getreide etc.

Ungarische Nordostbahn

Dniester Bahn. – (K.K.Oest.St.B.) – Tarnow-Leluchow (Orló)-Bahn.

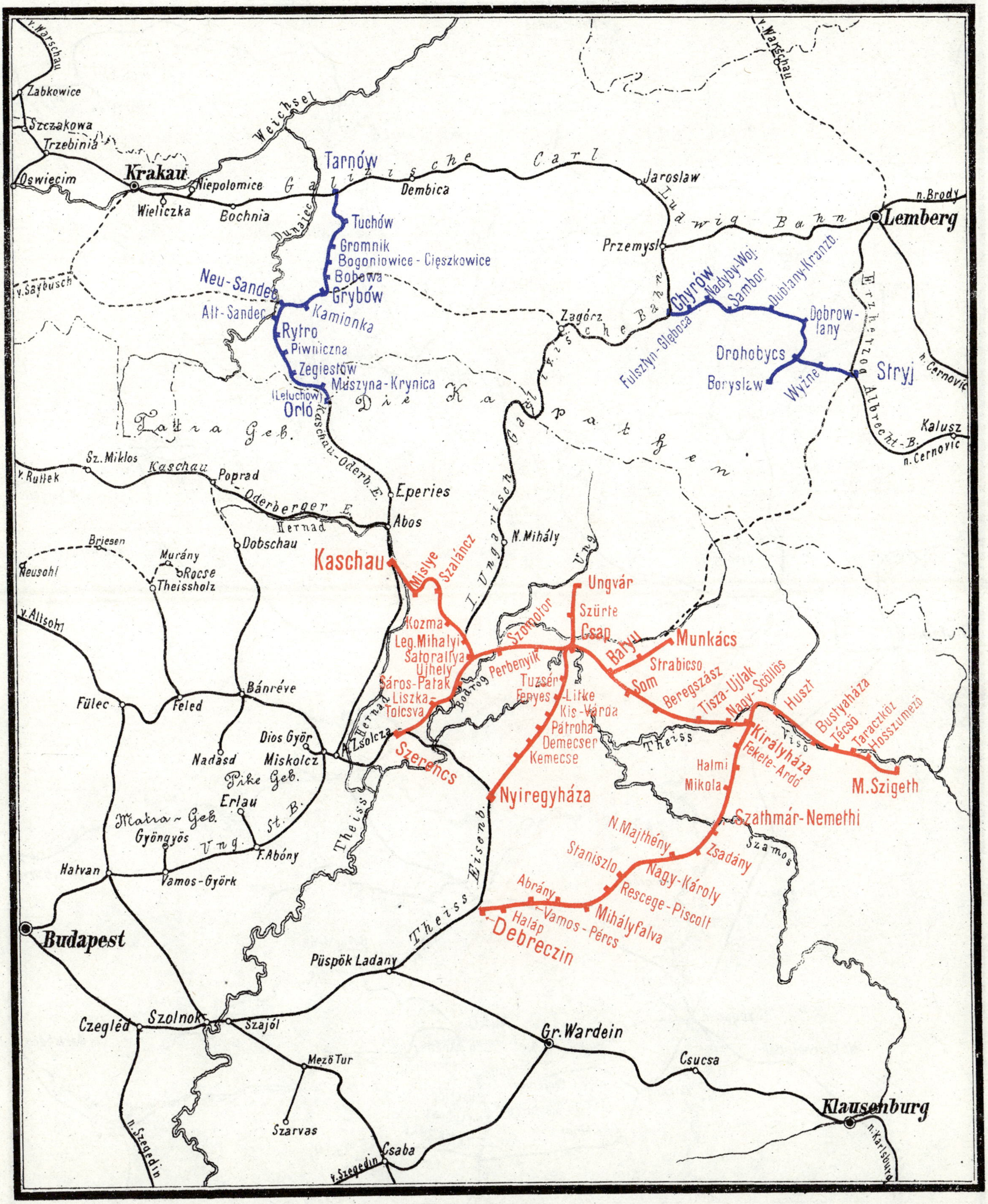

1:2000000

Theiss Eisenbahn.

 Bánréve-Nadasder Jndustrie-Bahn. Arad-Temesvárer-Bahn.

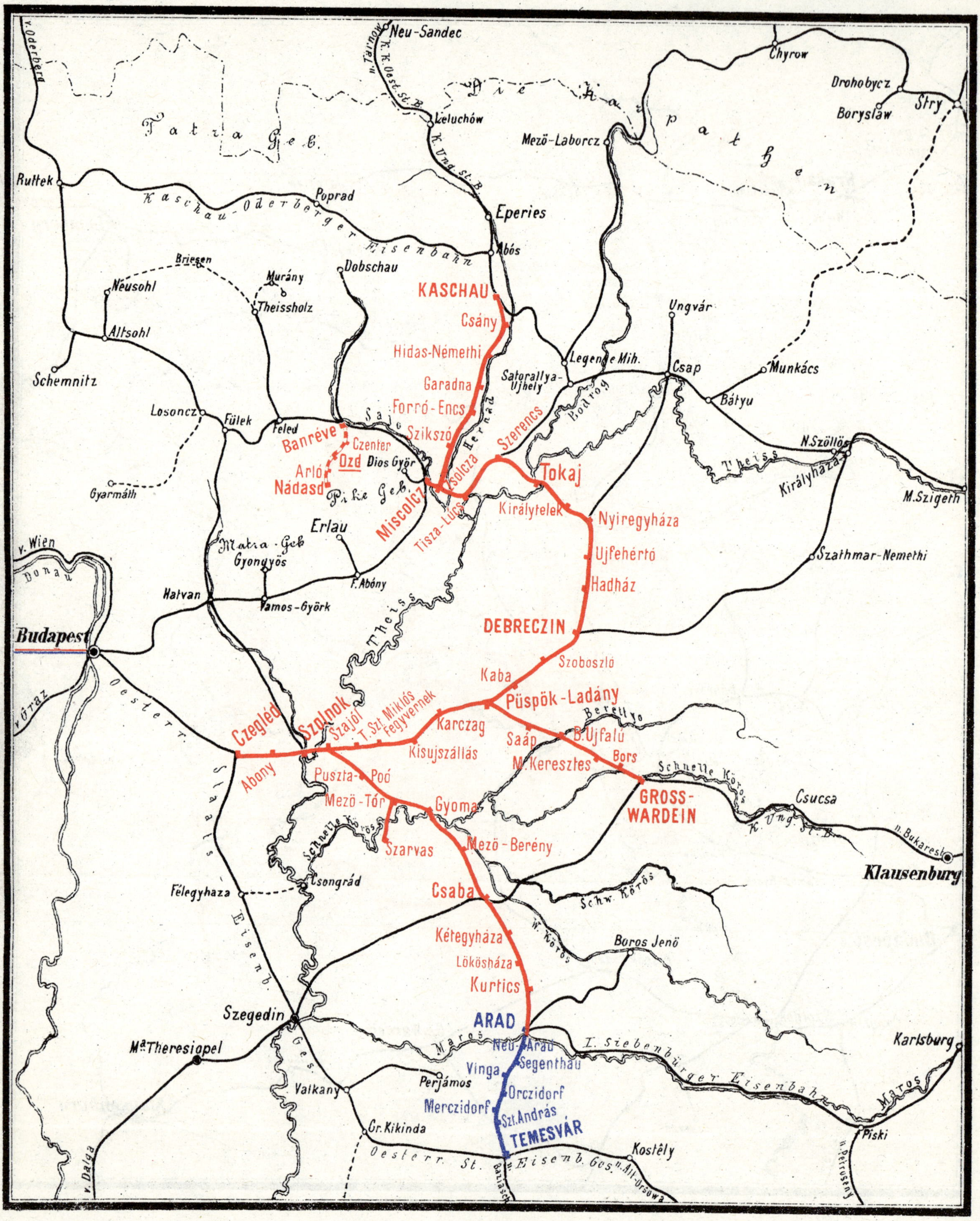

1:2000000

Theiss-Eisenbahn.

Die Theiss-Eisenbahn, deren Verwaltung und Betrieb vom 1. Januar 1880 ab in die Hände des Ungarischen Staates übergegangen ist, hat eine Länge von 585 km und umfasst die Strecken von Czegled nach Kaschau, von Püspök-Ladany nach Grosswardein und von Szolnok nach Arad. Die erste Theilstrecke derselben wurde im Jahre 1857 dem Betriebe übergeben. Der Sitz der Gesellschaft befindet sich in Budapest.

Die Hauptbahn beginnt in Czegled und führt in östlicher Richtung nach Szolnok, woselbst die Theiss überschritten wird und die über Csaba nach Arad führende Zweigbahn sich abtrennt, dann weiter nach Püspök-Ladany (Abtrennung der Flügelbahn nach Grosswardein). Die Hauptbahn gelangt weiter nach Debreczin, nimmt sodann die Richtung nordwärts nach Nyiregyhaza (Anschluss an die Ungarische Nordostbahn), übersetzt bei Tokaj nochmals die Theiss und gelangt durch Districte, berühmt durch ihren Weinbau, nach Szerencs, ebenfalls mit Anschluss an die ungarische Nordostbahn. Ueber Miskolcz wird endlich die Endstation Kaschau (Kaschau-Oderberger Bahn) erreicht. In Aussicht steht die Erweiterung des Netzes durch den Bau einer Secundärbahn von Mezö-Tur nach Szarvas (21 km lang), für welche die Stadt Szarvas die Zinsgarantie übernehmen wird. Die Linien des Unternehmens dienen sowohl dem Personen- als auch dem Güterverkehre — dem localen wie dem durchgehenden — und tragen die vielfachen Anschlüsse fremder Bahnen zur Hebung des Verkehrs nicht unwesentlich bei. Zur Verfrachtung gelangen hauptsächlich die Rohproducte der Theissgegend namentlich Getreide, Mahlproducte, Wein, Spiritus, Holz etc.

Anlagecapital.	Nominalwerth in Fl. ö. W.	Grösse der Stücke Fl. ö. W.	Zinsen pCt.	Zahlungstermin.	Verloosung und Rückzahlung alpari.	Dividenden in den Jahren 1870 bis 1879:	Course am Ende der Jahre 1870 bis 1879:
a. Stamm-Actien Noten	16,535,000	200		$2\frac{1}{2}$% 1/1 Restdivid. 1/7.	im Laufe der Jahre 1880 bis 1890 à 245 Fl. pr. Actie.	$7\frac{1}{2}$, 10, $5\frac{3}{4}$, $8\frac{1}{2}$, 5, 5, 5, $6\frac{3}{4}$, $5\frac{3}{4}$, $4\frac{3}{4}$ %.	in Wien: $223\frac{3}{4}$, 258, 242, $194\frac{1}{2}$, $193\frac{1}{4}$, 198, 157, 168, $184\frac{1}{2}$, 215 Fl.
b. Prioritäts-Obligationen Noten	20,000,000	1000 200	5	1/5 1/11	1/1 auf 1/5 u. 1/7 auf 1/11.		1874 bis 1879: in Wien: 84, 84, $77\frac{1}{2}$, $80\frac{1}{2}$, 82, 94%. in Berlin: $76\frac{1}{4}$, $73\frac{9}{10}$, 60, $68\frac{1}{10}$, $70\frac{1}{2}$, $81\frac{1}{4}$ %.
do „	15,750,000	Antheil an der Lotterieanleihe bei der Oesterr. Creditanstalt.					

Der Ungarische Staat garantirt den Inhabern von Actien eine jährliche feste Rente von $14\frac{1}{2}$ Fl. pr. Actie und ist durch den Erwerb der Bahn Selbstschuldner der Prioritäts-Obligationen geworden.

Banreve-Nadasder Industriebahn.

Die Banreve-Nadasder Eisenbahn mit dem Gesellschaftssitze in Rimabrezo (Comitat Gömör) hat eine Länge von 27,2 km und führt von Banreve im Anschluss an die Ungarische Staats-Eisenbahn über Czenter, Ozd und Arlo nach Nadasd. Die Bahn dient zwar dem öffentlichen Verkehre, ist aber vorläufig nur für den Güterverkehr eingerichtet. Sie hat hauptsächlich den Zweck, die Producte mehrerer an der Bahn liegenden Gruben und industrieller Werke weiterzubefördern.

Anlagecapital.	Nominalwerth in Fl. ö. W.	Grösse der Stücke Fl. ö. W.	Zinsen pCt.	Zahlungstermin.
a. Stamm-Actien Lit. A	352,800	200		1. Juli.
do. „ B	176,400	200		do.

Die Inhaber von Stamm-Actien Lit. A, die sich im Besitze der Rima-Muranyer Eisenwerk-Gesellschaft in Rimabrezo befinden, haben ein Anrecht auf eine Dividende von $7\frac{1}{2}$ % vor den Stamm-Actien Lit. B, welche im Staatsbesitze sind.

Arad-Temesvarer Eisenbahn.

Die Arad-Temesvarer Eisenbahn, deren Gesellschaftssitz Budapest ist, hat eine Länge von 57 km und wurde im Jahre 1871 eröffnet. Dieselbe führt von Arad, woselbst die Maros überschritten wird, durch weinbautreibende Gegenden über Vinga nach Temesvar und characterisirt sich als Verbindungsbahn der in ihren Endstationen anschliessenden Linien der Oesterreichischen Staatsbahn, der Theisseisenbahn, der Siebenbürger und Arad-Körösthaler Eisenbahn.

Dementsprechend ist der Verkehr, welcher hauptsächlich in der Frachtenbeförderung besteht als ein directer bezw. durchgehender anzusehen, umsomehr als die längs der Bahn liegenden unbedeutenden Orte nur wenig verkehrsreich sind. Der Personenverkehr ist dagegen mehr localer Art. Die Haupttransportartikel im Güterverkehre sind: Kohlen, Getreide, Wein, Holz, Salz etc.

Der Betrieb der Bahn, den bislang die Theiss-Eisenbahn-Gesellschaft führte, ist zugleich mit letzterer neuerdings vom Staate übernommen.

Anlagecapital.	Nominalwerth in Fl. ö. W.	Grösse der Stücke Fl. ö. W.	Zinsen pCt.	Zahlungstermin.	Verloosung und Rückzahlung alpari.	Dividenden in den Jahren:	Course am Ende der Jahre:
a. Stamm-Actien Silber	2,281,200	200		1. Juli.		stets 5 %.	
b. Prioritäts-Obligationen Silber	3,422,000	200	5	1/1 1/7	1. Juli auf 2. Januar.		

Der Ungarische Staat garantirt der Gesellschaft ein jährliches Reinerträgniss von Fl. 39,500 Silber pr. Meile einschliesslich der Amortisationsquote.

Kaschau-Oderberger Eisenbahn.

Die Kaschau-Oderberger Eisenbahn, deren Direction ihren Sitz in Budapest hat, umfasst die Strecken von Oderberg über Abos nach Kaschau, von Abos über Eperies nach Orlo und von Orlo bis zur ungarischen Grenze bei Leluchow zum Anschluss an die Tarnow-Leluchower Staatsbahn, welche sich im Betriebe der ersten ungarisch-galizischen Bahn befindet. Die Strecke von Orlo bis Leluchow ist an die Staatsbahn bezw. an die letztgenannte Gesellschaft verpachtet. Die Strecke Eperies-Leluchow umfasst den ungarischen Theil der ehemaligen Eperies-Tarnower Eisenbahn-Gesellschaft und ist seit dem Jahre 1879 mit der Kaschau-Oderberger Eisenbahn vereinigt.

Die Gesammtstrecken (eröffnet im Jahre 1872) umfassen eine Länge von 431,8 km.

Die Kaschau-Oderberger Bahn stellt eine der schwierigsten Bahnbauten in der österreichisch-ungarischen Monarchie vor. Die Ueberwindung von erheblichen Bergzügen, die Regulirung von Bergflüssen, die Anlage von Tunnels und grossen Brücken sind nicht ohne Einfluss auf die Höhe des Anlagecapitals gewesen.

Die Hauptlinie beginnt an der preussischen Grenze bei Oderberg und zieht sich in südöstlicher Richtung durch theilweise äusserst industrielle Reviere über Teschen (bedeutende Industriestadt) und Sillein im Waagthale nach Ruttek, woselbst Anschluss des nördlichen Netzes der ungarischen Staatsbahnen stattfindet. Die Bahn zieht sodann in östlicher Richtung über Rosenberg (in der Nähe der berühmte Badeort Korytnicza), L. Sz. Miklos nach L. Ujvar, eine der bevorzugten Absteigestationen der Touristen. Dann folgen Poprad-Felka, Krompach (Eisenwerk), Abos und endlich Kaschau, woselbst Anschluss an die Bahnen nach Budapest u. s. w. stattfindet. Von Abos führt eine Zweigbahn über Eperies nach Orlo zum Anschluss an die Staatsbahnlinie nach Tarnow.

Die Bahn dient hauptsächlich dem Güterverkehre, da die Einnahmen aus dem Personenverkehre nur etwa 12—15 % der Einnahmen aus dem Güterverkehre erreichen. Die Bahn, besonders die Strecke von Ruttek nach Oderberg ist für den Verkehr des ganzen Netzes der ungarischen Staatsbahnen von höchster Wichtigkeit, da dieselbe das Bindeglied dieses Netzes mit den deutschen Bahnen bildet.

Die behandelte Bahn verdankt ihre Einnahmen etwa zu einem Dritttheile den von den ungarischen Staatsbahnen, der Theissbahn und der ungarischen Nordostbahn herrührenden Transitgütern, während die an der Bahn selbst gelegenen reichen Schätze von Urproducten (Kohlen, Eisen, Schwefelkiese etc.) sowie ein colossaler Bestand an für Bauzwecke geeignetem Holze ständige Transportartikel sichern.

Anlagecapital.	Nominalwerth in Fl. ö. W.	Grösse der Stücke Fl. ö. W.	Zinsen pCt.	Zahlungstermin.	Verloosung und Rückzahlung alpari.	Dividenden in den Jahren 1870 bis 1879:	Course am Ende der Jahre 1870 bis 1879:
a. Stamm-Actien Silber	19,412,600	200	4	1/1 1/7	nach Tilgung der Obligationen	bis 30/6 1876 5%, vom 1/7 1876 an 4%.	in Wien: 91 1/2, 188 1/2, 182 1/2, 137, 137, 123 1/2, 83, 95, 99 3/4, 116 Fl.
do. ,,	3,228,400	200	4	1/1 1/7			in Berlin: —, —, 84 3/8, 57 1/2, 60 5/8, 53, 33 1/2, 40 1/2, 42 3/10, 49 1/2 %.
Die letztere Actien-Emission fand statt zum Umtausch gegen die eingezogenen Actien der mit der Kaschau-Oderberger Eisenbahn vereinigten Eperies-Tarnow-Bahn (ungar. Theil).							
b. Prioritäts-Obligationen						Course am Ende der Jahre 1870 bis 1879: in Wien:	in Berlin:
I. Emission Silber	38,825,200	200	5	1/1 1/7	1. Juli auf 2. Januar.	87, 92 1/4, 91 3/4, 85, 85 1/10, 73 8/10, 64 3/4, 68, 69, 82%.	70 1/2, 79 3/4, 84 1/4, 84 7/8, 78, 65 6/10, 51 9/10, 56 6/10, 59, 70 1/10 %.
II. ,, ,,	4,285,200	300	5	1/8 1/9	do.	September 1880: 85 1/4 %.	
Diese Prioritäts-Obligationen wurden emittirt zum Zweck des Umtausches gegen die eingezogenen Eperies-Tarnow-Prioritäts-Obligationen.							
III. Emission Gold	6,828,000	200 = M. 405	5	1/1 1/7	1. Juli auf 2. Januar.	1879: 94 9/10 %.	1879: 81 4/10 %.
Capital und Zinsen dieser Goldprioritäten werden auch in Reichsmark (1 Fl. = 2 M.) bezahlt.							
IV. Emis. v. 1879 Silber	800,000	200	5	1/1 1/7	1. Juli auf 2. Januar.		in Frankfurt September 1880: 83 1/2 %.

Der Oesterreichische und der Ungarische Staat garantiren gemeinschaftlich die Verzinsung und Amortisation der Stamm-Actien und der Prioritäts-Obligationen unter I und II, und zwar Oesterreich für ein Reinerträgniss von 540,000 Fl. p. a. und Ungarn für ein solches von 2,214,812 Fl. p. a. Ausserdem garantirt Oesterreich speciell die Verzinsung der Prioritäts-Obligationen IV. Emission und Ungarn diejenige der III. Emission.

Königlich-Ungarische Staatseisenbahnen.

Der Betrieb und die Verwaltung der Königlich-Ungarischen Staatseisenbahnen geschieht durch die in Budapest domicilirende Generaldirection, unter welcher besondere Betriebsleitungen zu Budapest, Szolnok, Miskolcz, Klausenburg, Agram, sowie zwei Verkehrsleitungen in Pressburg und Vinkovce fungiren. Dieselbnn haben einschliesslich der neuerdings in das Eigenthum des Staates übergegangenen Waagthalbahn sowie der von der Südbahn-Gesellschaft übernommenen Strecke von Agram nach Karlstadt eine Gesammtlänge von rund 2014 km, und bilden, nachdem die 585 km lange Theissbahn gleichfalls in den Betrieb und die Verwaltung des Staates übergegangen ist, ein mächtiges zusammenhängendes Verkehrsnetz mit der fast ganz Ungarn durchziehenden Transitlinie Predeal-Ruttek, welchem Netze sich als ein zweites die rund 500 km lange continuirliche Linie Battaszek-Fiume (durch Vermittelung der Donau-Draubahn, welche gleichfalls im Staatsbetriebe ist,) zur Seite stellt. Isolirt liegen die Dalya-Brooder und die Waagthallinie. Die erste Strecke der Bahn wurde im Jahre 1867 eröffnet.

Der Gesammtcomplex zerfällt in nachfolgende Theile:

1) Nördliches Netz (siehe nebenstehende Karte).

Dasselbe umfasst die Strecken

a. von Budapest über Hatvan, Fülek, Altsohl, Kremnitz nach Ruttek zum Anschluss an die Kaschau-Oderberger Bahn;
b. von Hatvan über Miskolcz nach Banreve;
c. von Hatvan nach Szolnok, sowie kleinere nach Gyöngyös, Erlau, Diösgyör, Neusohl und Schemnitz führende Zweigbahnen, von denen die letztere schmalspurig ist.

Zu diesem Netze gehören ferner noch die sogenannten Gömörer Industriebahnen (167,5 km lang) von Banreve nach Fülek, von Banreve über Rosenau nach Dobschau und von Feled nach Theissholz. Durch eine auf die Gömörer Industriebahnen eingetragene Specialhypothek sind die von dem Ungarischen Staate ausgegebenen 5 % Gömörer Pfandbriefe speciell garantirt.

2) Oestliches Netz (siehe Karte 60).

3) Südliches Netz (siehe Karte 64).

4) die Linie Dalya-Vinkovce-Brood (siehe Karte 64).

5) die Waagthalbahn (siehe Karte 61).

Auf sämmtlichen Strecken der Ungarischen Staatsbahnen, ausgenommen einige kleinere Zweigbahnen, werden Personen und Güter transportirt; die Einnahmen des letzteren Verkehrs überwiegen und gelangen hauptsächlich zur Verfrachtung: Kohlen, Holz, Getreide, Eisen, Mehl, Salz, Steine, Spiritus etc.

Im Staatsbetriebe befinden sich ferner noch die Linien der Theissbahn (siehe Karte 58) sowie der Donau-Draubahn (siehe Karte 63).

Eine Erweiterung des Netzes steht in Aussicht durch die im Bau begriffene Linie von Pest nach Semlin; ferner sind in Aussicht genommen die Linien von Karlsstadt über Sissek bis zur Bosnischen Grenze bei Kostainica znm Anschluss an die Bahn nach Banjaluka, eine Linie von Budapest über Totis nach Raab mit einer Flügelbahn nach Dorogh, von Fünfkirchen nach Budapest u. s. w.

Kaschau - Oderberger Eisenbahn.

Gömörer Jndustrie - Bahnen | (K.Ung.St.B. Nördl. Netz.) | Budapest - Ruttek m. Abzweig.

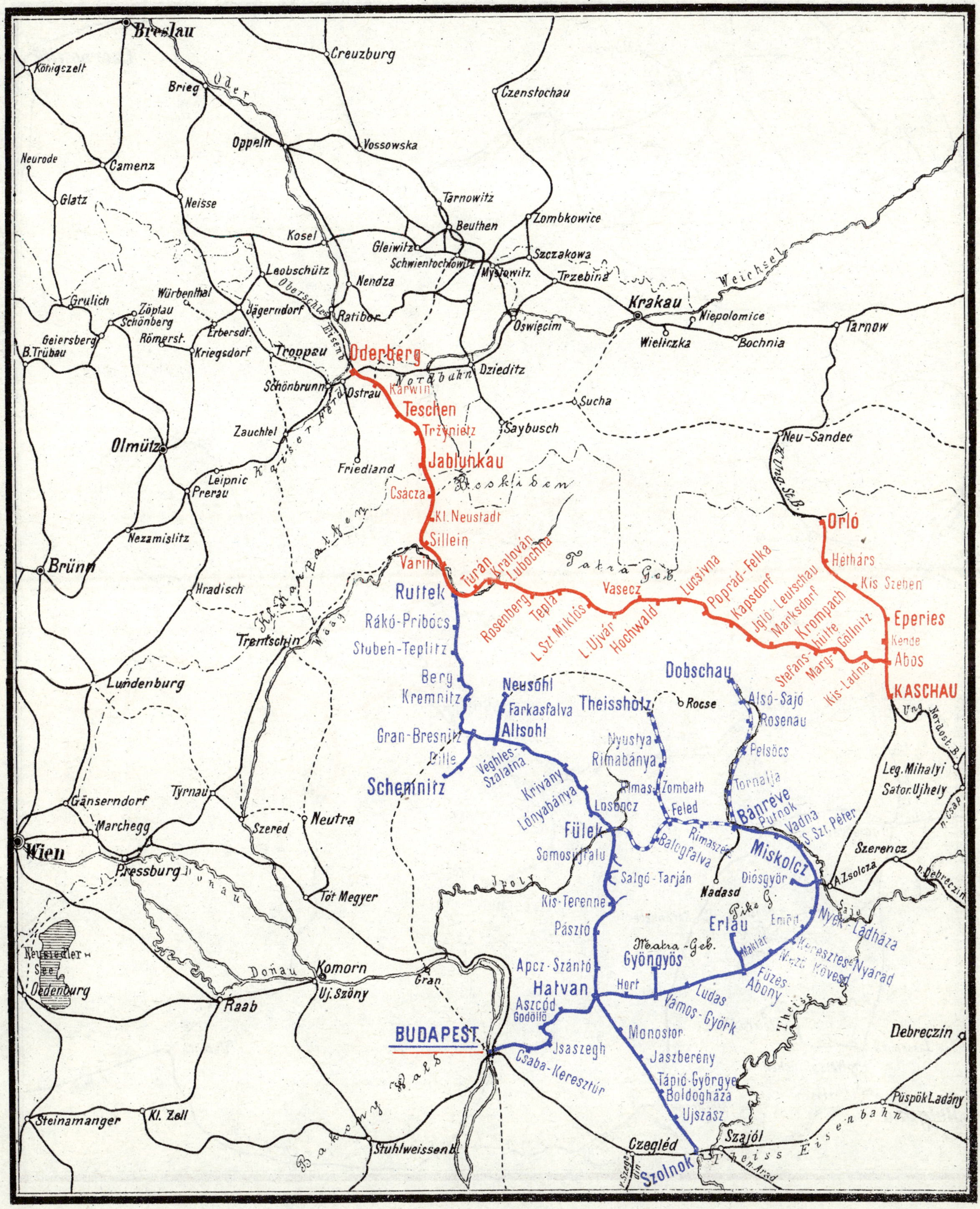

1 : 2000000

K. Ungarische Staatsbahnen (Oestl. Netz.)

I. Siebenbürger Eisenbahn.

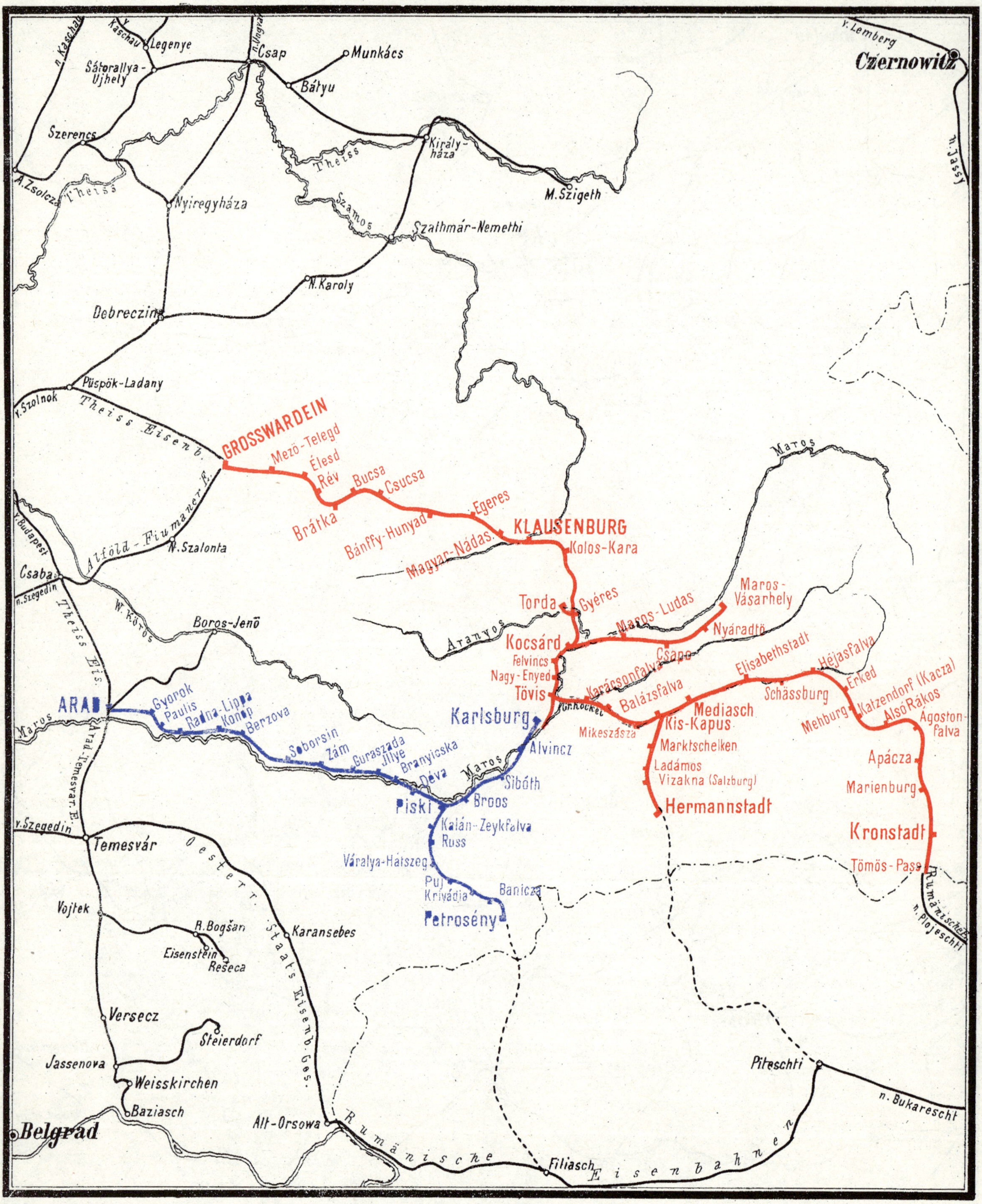

1:2000000

K. Ungarische Staatseisenbahnen.
(Oestliches Netz).

Dieses Netz bildet einen Theil der K. Ungarischen Staatseisenbahnen und umfasst die Linien der ehemaligen Ungarischen Ostbahn, und zwar die Hauptroute von Grosswardein (Anschluss an die Theissbahn sowie an die Alföld-Fiumaner Bahn) über Klausenburg, Kocsard, Tövis, Kis-Kapus, Elisabethstadt, Kronstadt bis zur Rumänischen Grenze bei Tömös-Pass (Predeal), woselbst Anschluss an die Rumänischen Bahnen in der Richtung nach Plojeschti stattfindet; ferner die Zweigbahnen von Kocsard nach Vasarhely, von Tövis nach Karlsburg (Anschluss an die erste Siebenbürger Bahn) und von Kapus nach Herrmannstadt. Die Strecken des fraglichen Netzes liegen theils in Ungarn, theils in Siebenbürgen; sie durchbrechen das Siebenbürgische Erzgebirge und berühren die Gebiete des Szamos und des Maros. Im Uebrigen siehe Seite 59 unter K. Ungarische Staatseisenbahnen.

Das Anlagecapital der ehemaligen Ungarischen Ostbahn bestand aus:	Nominalwerth in Fl. ö. W.	Grösse der Stücke Fl. ö. W.	Zinsen pCt.	Zahlungstermin.	Verloosung und Rückzahlung alpari.	Dividenden in den Jahren:	Course am Ende der Jahre 1870 bis 1879:
a. Stamm-Actien Silber	30,013,400	200		$^{1}/_{1}$ $^{1}/_{7}$		Seit $^{1}/_{1}$ 1873 0 %.	
b. Prioritäts-Obligationen						in Wien:	in Berlin:
I. Emis. von 1869 Silber	45,020,100	300	5	$^{1}/_{1}$ $^{1}/_{7}$	im Juli auf 2. Januar.	85$^{1}/_{2}$, 86$^{1}/_{4}$, 76$^{1}/_{4}$, 60$^{1}/_{2}$, 67$^{1}/_{4}$, 65$^{1}/_{4}$, 58, 61, 62$^{1}/_{2}$, 74$^{9}/_{10}$ %.	69$^{3}/_{4}$, 74$^{1}/_{2}$, 69, 52, 60$^{3}/_{4}$, 57$^{1}/_{10}$, 46, 50$^{3}/_{4}$, 53, 64$^{1}/_{2}$ %.
II. „ „ 1873 Gold	30,000,000	300 = 600 ℳ	5	$^{1}/_{1}$ $^{1}/_{7}$	do. bis 1903 sehr geringe Verloosungen.	—, —, —, —, —, 73, 65$^{1}/_{2}$, 71$^{1}/_{2}$, 74, 87$^{1}/_{2}$ %.	—, —, —, —, —, 65$^{3}/_{10}$, 53$^{7}/_{10}$, 60$^{1}/_{2}$, 63$^{1}/_{2}$, 75$^{3}/_{4}$ %.

Capital und Zinsen dieser II. Emiss. werden auch in Reichsmark (1 Fl. = 2 ℳ) bezahlt.

In Folge des zwischen dem Ungarischen Staate und der Ungarischen Ostbahn geschlossenen Verkaufs-Vertrages vom 20. Januar 1876 sind die Stamm-Actien der Ostbahn gegen 5 % Ungarische Staatsobligationen vom Jahre 1876 eingelöst und zwar 3 Actien à 200 Fl. gegen 2 Obligationen à 100 Fl. ö. W. Gold = 200 ℳ (Zinsen $^{1}/_{1}$ $^{1}/_{7}$ à 5 % abzüglich 10 % Einkommensteuer, Verloosung alpari im Juli auf 2. Januar). Durch Uebernahme der Bahn ist der Ungarische Staat Selbstschuldner der obigen Prioritäts-Obligationen geworden.

Erste Siebenbürger Eisenbahn.

Das Bahngebiet der ersten Siebenbürger Eisenbahn, zum Theil in Ungarn zum Theil in Siebenbürgen belegen, umfasst die Hauptbahn von Arad über Piski nach Karlsburg mit der Zweigbahn von Piski nach Petroseny mit einer Gesammtlänge von 290,2 km. Der Gesellschaftssitz des Unternehmens, von welchem die erste Theilstrecke im Jahre 1868 eröffnet wurde, ist Budapest.

Die Hauptbahn beginnt in Arad und läuft im Marosthale über Radna-Lippa und Deva nach Piski, woselbst die nach Petroseny führende Zweigbahn des Unternehmens sich abtrennt. Dann folgt die Stadt Broos und endlich Karlsburg zum Anschluss an die Ungarische Staatsbahn.

Die mehrerwähnte Zweigbahn beginnt in Piski und läuft in ihrer ganzen Ausdehnung, das wegen seiner reichhaltigen Eisenerze und Kohlenlager berühmte Vajda-Hunyader Comitat in Siebenbürgen durchschneidend, längs des Streelflusses, allmählich den Character einer Gebirgsbahn annehmend, über Hatszeg nach Petroseny im Zsilthal in der Nähe der walachischen Grenze, woselbst dieselbe todt ausläuft.

Beide Linien vermitteln den Local-Personen- und Frachtenverkehr; vorzugsweise aber dienen dieselben zum Export der im Bereiche der Bahn vorkommenden Naturproducte (Steinkohlen, Salz, Roheisen, Steine etc.) sowie zum Transitiren der ihnen von den Anschlussbahnen zugehenden Güter.

Die behandelte Bahn bildet das wichtige Mittelglied zwischen zwei grossen Bahncomplexen der Königlich Ungarischen Staatseisenbahnen, nachdem die Theissbahn ebenfalls in die Verwaltung und den Betrieb des Staates übergegangen ist.

Zwischen der Ungarischen Regierung und der behandelten Bahn schweben gegenwärtig Ankaufsverhandlungen.

Anlagecapital.	Nominalwerth in Fl. ö. W.	Grösse der Stücke Fl. ö. W.	Zinsen pCt.	Zahlungstermin.	Verloosung und Rückzahlung alpari.	Dividenden in den Jahren:	Course am Ende der Jahre 1870 bis 1879:
a. Stamm-Actien Silber	14,000,000	200		$^{1}/_{1}$ $^{1}/_{7}$	nach Tilgung der Oblig.	bis $^{1}/_{1}$ 1879 einschl. 5 %, v. $^{1}/_{1}$ 1879 an bis $^{1}/_{1}$ 1881 einschl. nur 2$^{1}/_{2}$ % abzüglich Coupon-Stempel.	in Wien: 164$^{1}/_{2}$, 176$^{1}/_{4}$, 175, 141, 137, 113, 74, 96$^{1}/_{2}$, 106$^{1}/_{4}$, 112$^{3}/_{4}$ Fl. in Frankfurt 1875 bis 1879: 96$^{3}/_{4}$, 57$^{1}/_{2}$, 81$^{1}/_{2}$, 91, 97$^{1}/_{8}$ Fl.
b. Prioritäts-Obligationen Silber	21,000,000	200	5 abzügl. 14 Kr. Couponstempel.	$^{1}/_{4}$ $^{1}/_{10}$	am 1. Octobr. auf 1. April.		in Wien: 86$^{3}/_{4}$, 89$^{3}/_{4}$, 86$^{3}/_{4}$, 84, 77$^{1}/_{4}$, 69, 55$^{1}/_{2}$, 62$^{3}/_{4}$, 63$^{3}/_{4}$, 75$^{1}/_{2}$ %. in Frankfurt: —, —, —, —, 70$^{1}/_{2}$, 62$^{1}/_{8}$, 47, 53$^{1}/_{4}$, 55$^{1}/_{4}$, 64$^{3}/_{4}$ %.
do. Gold	3,973,000	Antheil an der Investitionsanleihe.					

Der Ungarische Staat garantirt der Gesellschaft ein jährliches Reinerträgniss von Fl. 1,771,000 ö. W. Silber zur Verzinsung und Tilgung des Anlagecapitals und ausserdem die Verzinsung des Investitionsanlehens.

Ungarische Westbahn.
(Stuhlweissenburg - Raab - Graz).

Das Unternehmen der Ungarischen Westbahn, deren Verwaltungssitz Budapest ist, umfasst die Linien Stuhlweissenburg - Graz und Zell-Raab mit einer Betriebslänge von 375,6 km, wovon auf Ungarn 307,2 km und auf Steiermark 68,4 km entfallen, sie ist demnach eine dualistische Bahn. Die erste Theilstrecke des Unternehmens, die Strecke von Raab nach Steinamanger, wurde im Jahre 1871 eröffnet.

Die Hauptbahn beginnt in Stuhlweissenburg im Anschluss an die Südbahnlinie von Budapest und zieht sich in westlicher Richtung über Palota, Veszprim, Devecser, Klein-Zell, woselbst die Flügelbahn über Papa nach Raab sich abtrennt, Sarvar, Steinamanger (Kreuzung mit der Südbahnlinie nach Kanizsa), Jennersdorf, Feldbach (Station des berühmten Badeortes Gleichenberg) und endet in Graz (Hauptstadt der Steiermark) zum Anschluss an die Südbahnlinie Wien-Triest.

Die Bahn, die von allen Seiten zwischen der Südbahn und der Oesterreichischen Staatsbahn eingekeilt ist, durchzieht den Bakonyer Wald in seinem westlichen Theile, berührt die Gebiete der Raab und Mur und führt an den bekannten Weinbergen von Somlo und Saagh vorbei. Das durchschnittene Gebiet zeichnet sich durch dichte Bevölkerung und intensive Agricultur aus.

Zur Beförderung gelangen Personen und Güter; die Einnahmen des letzteren Verkehrs sind vorherrschend. Der Personenverkehr ist mehr ein localer, während bei dem Güterverkehre auch der directe Verkehr einen erheblichen Factor bildet. An Gütern gelangen hauptsächlich zum Transport: Getreide, Kohlen, Holz, Mühlenfabrikate, Wein, Salz, Taback etc.

Den Zweck der behandelten Bahn, den Verkehr nach dem Westen auf dem kürzesten Wege zu vermitteln, wird dieselbe erst dann erfüllen, wenn ihr der Betrieb der demnächst zu erbauenden Linie Ofen-Raab übergeben sein wird.

Anlagecapital.	Nominalwerth in Fl. ö. W.	Grösse der Stücke Fl. ö. W.	Zinsen pCt.	Zahlungstermin.	Verloosung und Rückzahlung alpari.	Dividenden in den Jahren:	Course am Ende der Jahre 1871 bis 1879:
a. Stamm-Actien Silber	15,000,000	200		$^1/_1$ $^1/_7$	nach Tilgung der Oblig.	stets 5 %.	in Wien: $173\frac{1}{2}$, $173\frac{3}{4}$, $131\frac{1}{2}$, 135, $119\frac{3}{4}$, 85, 104, $106\frac{1}{2}$, 137 Fl.
b. Prioritäts-Obligationen							in Frankfurt 1876 bis 1879: 69, 90, $91\frac{1}{2}$, $116\frac{1}{4}$ Fl.
I. Emission Silber	20,786,600	200	5	$^1/_4$ $^1/_{10}$	im März auf 1. October.		in Wien: 96, $88\frac{1}{2}$, 79, 79, —, —, —, $66\frac{1}{4}$, 83%.
II. Emis. v. 1874 „	3,276,400	200	5	$^1/_4$ $^1/_{10}$	do.		—, —, —, $64\frac{1}{2}$, 68, —, —%.
III. Emission Gold	534,200	Antheil an der Investitionsanleihe.					

Der Oesterreichische Staat garantirt der Gesellschaft für die steierische Strecke ein 5 % Reinerträgniss für ein Nominal-Capital von Fl. 728,000 ö. W. Silber pro Meile = Fl. 331,908 ö. W. Silber jährlich.

Der Ungarische Staat garantirt für die ungarische Strecke ein jährliches Reinerträgniss von Fl. 36,400 ö. W. Silber pro Meile und die erforderliche Tilgungsquote.

Von den Prioritäts-Obligationen I. Emission hat das Administrations-Comptoir für Europäische Eisenbahnwerthe in Amsterdam Fl. 18,000,000 nominell übernommen, und auf Grund dieser Obligationen sowie der für dieselben garantirten Zinsen und Amortisationsquoten Fl. 18,000,000 ö. W. S. 4% Raab-Grazer Prämien-Antheilscheine in Stücken von ℳ 300 = Fl. 150 ö. W. emittirt. Die Antheilscheine sind in 12,000 Serien à 10 Stück eingetheilt; Ziehung der Serien am 2. Januar und 1. Juli, der Prämien am 1. April und 1. October; Auszahlung nach 3 Monaten. Hauptgewinne Fl. 75,000 und 67,500 ö. W. Silber, kleinster Gewinn bezw. Rückzahlungsbetrag Fl. 150 ö. W. Silber. Coupons-Termine 15. April und 15. October.

Waagthalbahn.

Die Waagthalbahn (bisheriger Gesellschaftssitz Pressburg) bildet jetzt einen Theil der K. Ungarischen Staatseisenbahnen und umfasst die Linien von Pressburg über Tyrnau und Waag-Neustadtl nach Trencsin nebst der Zweigbahn von Tyrnau nach Szered und der Verbindungsbahn Ratzersdorf-Weinern (auf letzterer nur Güterverkehr). Im Uebrigen siehe Seite 59 unter Königl. Ungarische Staatseisenbahnen.

Raab - Oedenburg - Ebenfurter Eisenbahn.

Die Raab-Oedenburg-Ebenfurter Eisenbahn mit dem Sitze der Gesellschaft in Budapest hat eine Länge von 115 km und wurde deren erste Theilstrecke im Jahre 1876 eröffnet.

Dieselbe beginnt in Raab im Anschluss an die Oesterreichische Staatsbahn bezw. an die Ungarische Westbahn und zieht sich in westlicher Richtung über Enese, Csorna, Kapuvar-Gartha am Neusiedler See vorbei nach Oedenburg (Abtrennungspunkt der Oesterreichischen Südbahn). Sodann führt die Bahn weiter über Eisenstadt-Mühlendorf und endet in Neufeld unweit Ebenfurt im Anschluss an die Wien-Pottendorfer Bahn. In Raab ist für den Uebergangsverkehr von der Station zum Landungsplatze der Dampfschiffe an der kleinen Donau Vorsorge getroffen.

Die Bahn hat einen ziemlich entwickelten Personenverkehr, dient aber vorzugsweise dem Güterverkehre, und sind Getreide, Mehl, Zuckerrüben und Wein die zumeist vorkommenden Frachten. Der Transitverkehr ist schon jetzt bedeutend, wird aber erst dann seine volle Bedeutung erlangen, wenn die Strecken von Raab nach Ofen und von Ebenfurt nach Leobersdorf ausgebaut sein werden. Der Localverkehr ist wegen der zahlreichen Zuckerfabriken längs der Linie ein sehr lebhafter.

Anlagecapital.	Nominalwerth in Fl. ö. W.	Grösse der Stücke Fl. ö. W.	Zinsen pCt.	Zahlungstermin.	Verloosung und Rückzahlung alpari.	Dividenden in den Jahren:	Course am Ende der Jahre:
a. Stamm-Actien I. Emis.	3,878,200	200		$^1/_1$ $^1/_7$		während der Bauz. 6, seitdem 0%.	
do. II. „	1,497,000	200		$^1/_1$ $^1/_7$		do.	
b. Prioritäts-Obligationen							
I. Emission	5,817,400	200	6	$^1/_4$ $^1/_{10}$			
II. „ Gold	gleiche Prior. 2,245,600	200 = 400 ℳ	6	$^1/_4$ $^1/_{10}$			

Wien - Aspang - Eisenbahn.

Die Herstellung einer 80 km langen normalspurigen Localbahn von Wien über Maria-Lanzendorf, Möllersdorf, Trumau und Pitten nach Aspang ist in Ausführung begriffen. Der Concessionair, die Société belge de chemins de fer, ist verpflichtet auf Verlangen der Regierung eine Verbindung dieser Linie mit der Südbahn bei Wr.-Neustadt herzustellen.

Ungarische Westbahn. Waagthalbahn (K. Ung. St. B.).

Raab-Oedenburg-Ebenfurter Eisenbahn. Wien-Aspang Eisenbahn.

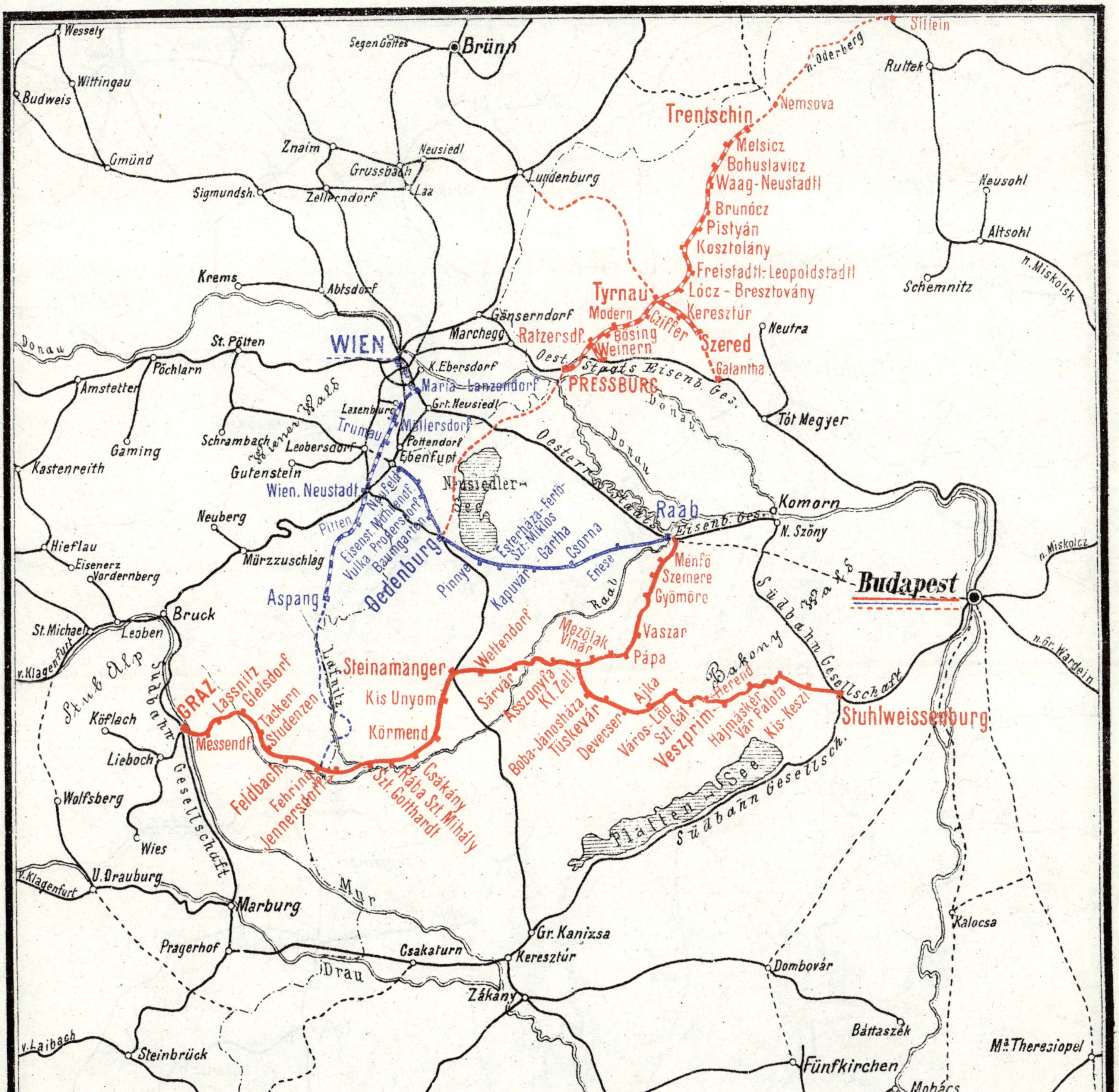

1:2000000

Alföld - Fiumaner Eisenbahn.

Arad - Körösthalbahn.

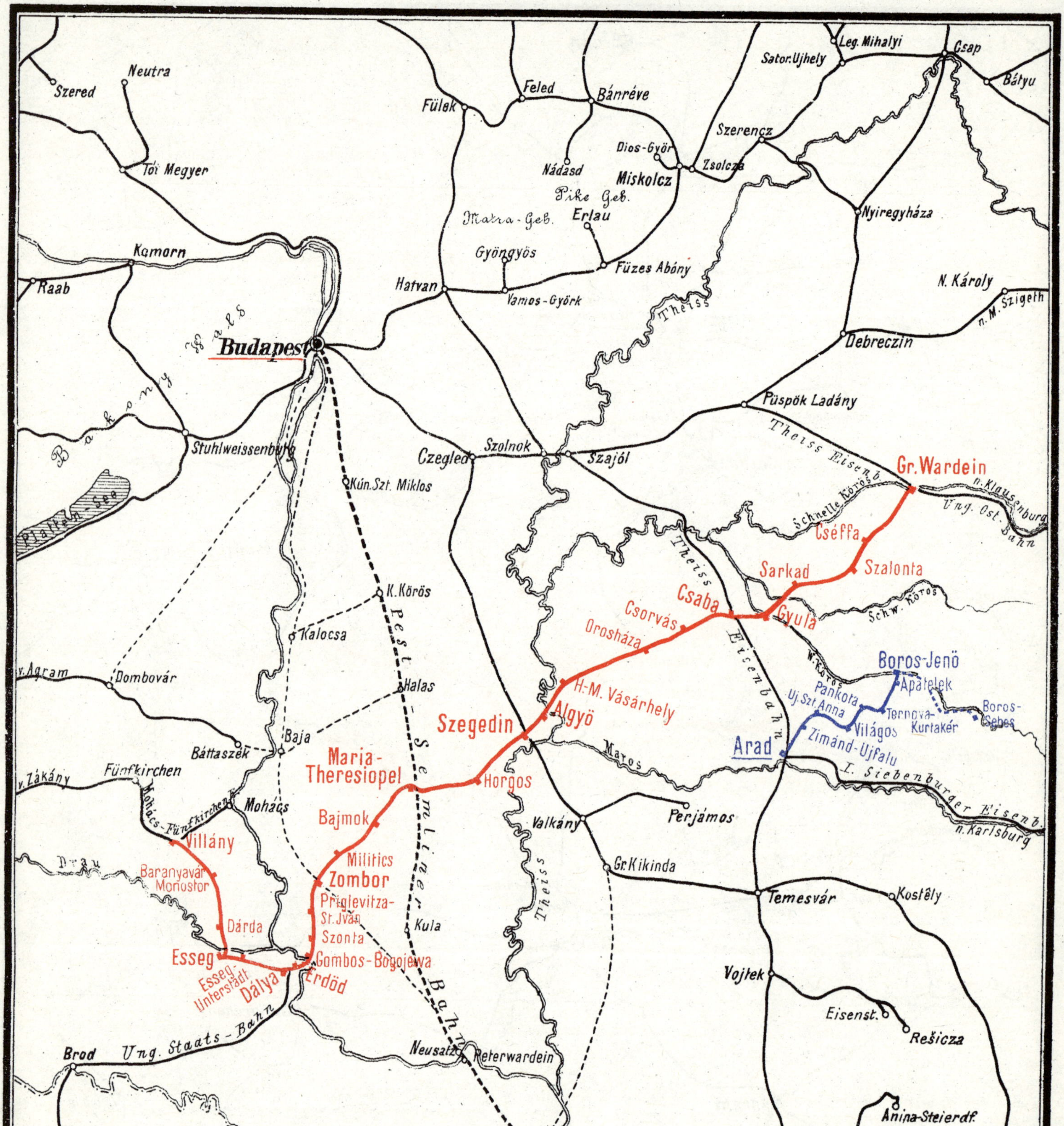

1:2000000

Alföld-Fiumaner Eisenbahn (Grosswardein-Esseg).

Die Alföld-Fiumaner Eisenbahn, deren Gesellschaftsvorstände in Budapest domicilirt sind, umfasst die Strecke von Grosswardein über Esseg nach Villany in einer Gesammtlänge von 392,2 km.

Dieselbe hat ihren Anfangspunkt in Grosswardein, wo sie an die Theissbahn und die östlichen Linien der ungarischen Staatseisenbahnen anschliesst, und führt über Szalonta, Gyula nach Csaba (Anschluss an die Theissbahn in der Richtung nach Budapest und Arad). Sodann führt sie weiter über Oroshaza, Vasarhely nach Szegedin (Anschluss an die Linien der Oesterreichischen Staatsbahn-Gesellschaft und Ueberschreitung der Theiss), Maria Theresiopel, Zombor und Gombos-Bogojewa (Anschluss an die Schiffe der ersten Donau-Dampfschifffahrts-Gesellschaft). Hierauf übersetzt die Bahn mittelst Trajects die Donau, führt über Esseg und endet sodann nach Ueberschreitung der Drau in Villany zum Anschluss an die Linien der Mohacs-Fünfkirchener Bahn in der Richtung nach Mohacs und Fünfkirchen.

Die behandelte Bahn verbindet das östliche mit dem westlichen Gebiete der Ungarischen Niederlande (Alföld), sie dient dem Local-, Personen- und Frachtenverkehr von und nach den sehr volkreichen Binnenstationen sowie dem durchgehenden Verkehr von und nach den bezeichneten Anschlussbahnen. Hauptsächlich dient sie jedoch der sehr bedeutenden Getreideausfuhr nach den Consumtionsgegenden der Oesterreichisch-Ungarischen Monarchie sowie nach dem Auslande in der Richtung nach Norden und Westen.

Anlagecapital.		Nominalwerth in Fl. ö. W.	Grösse der Stücke Fl. ö. W.	Zinsen pCt.	Zahlungstermin.	Verloosung und Rückzahlung alpari.	Dividenden in den Jahren 1870 bis 1879:	Course am Ende der Jahre 1870 bis 1879:
a. Stamm-Actien	Silber	18,281,400	200		$^1/_1$ $^1/_7$	nach Tilgung der Oblig.	bislang 5 %.	in Wien: $168\frac{1}{4}$, $184\frac{1}{2}$, $170\frac{3}{4}$, $147\frac{1}{2}$, $138\frac{1}{2}$, $123\frac{1}{2}$, 92, $109\frac{1}{4}$, $115\frac{3}{4}$, $144\frac{1}{4}$ Fl.
b. Prioritäts-Obligationen							Course am Ende der Jahre: in Wien 1870 bis 1879:	in Frankfurt a. M. 1876 bis 1879:
I. Emission	Silber	19,000,000	200	5	$^1/_3$ $^1/_9$	im März auf 1. Septbr.	88, $92\frac{1}{6}$, $90\frac{2}{10}$, $86\frac{1}{2}$, $78\frac{1}{2}$, 71, 63, 67, $67\frac{1}{2}$, $85\frac{3}{4}$%.	52, $55\frac{3}{4}$, 58, $73\frac{1}{2}$%.
II. Emis. v. 1874	„	1,689,200	200	5	$^1/_3$ $^1/_9$	do.	1875 bis 1879: $67\frac{1}{2}$, $63\frac{1}{2}$, 65, $64\frac{1}{2}$, $83\frac{3}{4}$%.	50, —, —, $71\frac{3}{4}$%.

Der Ungarische Staat garantirt der Gesellschaft eine 5% Verzinsung und eine entsprechende Amortisationsquote des Anlagecapitals; die Actien und Prioritäten haben demnach eine indirecte Staatsgarantie.

Arad-Körösthalbahn.

Die Arad-Körösthalbahn, deren Direction in Arad domicilirt ist, umfasst die Strecken von Arad nach Boros-Jenö in einer Gesammtlänge von 62,8 km und wurde in ihrer ganzen Ausdehnung im Jahre 1877 eröffnet.

Die Bahn führt von Arad (Anschluss an die Theissbahn) in das Körösthal und läuft längs des Gebirges über Vilagos und Pankota nach Boros-Jenö. Eine Weiterführung der Linie bis Borossebes ist im Bau begriffen und gelangt diese Strecke voraussichtlich noch im Jahre 1880 in Betrieb.

Die Bahn transportirt Personen und Güter. Der erstere Verkehr ist nur ein localer, während bei dem letzteren Verkehre, dessen Einnahmen überwiegen, hauptsächlich directer Verkehr stattfindet. Zum Transport gelangt ausser Getreide, Wein, Steinen etc. hauptsächlich Eichenholz, welches seiner vorzüglichen Qualität halber bis an die Küsten der Ost- und Nordsee verfrachtet wird.

Anlagecapital.		Nominalwerth in Fl. ö. W.	Grösse der Stücke Fl. ö. W.	Zinsen pCt.	Zahlungstermin.	Verloosung und Rückzahlung alpari.	Dividenden in den Jahren:	Course am Ende der Jahre:
a. Stamm-Actien	Noten	740,000	100		1. Juli.		bislang 0%.	
b. Stammprioritäts-Actien	Noten	880,000	100		do.		do.	noch nicht emittirt.

Die Stammprioritäts-Actien haben ein Anrecht auf eine Dividende von 6% und auf Amortisation vor den Stamm-Actien.

Pest-Semliner Bahn.

Die Pest-Semliner Bahn, deren Ausführung im Allgemeinen vom Ungarischen Reichstage genehmigt worden ist, hat zum Zweck die Herstellung besserer Verbindungen zwischen Ungarn und Serbien bezw. mit den serbischen Eisenbahnen (Belgrad-Konstantinopel) und schafft zugleich für die durchschnittenen Gegenden die bisher fehlenden entsprechenden Communicationsmittel.

Die in Aussicht genommene Bahn besteht aus zwei Theilen und zwar Pest-Peterwardein und Peterwardein-Semlin. Bezüglich der letzteren Abtheilung, welche mehrfache Bauschwierigkeiten bietet, steht die Traçe bereits fest und sind die Vorbereitungen zur Bauausführung bereits getroffen. Die fragliche Traçe führt bei Neusatz unterhalb der Festung Peterwardein über die Donau und führt über coupirtes Terrain (Tunnelanlagen) weiter nach Semlin, nachdem vorher die Save überschritten ist.

Bezüglich der ersteren Abtheilung von Pest nach Peterwardein (Neusatz), welche verhältnissmässig geringe Bauschwierigkeiten bietet und meist in der Ebene dahinführt, waren verschiedene Traçen in Aussicht genommen und zwar eine von Neusatz über Zombor und Kalocsa entlang der Donau und eine über Theresiopel und Kun-Szent-Miklos. Letztere Linie kommt jedoch voraussichtlich zur Ausführung und ist dabei, um die Orte Kalocsa und Baja nicht ohne Verbindung zu lassen, der Bau zweier Flügelbahnen dahin projectirt. Die Pest-Semliner Bahn wird in der Linie über Theresiopel etwa 340 km lang sein. Die Kosten der Bahn werden ca. 30,000,000 fl. betragen.

Bezüglich der Finanziirung und Ausführung der Bahn haben mehrfach bis jetzt erfolglose Verhandlungen mit der Oesterreichischen Creditanstalt sowie mit anderweiten Finanzgruppen stattgefunden, indessen ist es noch nicht entschieden, ob nicht doch noch das Prinzip des Staatsbaues die Oberhand gewinnt.

Battaszek-Dombovar-Zakanyer (Donau-Drau-) Eisenbahn.

Die Donau-Drau Eisenbahn, deren Gesellschaftssitz Budapest ist, befindet sich seit dem Jahre 1878 im Betriebe der Ungarischen Staatsbahn. Dieselbe hat eine Länge von 166,2 km und wurde im Jahre 1872 eröffnet.

Die Bahn beginnt in Zakany im Anschluss an die Ungarische Staatsbahn bezw. an die Oesterreichische Südbahn, und führt in östlicher Richtung durch einen der fruchtbarsten, cultivirtesten und bestbevölkerten Theile Ungarns über Kaposvar, Dombovar und Hidas-Bonyhad nach Battaszek in der Nähe der Donau, woselbst dieselbe todt ausläuft.

Der durchzogene Theil Ungarns ist mit Producten aller Art wie Getreide, Hanf, Raps, Holz, Wein, Taback etc. reich gesegnet; ausserdem ausgedehnte Kohlenlager in sich schliessend, nimmt dieser Theil der ungarischen Monarchie unter den exportirenden Ländergebieten Europas eine hervorragende Stellung ein.

Demgemäss dient die Bahn vorzugsweise Exportzwecken und stellt im Uebrigen eine Verbindung zwischen Donau und Drau, sowie indirect zwischen dem unteren Donauthale und dem adriatischen Meere her. Der vorhandene Personenverkehr ist mehr ein localer zu nennen.

Anlagecapital.		Nominalwerth in Fl. ö. W.	Grösse der Stücke Fl. ö. W.	Zinsen pCt.	Zahlungstermin.	Verloosung und Rückzahlung alpari.	Dividenden in den Jahren:	Course am Ende der Jahre 1871 bis 1879:
a. Stamm-Actien	Silber	4,636,200	200		$^1/_1$ $^1/_7$	nach Tilgung der Oblig.	stets 5 %.	in Wien: 168, 171, 117, 114, —, —, 100, 101, $130\frac{1}{2}$ Fl.
								in Frankfurt 1876 bis 1879: 60, 82, $89\frac{1}{2}$, $111\frac{1}{4}$ Fl.
							Course am Ende der Jahre 1871 bis 1879:	
							in Wien:	in Frankfurt:
b. Prioritäts-Obligationen	Silber	6,954,200	200	5	$^1/_4$ $^1/_{10}$	im October auf 1. April.	87, 88, $72\frac{1}{2}$, $71\frac{4}{10}$, —, 56, 62, 62, $74\frac{1}{4}$ %.	$75\frac{3}{4}$, $78\frac{1}{2}$, $65\frac{1}{2}$, 64, $60\frac{3}{4}$, $45\frac{1}{8}$, 53, 53, 64 %.
do.	Gold	165,400	Antheil an der Investitions-Anleihe.					

Der Ungarische Staat garantirt der Gesellschaft ein jährliches Reinerträgniss von Fl. 26,450 ö. W. Silber pr. Meile und die entsprechende Tilgungsquote.

Fünfkirchen-Barcser Eisenbahn.

Das Unternehmen der behandelten Bahn umfasst die Strecke von Fünfkirchen über Lorincz, Szigetvar und Darany nach Barcs zum Anschluss an die Südbahnlinie Kanizsa-Barcs. Die Bahn hat eine Länge von 69 km und wurde im Jahre 1868 eröffnet. Der Sitz des Verwaltungsraths befindet sich in Budapest, während die Betriebsleitung in Fünfkirchen domicilirt ist.

Die Bahn hat Personen- und Güterbeförderung, deren Erträgnisse ziemlich gleich sind; im Allgemeinen herrscht der directe bezw. Transitverkehr vor. An Gütern gelangen hauptsächlich zum Transport: Getreide, Kohlen, Holz, lebende Thiere, Cokes, Wein etc.

Anlagecapital.		Nominalwerth in Fl. ö. W.	Grösse der Stücke Fl. ö. W.	Zinsen pCt.	Zahlungstermin.	Verloosung und Rückzahlung alpari.	Dividenden in den Jahren:	Course am Ende der Jahre 1870 bis 1879:
a. Stamm-Actien	Silber	3,464,200	200		$^1/_1$ $^1/_7$	nach Tilgung der Oblig.	seither stets 5 %.	in Wien: 158, $177\frac{1}{2}$, 176, 144, 145, —, —, $121\frac{1}{2}$, 148, 176 Fl.
								in Frankfurt 1876 bis 1879: 80, $103\frac{3}{4}$, $127\frac{3}{4}$, $150\frac{3}{4}$ Fl.
							Course am Ende der Jahre 1870 bis 1879:	
							in Wien:	in Berlin:
b. Prioritäts-Obligationen	Silber	3,449,000	200	5 {abz. Stemp.	$^1/_4$ $^1/_{10}$	1. October auf 1. April.	$88\frac{1}{4}$, $89\frac{1}{2}$, $93\frac{1}{2}$, $82\frac{3}{4}$, $85\frac{3}{4}$, 72, 65, 78, $81\frac{1}{2}$, $92\frac{1}{4}$ %.	73, 77, 83, 73, $73\frac{1}{2}$, 64, $52\frac{1}{2}$, 66, $70\frac{3}{10}$, $78\frac{3}{4}$ %.
do.	Gold	312,800	Antheil an der Investitions-Anleihe.					

Der Ungarische Staat garantirt der Gesellschaft ein jährliches Reinerträgniss von 350,000 Fl. ö. W. Silber zur 5% Verzinsung und Amortisation des Anlagecapitals.

Mohacs-Fünfkirchener Eisenbahn.

Die Mohacs-Fünfkirchener Eisenbahn, welche ein Eigenthum der ersten Donau-Dampfschifffahrtsgesellschaft in Wien bildet, beginnt in Fünfkirchen (Üszög) im Anschluss an die Fünfkirchen-Barcser Eisenbahn und führt in südlicher Richtung über Ata, Trinitas nach Villany (Station der Alföld-Fiumaner Bahn). Dann wendet sie sich östlich und führt weiter über Dtsch-Boly-Töttos nach Mohacs an der Donau, woselbst sie todt ausläuft. Die Länge der Strecke beträgt incl. zweier zum Unternehmen gehörigen Kohlenbahnen rund 69 km und wurde die erste Theilstrecke im Jahre 1854 eröffnet.

Die Bahn transportirt Personen und überwiegend Güter, namentlich Kohlen, Cokes, Getreide, Oelfrüchte, Holz, Steine etc. Die Bahn ist ursprünglich von der Eigenthümerin lediglich zu dem Zwecke erbaut, um den Kohlenbedarf zum Schifffahrtsbetriebe aus den in der Umgebung von Fünfkirchen liegenden gesellschaftlichen Bergwerken nach Mohacs an die Donau schaffen zu können. Durch die Eröffnung der Fünfkirchen-Barcser Bahn ist sie jedoch auch in den Verkehr mit der Südbahn und deren Hinterbahnen, sowie durch die Station Villany in directen Verkehr mit der Alföld-Fiumaner Bahn getreten, so dass neben Localverkehre auch directer und Transitverkehr stattfindet.

Das investirte Anlage-Capital beträgt 7,844,286 fl. ö. W. für die Hauptbahn und 511,628 fl. ö. W. für die Üszög-Szabolcser Kohlen-Zweigbahn.

Báttaszék - Dombovár - Zákányer (Donau - Drau) Eisenbahn.

Fünfkirchen - Barcser Eisenbahn. Mohács - Fünfkirchener Eisenbahn.

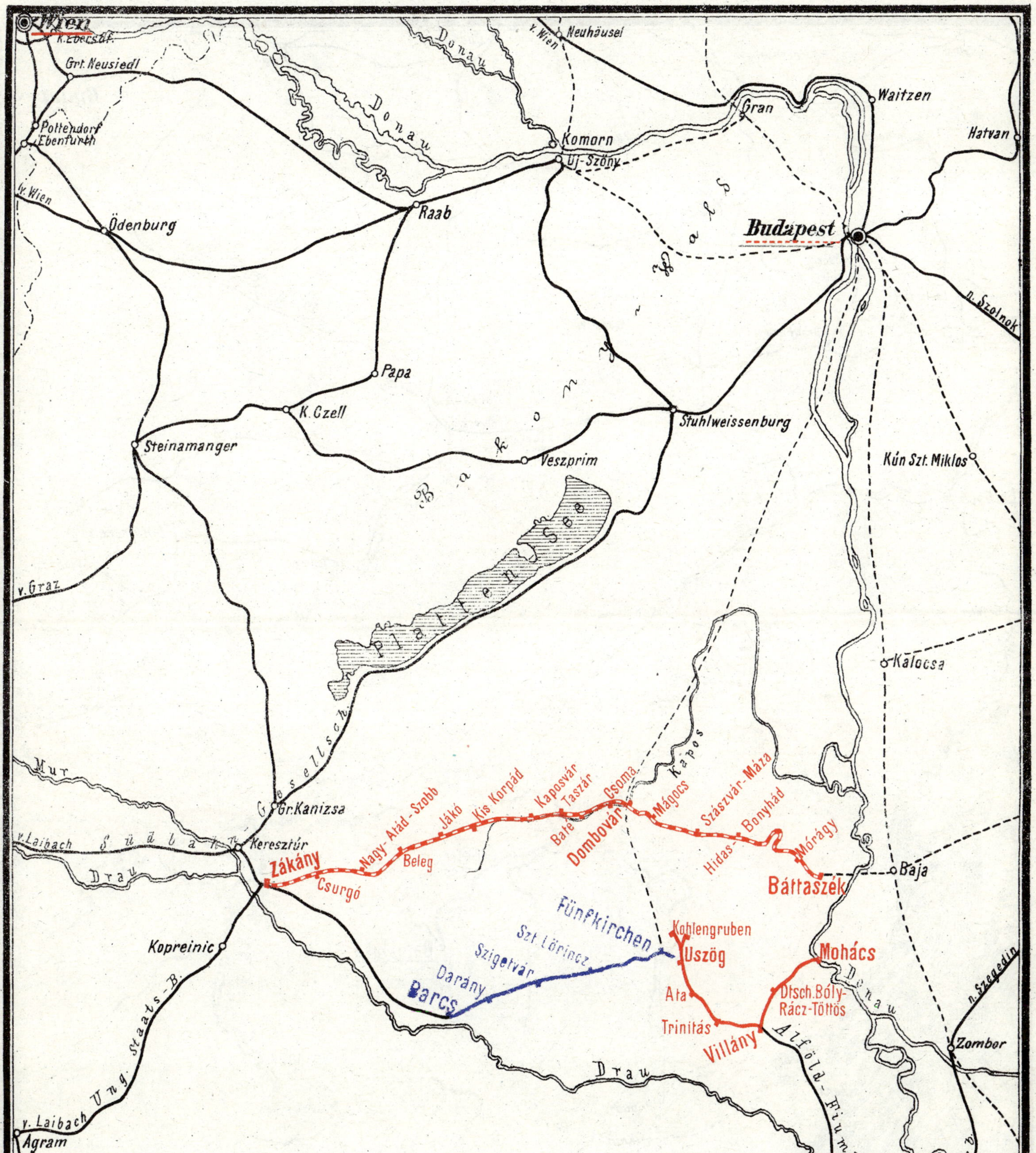

1:1250000

K. Ungarische Staatsbahnen (Südl. Netz).

K. K. Militairbahnen in Bosnien.

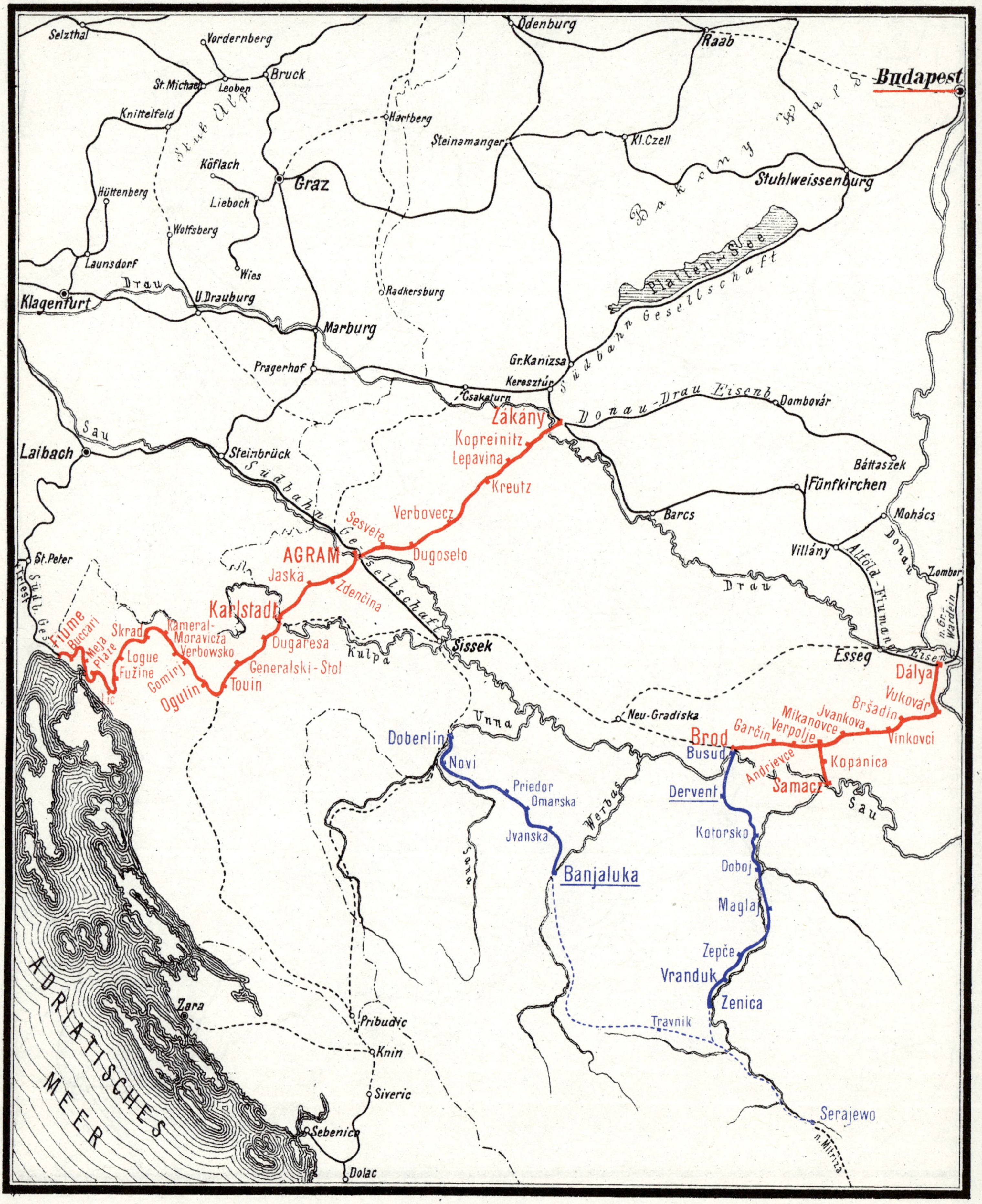

1:2000000

Königlich Ungarische Staatseisenbahnen.
(Südliches Netz.)

Dieses Netz bildet einen Theil des grossen Ungarischen Staatsbahncomplexes und umfasst einschliesslich der im Jahre 1880 von der Südbahngesellschaft angekauften Strecke Agram-Karlstadt die continuirliche Linie von Zakany über Kreuz, Agram, Jaska, Karlstadt, Ogulin, Delnice nach Fiume.

Die Bahn durchzieht, von den Ufern der Drau ausgehend, die Kronländer Croatien und Dalmatien bis zum adriatischen Meere.

Hierzu ist noch zu rechnen die abseits gelegene Linie von Dalya über Vinkovce nach Brood an der Save, welche theilweise aus militärischen Rücksichten angelegt ist und an die sogenannte Bosnabahn in der Richtung auf Serajewo anschliesst.

K. k. Militairbahnen in Bosnien.
a) Doberlin-Banjaluka.

Die Verwaltung dieser Bahn befindet sich in Banjaluka. Eröffnet ist zur Zeit die 101 km lange Strecke von Doberlin über Novi, Omarska nach Banjaluka. Projectirt ist eine Fortsetzung dieser Linie von letzterem Orte über Travnik nach Zenica bezw. Serajewo.

Die Bahn dient hauptsächlich militärischen Zwecken, doch findet auch beschränkte Personen- und Güterbeförderung statt.

b) Bosnabahn.

Die Bosnabahn führt von Busud (Anschluss an die Ungarische Staatsbahn bei Brood) über Dervent (daselbst Sitz der Betriebsleitung), Doboj, Maglaj nach Zenica (Richtung auf Serajewo). Die Länge der letzteren Bahn beträgt 190 km und findet gleichfalls beschränkter Personen- und Güterverkehr statt.

Die beiden Bosnischen Bahnen sind Eigenthum des Oesterreich-Ungarischen Staates.

Elbogener Localbahn.
Karte Seite 43.

Der Sitz der im Jahre 1877 eröffneten 5,3 km langen normalspurigen Elbogener Localbahn befindet sich in Elbogen in Böhmen. Die Linie führt von Station Neusattel der Buschtehrader Eisenbahn in südöstlicher Richtung durch eine höchst industriereiche Gegend nach dem Städtchen Elbogen und hat den Zweck, letzteren Ort nebst Umgegend den allgemeinen Verkehrswegen anzuschliessen. Die Bahn hat Personen- und Frachtenverkehr; letzterer wird ihr hauptsächlich durch anschliessende Montan- und Industriebahnen zugeführt.

Actien und Prioritäten sind nicht ausgegeben, sondern es wurde das Baucapital (250,000 fl.) von den Privateigenthümern der Bahn beschafft, insoweit es nicht durch das von der Stadt Elbogen zum Bahnbaue gewährte Darlehen auf 30 Jahre von 170,000 Gulden und durch deren Grund- und Holzschenkungen gedeckt war.

Wegen Verkaufs der Elbogener Localbahn an die neu constituirte Oesterreichische Localbahn-Gesellschaft in Prag schweben Verhandlungen.

Chodau-Neudeker Eisenbahn.
Karte Seite 43.

Die Erbauung einer normalspurigen Secundärbahn von Chodau im Anschluss an die Buschtehrader Eisenbahn nach Neudek ist in Aussicht genommen. Die Bahn wird von der Oesterreichischen Localbahn-Gesellschaft in Prag gebaut und finanziirt werden.

Secundärbahnen in Böhmen.
Karte Seite 41.

Ausser den an anderer Stelle dieses Werkes zur Behandlung gelangenden Secundärbahnen sind im Königreiche Böhmen noch nachfolgende auf nebenstehender Karte dargestellte Linien projectirt:

1) von Caslau (Station der Oesterreichischen Nordwestbahn) nach Zawratetz;
2) von Pecek (Station der Oesterreichischen Staatseisenbahn) nach Zasmuk;
3) von Smidar (an der Nordwestbahn) nach Hochwessely.

Diese Linien sowohl wie auch die Linie Chodau-Neudek (siehe Karte 43 und 64) sollen von der Oesterreichischen Localbahn-Gesellschaft in Prag erbaut und finanziirt werden. Wegen der Linie Pecek-Zasmuk siehe auch Oesterreichische Staatseisenbahn (Seite 50).

Inhalts-Verzeichniss.

Deutschland.

Oesterreich - Ungarn.

Hierzu als Beilage eine Gesammt-Uebersichtskarte.

Vorbemerkungen.

Bei denjenigen Karten, auf welchen mehrere Eisenbahnen in gleicher Farbe dargestellt sind, unterscheiden sich dieselben durch die verschiedene Liniensignatur.

Sämmtliche Karten sind nach Norden orientirt.

Maassstäbe.

1:1,250,000

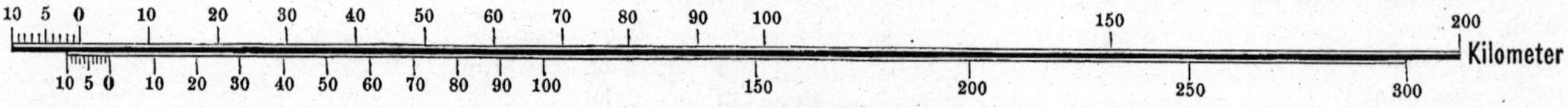

1:2,000,000